工程建设人员常用通用规范学习要点

主编　陆　参　杨丽萍　赵　通

中国建筑工业出版社

图书在版编目（CIP）数据

工程建设人员常用通用规范学习要点 / 陆参，杨丽萍，赵通主编. -- 北京：中国建筑工业出版社，2024.12.（2025.3重印）-- ISBN 978-7-112-30587-2

Ⅰ. TU711-65

中国国家版本馆 CIP 数据核字第 2024DY7119 号

责任编辑：边　琨　戚琳琳
责任校对：赵　力

工程建设人员常用通用规范学习要点

主编　陆　参　杨丽萍　赵　通

*

中国建筑工业出版社出版、发行（北京海淀三里河路 9 号）

各地新华书店、建筑书店经销

北京鸿文瀚海文化传媒有限公司制版

建工社（河北）印刷有限公司印刷

*

开本：787 毫米×1092 毫米　1/16　印张：20¼　字数：502 千字

2024 年 11 月第一版　　2025 年 3 月第二次印刷

定价：**82.00 元**

ISBN 978-7-112-30587-2

（43951）

本书编委会

主　编：陆　参　　杨丽萍　　赵　通

参　编：张元勃　　刘秀船　　李　岩　　刘宝权　　李　伟

　　　　罗琳娜　　张铁明　　温　健　　杨宏峰　　郑亚洲

　　　　时立涛　　孙天宇　　赵　飞　　云全成　　姜欣欣

　　　　王启潮　　赵京华　　朱慧慧　　石　晴　　曹宜时

　　　　李平樱　　刘晓强　　梁　爽　　申玉蕾　　高　山

　　　　陈静一凡　吴子静　　蔡立欣　　崔明越　　王婷婷

前　　言

2016 年深化工程建设标准化工作改革以来，住房和城乡建设部已陆续印发 37 部全文强制性工程建设规范，包括以工程建设项目整体为对象的项目规范 12 部和以实现工程建设项目功能性能要求的各专业通用技术为对象的通用规范 25 部，初步形成了由法律法规中的技术性规定与全文强制性工程建设规范构成的"技术法规"体系。

强制性工程建设规范是保障人民生命财产安全、工程安全、生态环境安全和公众利益，以及促进能源资源节约利用等方面的控制性底线要求，工程建设项目的勘察、设计、施工、验收、维修、养护等建设活动全过程中必须严格执行，与强制性工程建设规范配套的推荐性工程建设标准一般情况下也应当执行，合理选用的相关团体标准、企业标准也需执行，而这些都是建立在正确理解强制性工程建设规范条文规定的前提下。

本书以建筑工程和市政工程质量安全管理常用的《建筑与市政工程施工质量控制通用规范》GB 55032—2022、《混凝土结构通用规范》GB 55008—2021、《施工脚手架通用规范》GB 55023—2022、《建筑与市政施工现场安全卫生与职业健康通用规范》GB 55034—2022、《建筑与市政工程防水通用规范》GB 55030—2022 和《建筑节能与可再生能源利用通用规范》GB 55015—2021 等六本通用规范为研究对象，在充分分析论证的基础上进行了详细的要点解读，目的是使读者对建筑工程和市政工程质量安全管理常用的通用规范体系有基本的了解，并能对这六本常用通用规范的要点内容有较深刻的把握，进而在工程实践中准确地应用和执行上述通用规范。

本书由工程建设领域资深专家编写，题材选择具有一定前瞻性，内容编写具有很强专业性，可供建筑和市政工程相关工程技术人员学习参考。

目　　录

第1章　强制性工程建设规范与通用规范概述

【要点1】强制性工程建设规范的作用

我国涉及工程建设类的技术标准，由国家标准—行业标准—地方标准—企业标准，组成完善的标准体系，为工程建设全过程管理的标准化发挥了突出作用。同时，随着建筑业整体水平的提高以及新型建筑组织方式的完善，技术标准体系的问题也日益凸显。例如，标准中的强制性条文是必须严格执行的，有关部门曾经每年出版一本"强条汇编"，而强条是对应于其所在标准的，在其标准的术语及语境下，强条是明确的、好理解的，单独拿出来"汇编"之后，如果不看原标准，解读往往是片面的，甚至有不知所云的情况；又例如，按照技术标准体系的要求，行业标准和地方标准应不低于国家标准，企业标准则最为严格。但是国家标准在有的指标上已经非常严格了，于是各级标准之间重复、抄袭，甚至矛盾时有发生，实际工作中很难执行，失去了标准应有的严肃性和指导意义。

2015年3月国务院发布《深化标准化工作改革方案》，2016年11月住房城乡建设部发出《住房城乡建设部办公厅关于培育和发展工程建设团体标准的意见》，为适应国际技术法规与技术标准通行规则，2016年以来，住房和城乡建设部陆续印发《关于深化工程建设标准化工作改革的意见》等文件，提出政府制定强制性标准、社会团体制定自愿采用性标准的长远目标，明确了逐步用全文强制性工程建设规范取代现行标准中分散的强制性条文的改革任务，逐步形成由法律、行政法规、部门规章中的技术性规定与全文强制性工程建设规范构成的"技术法规"体系。

已发布的37部以及即将发布的强制性工程建设规范的实施，将标志着技术法规体系顶层部分初步形成。

【要点2】强制性工程建设规范中的项目规范

强制性工程建设规范体系覆盖工程建设领域各类建设工程项目，分为工程项目类规范（简称项目规范）和通用技术类规范（简称通用规范）两种类型。项目规范以工程建设项目整体为对象，以项目的规模、布局、功能、性能和关键技术措施等五大要素为主要内容，各项要素是保障城乡基础设施建设体系化和效率提升的基本规定，是支撑城乡建设高质量发展的基本要求。项目的规模要求主要规定了建设工程项目应具备完整的生产或服务能力，应与经济社会发展水平相适应。项目的布局要求主要规定了产业布局、建设工程项目选址、总体设计、总平面布置以及与规模相协调的统筹性技术要求，应考虑供给能力合理分布，提高相关设施建设的整体水平。项目的功能要求主要规定项目构成和用途，明确项目的基本组成单元，是项目发挥预期作用的保障。项目的性能要求主要规定建设工程项目建设水平或技术水平的高低程度，体现建设工程项目的适用性，明确项目质量、安全、节能、环保、宜居环境和可持续发展等方面应达到的基本水平。关键技术措施是实现建设项目功能、性能要求的基本技术规定，是落实城乡建设安全、绿色、韧性、智慧、宜居、公平、有效率等发展目标的基本保障。已发布实施的项目规范详见表1-1。

已发布实施的项目规范   表 1-1

序号	规范名称及编号	实施日期
1	《燃气工程项目规范》GB 55009—2021	2022 年 1 月 1 日
2	《供热工程项目规范》GB 55010—2021	2022 年 1 月 1 日
3	《城市道路交通工程项目规范》GB 55011—2021	2022 年 1 月 1 日
4	《生活垃圾处理处置工程项目规范》GB 55012—2021	2022 年 1 月 1 日
5	《市容环卫工程项目规范》GB 55013—2021	2022 年 1 月 1 日
6	《园林绿化工程项目规范》GB 55014—2021	2022 年 1 月 1 日
7	《宿舍、旅馆建筑项目规范》GB 55025—2022	2022 年 10 月 1 日
8	《城市给水工程项目规范》GB 55026—2022	2022 年 10 月 1 日
9	《城乡排水工程项目规范》GB 55027—2022	2022 年 10 月 1 日
10	《特殊设施工程项目规范》GB 55028—2022	2022 年 10 月 1 日
11	《城市轨道交通工程项目规范》GB 55033—2022	2023 年 3 月 1 日
12	《城乡历史文化保护利用项目规范》GB 55035—2023	2023 年 12 月 1 日

【要点 3】强制性工程建设规范中的通用规范

通用规范以实现工程建设项目功能性能要求的各专业通用技术为对象，以勘察、设计、施工、维修、养护等通用技术要求为主要内容。在全文强制性工程建设规范体系中，项目规范为主干，通用规范是对各类项目共性的、通用的专业性关键技术措施的规定。已发布施行的通用规范详见表1-2。

已发布实施的通用规范   表 1-2

序号	规范名称及编号	施行日期
1	《工程结构通用规范》GB 55001—2021	2022 年 1 月 1 日
2	《建筑与市政工程抗震通用规范》GB 55002—2021	2022 年 1 月 1 日
3	《建筑与市政地基基础通用规范》GB 55003—2021	2022 年 1 月 1 日
4	《组合结构通用规范》GB 55004—2021	2022 年 1 月 1 日
5	《木结构通用规范》GB 55005—2021	2022 年 1 月 1 日
6	《钢结构通用规范》GB 55006—2021	2022 年 1 月 1 日
7	《砌体结构通用规范》GB 55007—2021	2022 年 1 月 1 日
8	《混凝土结构通用规范》GB 55008—2021	2022 年 4 月 1 日
9	《建筑节能与可再生能源利用通用规范》GB 55015—2021	2022 年 4 月 1 日
10	《建筑环境通用规范》GB 55016—2021	2022 年 4 月 1 日
11	《工程勘察通用规范》GB 55017—2021	2022 年 4 月 1 日
12	《工程测量通用规范》GB 55018—2021	2022 年 4 月 1 日

续表

序号	规范名称及编号	施行日期
13	《建筑与市政工程无障碍通用规范》GB 55019—2021	2022 年 4 月 1 日
14	《建筑给水排水与节水通用规范》GB 55020—2021	2022 年 4 月 1 日
15	《既有建筑鉴定与加固通用规范》GB 55021—2021	2022 年 4 月 1 日
16	《既有建筑维护与改造通用规范》GB 55022—2021	2022 年 4 月 1 日
17	《施工脚手架通用规范》GB 55023—2022	2022 年 10 月 1 日
18	《建筑电气与智能化通用规范》GB 55024—2022	2022 年 10 月 1 日
19	《安全防范工程通用规范》GB 55029—2022	2022 年 10 月 1 日
20	《建筑与市政工程防水通用规范》GB 55030—2022	2023 年 4 月 1 日
21	《民用建筑通用规范》GB 55031—2022	2023 年 3 月 1 日
22	《建筑与市政工程施工质量控制通用规范》GB 55032—2022	2023 年 3 月 1 日
23	《建筑与市政施工现场安全卫生与职业健康通用规范》GB 55034—2022	2023 年 6 月 1 日
24	《消防设施通用规范》GB 55036—2022	2023 年 3 月 1 日
25	《建筑防火通用规范》GB 55037—2022	2023 年 6 月 1 日

【要点 4】强制性工程建设规范与其他技术标准的关系

强制性工程建设规范具有强制约束力，是保障人民生命财产安全、人身健康、工程安全、生态环境安全、公众权益和公众利益，以及促进能源资源节约利用、满足经济社会管理等方面的控制性底线要求，工程建设项目的勘察、设计、施工、验收、维修、养护、拆除等建设活动全过程中必须严格执行。

对于既有建筑改造项目（指不改变现有使用功能），当条件不具备、执行现行规范确有困难时，应不低于原建造时的标准。与强制性工程建设规范配套的推荐性工程建设标准是经过实践检验的、保障达到强制性规范要求的成熟技术措施，一般情况下也应当执行。在满足强制性工程建设规范规定的项目功能、性能要求和关键技术措施的前提下，可合理选用相关团体标准、企业标准，使项目功能、性能更加优化或达到更高水平。推荐性工程建设标准、团体标准、企业标准要与强制性工程建设规范协调配套，各项技术要求不得低于强制性工程建设规范的相关技术水平。

强制性工程建设规范实施后，现行相关工程建设国家标准、行业标准中的强制性条文同时废止。现行工程建设地方标准中的强制性条文应及时修订，且不得低于强制性工程建设规范的规定。现行工程建设标准（包括强制性标准和推荐性标准）中有关规定与强制性工程建设规范的规定不一致的，以强制性工程建设规范的规定为准。

【要点 5】需要"急用先学"的通用规范之 GB 55032—2022

《建筑与市政工程施工质量控制通用规范》GB 55032—2022 共分 5 章 3 个附录，内容涵盖建筑与市政工程施工质量控制的全过程，包括施工准备、施工过程、竣工验收等各个环节。规范明确施工质量控制的基本原则和目标，强调建立项目质量管理体系的重要性；规定了工程项目施工应建立项目质量管理体系，明确质量责任人及岗位职责，建立质量责任追溯制度；详细规定了施工过程中的质量控制要求，包括施工图纸、质量策划、技术交底、样板示范制度等；明确了施工质量验收的程序和标准，包括分部分项工程的划分和验收要求；规定了工程竣工后的质量保修期和维护责任，确保工程质量符合国家标准。

规范对施工质量控制的要求具体明确，为施工单位和监理单位提供明确的操作指南。规范废止了之前与之不一致的工程建设标准相关强制性条文，体现出质量控制标准的新要求和新方向。通过强制执行 GB 55032—2022，有助于推动建筑与市政工程行业的技术进步和管理水平提升，可以有效保障建筑与市政工程的质量，确保工程安全，标志着我国在工程建设质量控制方面迈出了重要一步，对于提升行业整体水平、保障公共安全具有深远的影响。

【要点 6】需要"急用先学"的通用规范之 GB 55008—2021

《混凝土结构通用规范》GB 55008—2021 共分 6 章，内容覆盖混凝土结构的全寿命周期，包括设计、施工、运维、拆除及再利用各阶段。规范作出了一些最新规定，包括普遍提高了混凝土的强度等级，如素混凝土构件最低强度由原来的 C15 提高到 C20，钢筋混凝土构件最低强度由原来的 C20 提高到 C25；给出了构件最小截面尺寸的强制性规定，以提供结构抵御风险的基本能力；规定了施工中普通钢筋、预应力筋代换的技术规定，比现行标准的强制性条文更加全面和严格；给出了任何条件下，钢筋保护层的最小厚度规定，确保钢筋与混凝土的有效粘结。将过去在其他规范中存在但不强制的条文，列入规范中，提高了标准。

规范旨在规范混凝土结构的设计、施工、验收等方面的要求，规范的实施有助于提高行业整体技术水平和管理水平，对于提升混凝土结构工程的质量，保障混凝土结构的安全性，确保人民生命财产安全和促进混凝土结构工程行业健康发展具有重要意义。

【要点 7】需要"急用先学"的通用规范之 GB 55023—2022

《施工脚手架通用规范》GB 55023—2022 共分 6 章，内容涵盖施工脚手架的材料与构配件、设计、搭建、使用、维护和拆除等各个环节。规范要求脚手架应根据使用功能和环境，采用以概率理论为基础的极限状态设计方法，并以分项系数设计表达式进行计算，按承载能力极限状态和正常使用极限状态进行设计。

规定脚手架材料与构配件的性能指标应满足脚手架使用的需要，质量应符合国家现行相关标准的规定，脚手架所用杆件和构配件应配套使用，并应满足组架方式及构造要求；规定搭设和拆除作业前应根据工程特点编制脚手架专项施工方案；详细规定施工脚手架的搭建和拆除步骤，确保搭设时各部件正确安装、扣紧和连接，拆除时需采取安全可靠的方法，避免对周围环境和设施造成损害。规定脚手架性能应满足承载力设计要求，不应发生影响正常使用的变形，并具有安全防护功能要求，要求脚手架搭设完毕后应进行检查与验收，合格后方可投入使用，检查内容应包括脚手架的基础、立杆、横杆、斜杆、连墙件、剪刀撑等部件的搭设质量和安全状况。规范的实施有助于提高施工脚手架的安全性和可靠性，保障施工人员的生命财产安全。

【要点 8】需要"急用先学"的通用规范之 GB 55034—2022

《建筑与市政施工现场安全卫生与职业健康通用规范》GB 55034—2022 共分 6 章，内容涵盖安全管理、环境管理、卫生管理和职业健康管理等方面。在安全管理方面，规定工程项目应根据工程特点制定各项安全生产管理制度，建立健全安全生产管理体系，对高处坠落、物体打击、起重伤害、坍塌、机械伤害和触电等典型安全隐患的防范措施做出规定。在环境管理方面，对施工道路场地硬化、现场出口设冲洗池、建筑垃圾应分类存放、有毒物质处理和临时休息点设置等环境影响环节的管理要求做出规定。在卫生管理方面，规定施工现场应提供符合卫生标准的生活和工作环境，包括饮用水安全、厕所卫生、垃圾处理等。在职业健康管理方面，对职业病预防、健康监护、健康教育和健康档案等方面的提出要求，规定为作业人员配备必要的个人防护用品，如防护服、防护眼镜、耳塞等，以减少职业病的发生。

规范的实施，有助于提升施工现场的安全卫生水平，推动了施工现场安全管理的技术进步和管理创新，通过提高施工现场安全卫生的标准和质量，确保施工人员的安全和健康，以及施工过程的环保和可持续性，增强了公众对建筑安全环保的信心。

【要点 9】需要"急用先学"的通用规范之 GB 55030—2022

《建筑与市政工程防水通用规范》GB 55030—2022 共分 7 章，内容涵盖建筑与市政工程的防水设计、施工、验收、运行维护等各个环节。规范要求根据工程的重要程度和环境类别，选择合适的防水材料和构造方法，确保防水工程的长期有效性；首次提出不同工程、不同部位的防水设计工作年限，对防水材料耐久性及施工等提出高要求；通过明确防水设计、施工、验收等各环节的要求，提升建筑与市政工程的整体防水质量；通过引入的新技术、新材料要求，推动防水行业的技术进步和创新；通过提高防水工程的标准和质量，增强公众对建筑安全的信心；旨在规范建筑与市政工程防水性能，保障人身健康和生命财产安全、生态环境安全、防水工程质量，满足经济社会管理需要。

尽管 GB 55030—2022 的实施对提升我国建筑与市政工程防水质量具有重要意义，但在实施过程中也存在争议，如规范条款之间的不协调、对行业公平竞争的影响等，需要在实施过程中关注并解决，以确保规范的有效性和行业的健康发展。

【要点 10】需要"急用先学"的通用规范之 GB 55015—2021

《建筑节能与可再生能源利用通用规范》GB 55015—2021 共分 7 章 3 个附录，内容涵盖建筑节能设计、可再生能源利用、建筑设备系统等多个方面。规范鼓励充分利用天然采光、自然通风、改善围护结构保温隔热性能等被动节能措施；要求新建居住建筑和公共建筑平均设计能耗水平应在现有标准基础上分别降低 30% 和 20%；明确新建居住和公共建筑碳排放强度应平均降低 40%，碳排放强度平均降低 $7kgCO_2/（m^2·a）$ 以上；规定新建、扩建和改建建筑以及既有建筑节能改造均应进行建筑节能设计，包括建筑能耗、可再生能源利用及建筑碳排放分析报告；明确计量、监控等内容，包括燃料消耗量、供热系统总供热量、制冷机耗电量等的计量，以及甲类公共建筑应按功能区域设置电能计量；要求新建建筑应安装太阳能系统，规定太阳能热利用系统中的太阳能集热器设计使用寿命应高于 15 年，太阳能光伏发电系统中的光伏组件设计使用寿命应高于 25 年；完善建筑能耗统计，规定建筑能源系统应按分类、分区、分项计量数据进行管理，能耗数据应纳入能耗监督管理系统平台管理；加强能耗比对，规定 $20000m^2$ 及以上的大型公共建筑，应建立实际运行能耗比对制度，并依据比对结果采取相应改进措施。

规范的实施，有利于提高建筑行业的整体技术水平和管理水平，可以有效提高建筑能效，减少建筑碳排放，有助于推动绿色建筑的发展，对保障人民生命财产安全、减少能源浪费具有重要意义。

【要点 11】通用规范 GB 55032—2022 与其他技术标准的相关关系

通用规范与原有规范体系的关系主要分三个方面：一是作为全文强制性工程建设规范，现行工程建设标准中有关规定与该规范不一致的，涉及废止相关强制性条文的工程建设标准；二是该强制性工程建设规范在编制过程中对现行工程建设标准中废止的强制性条款进行加工提炼形成相应条款；三是工程实践中，与该强制性工程建设规范的规定具体执行直接相关的现行工程建设标准。通用规范《建筑与市政工程施工质量控制通用规范》GB 55032—2022 与其他技术标准的相关关系详见表 1-3。

与通用规范《建筑与市政工程施工质量控制通用规范》GB 55032—2022 相关的技术标准

表 1-3

序号	类别	标准名称及编号	具体条款
1	涉及废止相关强制性条文的标准	《建筑装饰装修工程质量验收标准》GB 50210—2018	第 3.1.4、6.1.11、6.1.12、7.1.12、11.1.12 条
		《建筑工程施工质量验收统一标准》GB 50300—2013	第 5.0.8、6.0.6 条
		《房屋建筑和市政基础设施工程质量检测技术管理规范》GB 50618—2011	第 3.0.3、3.0.4、3.0.10、3.0.13、4.1.1、4.2.1、4.4.10、5.4.1 条
		《建筑工程检测试验技术管理规范》JGJ 190—2010	第 3.0.4、3.0.6、3.0.8、5.4.1、5.4.2、5.7.4 条
2	与规范具体执行直接相关的标准	《建筑抗震设计标准》GB 50011—2010	
		《混凝土质量控制标准》GB 50164—2011	
		《建筑地基基础工程施工质量验收标准》GB 50202—2018	
		《砌体结构工程施工质量验收规范》GB 50203—2011	
		《混凝土结构工程施工质量验收规范》GB 50204—2015	
		《钢结构工程施工质量验收标准》GB 50205—2020	
		《木结构工程施工质量验收规范》GB 50206—2012	
		《屋面工程质量验收规范》GB 50207—2012	
		《地下防水工程质量验收规范》GB 50208—2011	
		《建筑地面工程施工质量验收规范》GB 50209—2010	
		《建筑给水排水及采暖工程施工质量验收规范》GB 50242—2002	
		《通风与空调工程施工质量验收规范》GB 50243—2016	

序号	类别	标准名称及编号	具体条款
2	与规范具体执行直接相关的标准	《建筑电气工程施工质量验收规范》GB 50303—2015	
		《电梯工程施工质量验收规范》GB 50310—2002	
		《建设工程监理规范》GB/T 50319—2013	
		《智能建筑工程质量验收规范》GB 50339—2013	
		《建筑节能工程施工质量验收标准》GB 50411—2019	
		《建筑施工组织设计规范》GB/T 50502—2009	
		《混凝土结构工程施工规范》GB 50666—2011	
		《市政工程施工组织设计规范》GB/T 50903—2013	
		《预拌混凝土》GB/T 14902—2012	
		《建筑工程资料管理规程》JGJ/T 185—2009	
		《钢筋套筒灌浆连接应用技术规程》JGJ 355—2015	

【要点12】通用规范《混凝土结构通用规范》GB 55008—2021 与其他技术标准的相关关系

通用规范《混凝土结构通用规范》GB 55008—2021 与其他技术标准的相关关系详见表 1-4。

与通用规范《混凝土结构通用规范》GB 55008—2021 相关的技术标准　　表 1-4

序号	类别	标准名称及编号	具体条款
1	涉及废止相关强制性条文的标准	《混凝土结构设计规范》GB 50010—2010（2015 年版）	第 3.1.7、3.3.2、4.1.3、4.1.4、4.2.2、4.2.3、8.5.1、10.1.1、11.1.3、11.2.3、11.3.1、11.3.6、11.4.12、11.7.14 条
		《钢筋混凝土筒仓设计标准》GB 50077—2017	第 3.1.7、5.1.1、5.4.3、6.1.1（1、3、4）、6.1.3、6.1.12、6.8.5、6.8.7 条（款）
		《混凝土外加剂应用技术规范》GB 50119—2013	第 3.1.3、3.1.4、3.1.5、3.1.6、3.1.7 条
		《混凝土质量控制标准》GB 50164—2011	第 6.1.2 条
		《混凝土结构工程施工质量验收规范》GB 50204—2015	第 4.1.2、5.2.1、5.2.3、5.5.1、6.2.1、6.3.1、6.4.2、7.2.1、7.4.1 条
		《混凝土电视塔结构设计规范》GB 50342—2003	第 4.1.4、5.2.2、6.2.1、6.2.2、8.1.2、8.1.3、8.1.4 条
		《大体积混凝土施工标准》GB 50496—2018	第 4.2.2、5.3.1 条
		《混凝土结构工程施工规范》GB 50666—2011	第 4.1.2、5.1.3、5.2.2、6.1.3、6.4.10、7.2.4（2）、7.2.10、7.6.3（1）、7.6.4、8.1.3 条（款）

序号	类别	标准名称及编号	具体条款
1	涉及废止相关强制性条文的标准	《钢筋混凝土筒仓施工与质量验收规范》GB 50669—2011	第 3.0.4、3.0.5、5.2.1、5.4.3、5.4.8、5.5.1、5.6.2、8.0.3、11.2.2 条
		《建筑与桥梁结构监测技术规范》GB 50982—2014	第 3.1.8 条
		《装配式混凝土结构技术规程》JGJ 1—2014	第 6.1.3、11.1.4 条
		《高层建筑混凝土结构技术规程》JGJ 3—2010	第 3.8.1、3.9.1、3.9.3、3.9.4、4.2.2、4.3.1、4.3.2、4.3.12、4.3.16、5.4.4、5.6.1、5.6.2、5.6.3、5.6.4、6.1.6、6.3.2、6.4.3、7.2.17、8.1.5、8.2.1、9.2.3、9.3.7、10.1.2、10.2.7、10.2.10、10.2.19、10.3.3、10.4.4、10.5.2、10.5.6、11.1.4 条
		《钢筋焊接及验收规程》JGJ 18—2012	第 3.0.6、4.1.3、5.1.7、5.1.8、6.0.1、7.0.4 条
		《冷拔低碳钢丝应用技术规程》JGJ 19—2010	第 3.2.1 条
		《钢筋混凝土薄壳结构设计规程》JGJ 22—2012	第 3.2.1 条
		《普通混凝土用砂、石质量及检验方法标准》JGJ 52—2006	第 1.0.3、3.1.10 条
		《普通混凝土配合比设计规程》JGJ 55—2011	第 6.2.5 条
		《混凝土用水标准》JGJ 63—2006	第 3.1.7 条
		《预应力筋用锚具、夹具和连接器应用技术规程》JGJ 85—2010	第 3.0.2 条
		《无粘结预应力混凝土结构技术规程》JGJ 92—2016	第 3.1.1、3.2.1、6.3.7 条
		《冷轧带肋钢筋混凝土结构技术规程》JGJ 95—2011	第 3.1.2、3.1.3 条
		《钢筋机械连接技术规程》JGJ 107—2016	第 3.0.5 条
		《钢筋焊接网混凝土结构技术规程》JGJ 114—2014	第 3.1.3、3.1.5 条
		《冷轧扭钢筋混凝土构件技术规程》JGJ 115—2006	第 3.2.4、3.2.5、7.1.1、7.3.1、7.3.4、7.4.1、8.1.4、8.2.2 条
		《建筑抗震加固技术规程》JGJ 116—2009	第 5.3.13、6.1.2、6.3.1、6.3.4、7.1.2、7.3.1、7.3.3、9.3.1、9.3.5 条
		《混凝土结构后锚固技术规程》JGJ 145—2013	第 4.3.15 条
		《混凝土异形柱结构技术规程》JGJ 149—2017	第 4.1.5、6.2.5、6.2.10、7.0.2 条
		《清水混凝土应用技术规程》JGJ 169—2009	第 3.0.4、4.2.3 条
		《海砂混凝土应用技术规范》JGJ 206—2010	第 3.0.1 条
		《钢筋锚固板应用技术规程》JGJ 256—2011	第 3.2.3、6.0.7、6.0.8 条
		《钢筋套筒灌浆连接应用技术规程》JGJ 355—2015	第 3.2.2、7.0.6 条

续表

序号	类别	标准名称及编号	具体条款
1	涉及废止相关强制性条文的标准	《人工碎卵石复合砂应用技术规程》JGJ 361—2014	第 8.1.2 条
		《混凝土结构成型钢筋应用技术规程》JGJ 366—2015	第 4.1.6、4.2.3 条
		《预应力混凝土结构设计规范》JGJ 369—2016	第 4.1.1、4.1.6 条
		《轻钢轻混凝土结构技术规程》JGJ 383—2016	第 4.1.8 条
		《缓粘结预应力混凝土结构技术规程》JGJ 387—2017	第 4.1.3 条
2	与规范具体执行直接相关的标准	《工程结构通用规范》GB 55001—2021	
		《建筑与市政工程抗震通用规范》GB 55002—2021	
		《建筑与市政地基基础通用规范》GB 55003—2021	
		《既有建筑鉴定与加固通用规范》GB 55021—2021	
		《既有建筑维护与改造通用规范》GB 55022—2021	
		《建筑抗震设计标准》GB 50011—2010	
		《建筑结构可靠性设计统一标准》GB 50068—2018	
		《普通混凝土拌合物性能试验方法标准》GB/T 50080—2016	
		《混凝土物理力学性能试验方法标准》GB/T 50081—2019	
		《普通混凝土长期性能和耐久性能试验方法标准》GB/T 50082—2009	
		《混凝土强度检验评定标准》GB/T 50107—2010	
		《建筑工程施工质量验收统一标准》GB 50300—2013	
		《混凝土结构耐久性设计标准》GB/T 50476—2019	
		《建筑施工组织设计规范》GB/T 50502—2009	
		《预防混凝土碱骨料反应技术规范》GB/T 50733—2011	
		《既有混凝土结构耐久性评定标准》GB/T 51355—2019	
		《通用硅酸盐水泥》GB 175—2023	
		《钢筋混凝土用钢　第 1 部分:热轧光圆钢筋》GB 1499.1—2024	
		《钢筋混凝土用钢　第 2 部分:热轧带肋钢筋》GB/T 1499.2—2018	
		《预应力筋用锚具、夹具和连接器》GB/T 14370—2015	

序号	类别	标准名称及编号	具体条款
2	与规范具体执行直接相关的标准	《建设用砂》GB/T 14684—2022	
		《建设用卵石、碎石》GB/T 14685—2022	
		《预拌混凝土》GB/T 14902—2012	
		《预应力孔道灌浆剂》GB/T 25182—2010	
		《混凝土结构用钢筋间隔件应用技术规程》JGJ/T 219—2010	
		《建筑工程裂缝防治技术规程》JGJ/T 317—2014	
		《混凝土中氯离子含量检测技术规程》JGJ/T 322—2013	

【要点 13】通用规范《施工脚手架通用规范》GB 55023—2022 与其他技术标准的相关关系

通用规范《施工脚手架通用规范》GB 55023—2022 与其他技术标准的相关关系详见表 1-5。

与通用规范《施工脚手架通用规范》GB 55023—2022 相关的技术标准　　　表 1-5

序号	类别	标准名称及编号	具体条款
1	涉及废止相关强制性条文的标准	《建筑施工脚手架安全技术统一标准》GB 51210—2016	第 8.3.9、9.0.5、9.0.8、11.2.1、11.2.2 条
		《建筑施工扣件式钢管脚手架安全技术规范》JGJ 130—2011	第 3.4.3、6.2.3、6.3.3、6.3.5、6.4.4、6.6.3、6.6.5、7.4.2、7.4.5、8.1.4、9.0.1、9.0.4、9.0.5、9.0.7、9.0.13、9.0.14 条
		《建筑施工木脚手架安全技术规范》JGJ 164—2008	第 1.0.3、3.1.1、3.1.3、6.1.2、6.1.3、6.1.4、6.2.2、6.2.3、6.2.4、6.2.6、6.2.7、6.2.8、6.3.1、8.0.5、8.0.8 条
		《建筑施工碗扣式钢管脚手架安全技术规范》JGJ 166—2016	第 7.4.7、9.0.3、9.0.7、9.0.11 条
		《建筑施工工具式脚手架安全技术规范》JGJ 202—2010	第 4.4.2、4.4.5、4.4.10、4.5.1、4.5.3、5.2.11、5.4.7、5.4.10、5.4.13、5.5.8、6.3.1、6.3.4、6.5.1、6.5.7、6.5.10、6.5.11、7.0.1、7.0.3、8.2.1 条
		《建筑施工竹脚手架安全技术规范》JGJ 254—2011	第 3.0.2、4.2.5、6.0.3、6.0.7、8.0.6、8.0.8、8.0.12、8.0.13、8.0.14、8.0.21、8.0.22、8.0.23 条

序号	类别	标准名称及编号	具体条款
2	与规范具体执行直接相关的标准	《建筑结构荷载规范》GB 50009—2012	
		《建筑工程施工质量验收统一标准》GB 50300—2013	
		《建设工程施工现场消防安全技术规范》GB 50720—2011	
		《碗扣式钢管脚手架构件》GB 24911—2010	
		《建筑施工安全检查标准》JGJ 59—2011	
		《建筑施工门式钢管脚手架安全技术标准》JGJ/T 128—2019	
		《建筑施工模板安全技术规范》JGJ 162—2008	
		《建筑施工承插型盘扣式钢管脚手架安全技术标准》JGJ/T 231—2021	
		《建筑施工模板和脚手架试验标准》JGJ/T 414—2018	

【要点 14】通用规范《建筑与市政施工现场安全卫生与职业健康通用规范》GB 55034—2022 与其他技术标准的相关关系

通用规范《建筑与市政施工现场安全卫生与职业健康通用规范》GB 55034—2022 与其他技术标准的相关关系详见表 1-6。

与通用规范《建筑与市政施工现场安全卫生与职业健康通用规范》GB 55034—2022 相关的技术标准

表 1-6

序号	类别	标准名称及编号	具体条款
1	涉及废止相关强制性条文的标准	《施工企业安全生产管理规范》GB 50656—2011	第 3.0.9、5.0.3、10.0.6、12.0.3（6）、15.0.4 条（款）
		《建筑机械使用安全技术规程》JGJ 33—2012	第 2.0.1、2.0.2、2.0.3、2.0.21、4.1.11、4.1.14、4.5.2、5.1.4、5.1.10、5.5.6、5.10.20、5.13.7、7.1.23、8.2.7、10.3.1、12.1.4、12.1.9 条
		《施工现场临时用电安全技术规范》JGJ 46—2005	第 1.0.3、3.1.4、3.1.5、3.3.4、5.1.1、5.1.2、5.1.10、5.3.2、5.4.7、6.1.6、6.1.8、6.2.3、6.2.7、7.2.1、7.2.3、8.1.3、8.1.11、8.2.10、8.2.11、8.2.15、8.3.4、9.7.3、10.2.2、10.2.5、10.3.11 条
		《建筑施工安全检查标准》JGJ 59—2011	第 4.0.1、5.0.3 条
		《液压滑动模板施工安全技术规程》JGJ 65—2013	第 5.0.5、12.0.7 条

序号	类别	标准名称及编号	具体条款
1	涉及废止相关强制性条文的标准	《建筑施工高处作业安全技术规范》JGJ 80—2016	第4.1.1、4.2.1、5.2.3、6.4.1、8.1.2条
		《龙门架及井架物料提升机安全技术规范》JGJ 88—2010	第5.1.5、5.1.7、6.1.1、6.1.2、8.3.2、9.1.1、11.0.2、11.0.3条
		《建设工程施工现场环境与卫生标准》JGJ 146—2013	第4.2.1、4.2.5、4.2.6、5.1.6条
		《建筑拆除工程安全技术规范》JGJ 147—2016	第5.1.1、5.1.2、5.1.3、5.2.2、6.0.3条
		《建筑施工模板安全技术规范》JGJ 162—2008	第5.1.6、6.1.9、6.2.4条
		《建筑外墙清洗维护技术规程》JGJ 168—2009	第4.1.3、5.5.5条
		《建筑施工土石方工程安全技术规范》JGJ 180—2009	第2.0.2、2.0.3、2.0.4、5.1.4、6.3.2条
		《建筑施工作业劳动防护用品配备及使用标准》JGJ 184—2009	第2.0.4、3.0.1、3.0.2、3.0.3、3.0.4、3.0.5、3.0.6、3.0.10、3.0.14、3.0.17、3.0.19条
		《建筑施工升降机安装、使用、拆卸安全技术规程》JGJ 215—2010	第4.1.6、4.2.10、5.2.2、5.2.10、5.3.9条
		《市政架桥机安全使用技术规程》JGJ 266—2011	第3.0.1、3.0.3、3.0.5、4.4.5条
		《建筑施工起重吊装工程安全技术规范》JGJ 276—2012	第3.0.1、3.0.19、3.0.23条
		《建筑塔式起重机安全监控系统应用技术规程》JGJ 332—2014	第3.1.1、3.1.2、3.1.3条
2	与规范具体执行直接相关的标准	《建设工程施工现场供用电安全规范》GB 50194—2014	
		《民用建筑工程室内环境污染控制标准》GB 50325—2020	
		《建设工程施工现场消防安全技术规范》GB 50720—2011	
		《建筑防火通用规范》GB 55037—2022	
		《安全标志及其使用导则》GB 2894—2008	
		《坠落防护 安全带》GB 6095—2021	
		《企业职工伤亡事故分类》GB/T 6441—1986	
		《爆破安全规程》GB 6722—2014	
		《建筑施工机械与设备 术语和定义》GB/T 18576—2001	
		《危险废物贮存污染控制标准》GB 18597—2023	

续表

序号	类别	标准名称及编号	具体条款
2	与规范具体执行直接相关的标准	《电气安全标志》GB/T 29481—2013	
		《头部防护 安全帽选用规范》GB/T 30041—2013	
		《职业健康监护技术规范》GBZ 188—2014	
		《爆破作业单位资质条件和管理要求》GA 990—2012	
		《建筑基坑支护技术规程》JGJ 120—2012	
		《施工现场机械设备检查技术规范》JGJ 160—2016	
		《施工现场临时建筑物技术规范》JGJ/T 188—2009	
		《建筑深基坑工程施工安全技术规范》JGJ 311—2013	
		《建筑施工易发事故防治安全标准》JGJ/T 429—2018	

【要点 15】 通用规范《建筑与市政工程防水通用规范》GB 55030—2022 与其他技术标准的相关关系

通用规范《建筑与市政工程防水通用规范》GB 55030—2022 与其他技术标准的相关关系详见表 1-7。

与通用规范《建筑与市政工程防水通用规范》GB 55030—2022 相关的技术标准　表 1-7

序号	类别	标准名称及编号	具体条款
1	涉及废止相关强制性条文的标准	《地下工程防水技术规范》GB 50108—2008	第 3.1.4、3.2.1、3.2.2、4.1.22、4.1.26（1、2）、5.1.3 条（款）
		《屋面工程质量验收规范》GB 50207—2012	第 3.0.6、3.0.12、5.1.7、7.2.7 条
		《地下防水工程质量验收规范》GB 50208—2011	第 4.1.16、4.4.8、5.2.3、5.3.4、7.2.12 条
		《屋面工程技术规范》GB 50345—2012	第 3.0.5、4.5.1、4.5.5、4.5.6、4.5.7、4.8.1、4.9.1、5.1.6 条
		《坡屋面工程技术规范》GB 50693—2011	第 3.2.10、3.2.17、3.3.12、10.2.1 条
		《金属与石材幕墙工程技术规范》JGJ 133—2001	第 3.2.2、3.5.2、5.3.3、4.2.3、4.2.4、5.2.3、5.5.2、5.6.6、5.7.2、5.7.11、6.1.3、6.3.2、6.5.1、7.2.4、7.3.4、7.3.10 条
		《种植屋面工程技术规程》JGJ 155—2013	第 3.2.3、5.1.7 条
		《倒置式屋面工程技术规程》JGJ 230—2010	第 3.0.1、4.3.1、5.2.5、7.2.1 条
		《采光顶与金属屋面技术规程》JGJ 255—2012	第 3.1.6、4.6.4 条
		《住宅室内防水工程技术规范》JGJ 298—2013	第 4.1.2、5.2.1、5.2.4、7.3.6 条

序号	类别	标准名称及编号	具体条款
2	与规范具体执行直接相关的标准	《工程结构通用规范》GB 55001—2021	
		《混凝土结构通用规范》GB 55008—2021	
		《建筑节能与可再生能源利用通用规范》GB 55015—2021	
		《建筑与市政工程施工质量控制通用规范》GB 55032—2022	
		《岩土工程勘察规范》GB 50021—2001(2009 版)	
		《工程结构设计基本术语标准》GB/T 50083—2014	
		《地铁设计规范》GB 50157—2013	
		《建筑气候区划标准》GB 50178—93	
		《钢结构工程施工质量验收标准》GB 50205—2020	
		《建筑装饰装修工程质量验收标准》GB 50210—2018	
		《民用建筑设计统一标准》GB 50352—2019	
		《建筑节能工程施工质量验收标准》GB 50411—2019	
		《民用建筑设计术语标准》GB/T 50504—2009	
		《混凝土结构工程施工规范》GB 50666—2011	
		《压型金属板工程应用技术规范》GB 50896—2013	
		《建筑工程绿色施工规范》GB/T 50905—2014	
		《工业建筑节能设计统一标准》GB 51245—2017	
		《盾构隧道工程设计标准》GB/T 51438—2021	
		《建筑防水卷材试验方法 第 10 部分:沥青和高分子防水卷材 不透水性》GB/T 328.10—2007	
		《建筑防水卷材试验方法 第 16 部分:高分子防水卷材 耐化学液体(包括水)》GB/T 328.16—2007	
		《建筑防水卷材试验方法 第 20 部分:沥青防水卷材 接缝剥离性能》GB/T 328.20—2007	
		《建筑材料及制品燃烧性能分级》GB 8624—2012	
		《建筑密封材料术语》GB/T 14682—2006	
		《硅酮和改性硅酮建筑密封胶》GB/T 14683—2017	
		《建筑防水涂料试验方法》GB/T 16777—2008	
		《建筑防水材料老化试验方法》GB/T 18244—2022	

序号	类别	标准名称及编号	具体条款
2	与规范具体执行直接相关的标准	《防水沥青与防水卷材术语》GB/T 18378—2008	
		《水泥基渗透结晶型防水材料》GB 18445—2012	
		《高分子防水材料　第2部分:止水带》GB/T 18173.2—2014	
		《高分子防水材料　第3部分:遇水膨胀橡胶》GB/T 18173.3—2014	
		《高分子防水材料　第4部分:盾构法隧道管片用橡胶密封垫》GB/T 18173.4—2010	
		《建筑幕墙》GB/T 21086—2007	
		《建筑密封胶分级和要求》GB/T 22083—2008	
		《高分子增强复合防水片材》GB/T 26518—2023	
		《降水量等级》GB/T 28592—2012	
		《建筑胶粘剂有害物质限量》GB 30982—2014	
		《种植屋面用耐根穿刺防水卷材》GB/T 35468—2017	
		《建筑防水材料有害物质试验方法》GB/T 41078—2021	
		《普通混凝土配合比设计规程》JGJ 55—2011	
		《预拌砂浆应用技术规程》JGJ/T 223—2010	
		《建筑外墙防水工程技术规程》JGJ/T 235—2011	
		《建筑防水工程现场检测技术规范》JGJ/T 299—2013	
		《建筑工程抗浮技术标准》JGJ 476—2019	
		《公路钢桥面铺装设计与施工技术规范》JTG/T 3364—02—2019	
		《聚合物水泥防水砂浆》JC/T 984—2011	
		《建筑防水涂料中有害物质限量》JC 1066—2008	
		《建筑防水材料工程要求试验方法》T/CWA 302—2023	

【要点 16】通用规范《建筑节能与可再生能源利用通用规范》GB 55015—2021 与其他技术标准的相关关系

通用规范《建筑节能与可再生能源利用通用规范》GB 55015—2021 与其他技术标准的相关关系详见表 1-8。

与通用规范《建筑节能与可再生能源利用通用规范》GB 55015—2021 相关的技术标准

表 1-8

序号	类别	标准名称及编号	具体条款
1	涉及废止相关强制性条文的标准	《建筑照明设计标准》GB 50034—2013	第 6.3.3、6.3.4、6.3.5、6.3.6、6.3.7、6.3.9、6.3.10、6.3.11、6.3.12、6.3.13、6.3.14、6.3.15 条
		《住宅设计规范》GB 50096—2011	第 7.1.5、7.2.3、8.1.4（2）、8.3.2、8.3.4、8.3.12 条（款）
		《公共建筑节能设计标准》GB 50189—2015	第 3.2.1、3.2.7、3.3.1、3.3.2、3.3.7、4.1.1、4.2.2、4.2.3、4.2.5、4.2.8、4.2.10、4.2.14、4.2.17、4.2.19、4.5.2、4.5.4、4.5.6 条
		《民用建筑太阳能热水系统应用技术标准》GB 50364—2018	第 3.0.4、3.0.5、3.0.7、3.0.8、4.2.3、4.2.7、5.3.2、5.4.12、5.7.2 条
		《地源热泵系统工程技术规范》GB 50366—2005（2009 版）	第 3.1.1、5.1.1 条
		《住宅建筑规范》GB 50368—2005	第 7.2.2、7.2.4、8.3.1、8.3.5、8.3.8、10.1.1、10.1.2、10.1.4、10.1.5、10.1.6、10.2.1、10.2.2、10.3.1、10.3.2、10.3.3 条
		《建筑节能工程施工质量验收标准》GB 50411—2019	第 3.1.2、4.2.2、4.2.3、4.2.7、5.2.2、6.2.2、7.2.2、8.2.2、9.2.2、9.2.3、10.2.2、11.2.2、12.2.2、12.2.3、15.2.2、18.0.5 条
		《太阳能供热采暖工程技术标准》GB 50495—2019	第 1.0.5、5.1.1、5.1.2、5.1.5、5.2.13 条
		《民用建筑供暖通风与空气调节设计规范》GB 50736—2012	第 5.2.1、5.4.3（1）、5.5.1、5.5.5、5.10.1、7.2.1、8.1.2、8.2.2、8.3.4（1）、8.3.5（4）、8.11.14、9.1.5（1-4）条（款）
		《民用建筑太阳能空调工程技术规范》GB 50787—2012	第 1.0.4、3.0.6、5.3.3、5.4.2、5.6.2、6.1.1 条
		《严寒和寒冷地区居住建筑节能设计标准》JGJ 26—2018	第 4.1.3、4.1.4、4.1.5、4.1.14、4.2.1、4.2.2、4.2.6、5.1.1、5.1.4、5.1.9、5.1.10、5.2.1、5.2.4、5.2.8、5.4.3、6.2.3、6.2.5、6.2.6、7.3.2 条
		《夏热冬暖地区居住建筑节能设计标准》JGJ 75—2012	第 4.0.4、4.0.5、4.0.6、4.0.7、4.0.8、4.0.10、4.0.13、6.0.2、6.0.4、6.0.5、6.0.8、6.0.13 条
		《夏热冬冷地区居住建筑节能设计标准》JGJ 134—2010	第 4.0.3、4.0.4、4.0.5、4.0.9、6.0.2、6.0.3、6.0.5、6.0.6、6.0.7 条

序号	类别	标准名称及编号	具体条款
1	涉及废止相关强制性条文的标准	《辐射供暖供冷技术规程》JGJ 142—2012	第 3.2.2、3.8.1 条
		《外墙外保温工程技术标准》JGJ 144—2019	第 4.0.2、4.0.5、4.0.7、4.0.9 条
		《供热计量技术规程》JGJ 173—2009	第 3.0.1、3.0.2、4.2.1、5.2.1、7.2.1 条
		《公共建筑节能改造技术规范》JGJ 176—2009	第 5.1.1、6.1.6 条
		《采光顶与金属屋面技术规程》JGJ 255—2012	第 4.5.1 条
		《建筑外墙外保温防火隔离带技术规程》JGJ 289—2012	第 3.0.4、4.0.1 条
		《温和地区居住建筑节能设计标准》JGJ 475—2019	第 4.2.1、4.2.2、4.3.6、4.4.3 条
2	与规范具体执行直接相关的标准	《建筑设计防火规范》GB 50016—2014（2018 年版）	
		《民用建筑热工设计规范》GB 50176—2016	
		《屋面工程质量验收规范》GB 50207—2012	
		《建筑地面工程施工质量验收规范》GB 50209—2010	
		《通风与空调工程施工质量验收规范》GB 50243—2016	
		《管井技术规范》GB 50296—2014	
		《建筑工程施工质量验收统一标准》GB 50300—2013	
		《建设工程监理规范》GB/T 50319—2013	
		《屋面工程技术规范》GB 50345—2012	
		《可再生能源建筑应用工程评价标准》GB/T 50801—2013	
		《建筑玻璃　可见光透射比、太阳光直接透射比、太阳能总透射比、紫外线透射比及有关窗玻璃参数的测定》GB/T 2680—2021	
		《铝合金建筑型材》GB/T 5237.1—2017 ～ GB/T 5237.6—2017	
		《建筑外门窗气密、水密、抗风压性能检测方法》GB/T 7106—2019	
		《建筑外门窗保温性能检测方法》GB/T 8484—2020	
		《建筑门窗空气声隔声性能分级及检测方法》GB/T 8485—2008	
		《建筑材料及制品燃烧性能分级》GB 8624—2012	
		《绝热材料稳态热阻及有关特性的测定　防护热板法》GB/T 10294—2008	

序号	类别	标准名称及编号	具体条款
2	与规范具体执行直接相关的标准	《绝热材料稳态热阻及有关特性的测定　热流计法》GB/T 10295—2008	
		《绝热用模塑聚苯乙烯泡沫塑料（EPS）》GB/T 10801.1—2021	
		《绝热用挤塑聚苯乙烯泡沫塑料（XPS）》GB/T 10801.2—2018	
		《绝热用岩棉、矿渣棉及其制品》GB/T 11835—2016	
		《中空玻璃》GB/T 11944—2012	
		《建筑外窗采光性能分级及检测方法》GB/T 11976—2015	
		《组合式空调机组》GB/T 14294—2008	
		《风机盘管机组》GB/T 19232—2019	
		《建筑用岩棉绝热制品》GB/T 19686—2015	
		《声学　建筑和建筑构件隔声测量　第5部分:外墙构件和外墙空气声隔声的现场测量》GB/T 19889.5—2006	
		《建筑幕墙》GB/T 21086—2007	
		《建筑门窗、幕墙用密封胶条》GB/T 24498—2009	
		《建筑用反射隔热涂料》GB/T 25261—2018	
		《建筑外墙外保温用岩棉制品》GB/T 25975—2018	
		《复合保温砖和复合保温砌块》GB/T 29060—2012	
		《建筑幕墙、门窗通用技术条件》GB/T 31433—2015	
		《光伏发电效率技术规范》GB/T 39857—2021	
		《装配式混凝土结构技术规程》JGJ 1—2014	
		《玻璃幕墙工程技术规范》JGJ 102—2003	
		《塑料门窗工程技术规程》JGJ 103—2008	
		《建筑工程饰面砖粘结强度检验标准》JGJ/T 110—2017	
		《居住建筑节能检测标准》JGJ/T 132—2009	
		《辐射供暖供冷技术规程》JGJ 142—2012	
		《外墙外保温工程技术标准》JGJ 144—2019	
		《建筑门窗玻璃幕墙热工计算规程》JGJ/T 151—2008	
		《胶粉聚苯颗粒外墙外保温系统材料》JG/T 158—2013	

续表

序号	类别	标准名称及编号	具体条款
2	与规范具体执行直接相关的标准	《公共建筑节能检测标准》JGJ/T 177—2009	
		《建筑门窗工程检测技术规程》JGJ/T 205—2010	
		《铝合金门窗工程技术规范》JGJ 214—2010	
		《泡沫混凝土应用技术规程》JGJ/T 341—2014	
		《保温防火复合板应用技术规程》JGJ/T 350—2015	
		《围护结构传热系数现场检测技术规程》JGJ/T 357—2015	
		《内置保温现浇混凝土复合剪力墙技术标准》JGJ/T 451—2018	
		《岩棉薄抹灰外墙外保温工程技术标准》JGJ/T 480—2019	
		《建筑反射隔热涂料》JG/T 235—2014	
		《保温装饰板外墙外保温系统材料》JG/T 287—2013	
		《外墙保温用锚栓》JG/T 366—2012	
		《建筑门窗复合密封条》JG/T 386—2012	
		《数显式粘结强度检测仪》JG/T 507—2016	
		《增强用玻璃纤维网布　第 2 部分:聚合物基外墙外保温用玻璃纤维网布》JC 561.2—2006❶	
		《中空玻璃用复合密封胶条》JC/T 1022—2007	
		《埋地塑料给水管道工程技术规程》CJJ 101—2016	

---

❶　该标准已于 2017 年 3 月废止。

第 2 章 《建筑与市政工程施工质量控制通用规范》GB 55032—2022

【要点 1】规范的思路与基本架构

《建筑与市政工程施工质量控制通用规范》GB 55032—2022（以下简称规范）共计 5 章 65 条，包括：

第 1 章　总则（3 条）

第 2 章　基本规定（11 条）

第 3 章　施工过程质量控制（29 条）

包括：一般规定（7 条），材料、构配件及设备质量控制（4 条），工艺质量控制（13 条），施工检测质量控制（5 条）。

第 4 章　施工质量验收（17 条）

包括：一般规定（5 条），验收要求（8 条），验收组织（4 条）。

第 5 章　质量保修与维护（5 条）

附录 A　建筑工程的分部工程、分项工程划分

附录 B　室外工程的划分

附录 C　市政工程的单位工程、分部工程、分项工程划分

由以上内容可知，规范的基本架构是根据施工质量控制的需要，依次给出了"基本规定""施工过程质量控制""施工质量验收"和"质量保修与维护"等内容。这些内容及其章节架构，均是按照质量控制的基本理论确定的，层次清晰，相互关联且内容全面。

【要点 2】规范的适用范围和相关标准

规范适用于建筑与市政工程施工质量控制，即所有建筑工程与市政工程施工与验收阶段的质量控制必须执行本规范。建筑工程与市政工程的定义参见住房城乡建设部相关文件及相关标准。

执行本规范尚应执行《建筑工程施工质量验收统一标准》GB 50300—2013 及系列验收标准，相关专业的施工规范及相关技术标准。

【要点 3】工程项目施工质量管理的基本要求

【规范条文】

> 2.0.1　工程项目施工应建立项目质量管理体系，明确质量责任人及岗位职责，

建立质量责任追溯制度。

2.0.2 施工过程中应建立质量管理标准化制度，制定质量管理标准化文件，文件中应明确人员管理、技术管理、材料管理、分包管理、施工管理、资料管理和验收管理等要求。

2.0.3 工程项目各方的工程建设合同，应明确具体质量标准、各方质量控制的权利与责任。

【要点解析】

1. 质量控制的基本理论

质量控制是一项系统工程，起源于欧洲大工业生产对产品的质量管理。主要包含三个阶段的质量控制内容：即"质量预控""质量过程控制"和"质量合格控制"。对于建筑工程，其质量合格控制通常称为质量验收。许多工程建设质量验收标准都是按照上述质量控制理论编制，具体实例参见《建筑地基基础工程施工质量验收标准》GB 50202—2018。

2. 质量管理体系与质量追溯制度

规范第 2.0.1 条要求每个工程项目施工现场，都应建立项目质量管理体系，并且要将每项工作的责任人及岗位职责都加以明确，写进体系文件。

质量管理体系，是指在质量方面指挥和控制组织的管理体系。质量管理体系是组织（公司）内部建立的、为实现质量目标所必需的、一种系统的质量管理模式。它将资源与过程相结合，以对全过程进行控制的方法进行管理。涵盖了从确定需求到设计研制、生产、检验、销售、交付的全过程。对其进行策划、实施、监控、纠正、改进（称为质量管理 5 个要素）。建立质量管理体系，应当以文件化的方式，提出组织内部质量管理工作的系统、全面要求（以上依据 ISO 9001：2015）。

本条要求建立质量责任追溯制度，即：将质量管理要求，包括整体要求，对部门、岗位和个人要求的质量管理职责形成文件，交代清楚，并加以落实。大量工程实践证明只有责任追溯到个人，才能使得质量行为得到有效落实。

我国自秦汉以来在砖瓦上刻制生产者姓名，被认为是世界上最早的产品质量责任落实及责任追溯措施。

3. 项目施工应实施标准化管理

施工过程中实施质量管理标准化制度，可以有效提高效率，防止管理上出现漏洞，并且借鉴成功的管理经验和措施，防止"低水平重复"现象。标准化管理的主要措施是：制定质量管理标准化文件，文件中应明确人员管理、技术管理、材料管理、分包管理、施工管理、资料管理和验收管理等要求。对上述质量管理标准化制度的制定和落实，称之为标准化管理。

实践中应注意，标准化管理与管理创新是有矛盾的，实施标准化管理时应当注意协调处理标准化管理与管理创新的关系。

4. 合同中要有明确的质量标准

合同中要明确质量标准，需要给出本工程项目采用的标准名称、编号、版本号，并明确各方在质量管理方面的权利与责任，也可以约定在某些情况下（例如当发生某些与质量有关的情况时）应如何解决、处理等。

有些工程项目签订合同时照抄合同范本，复制粘贴大量标准名称编号，不考虑工程具体情况，未针对工程特点选择适用的标准内容，可能会留下隐患，或执行标准过程中出现问题。

现有标准众多，选择空间大。选择标准应与质量目标一致。质量要求并不是越高越好，高质量对应的费用、工期、施工条件等都与合格质量有所不同。购物时人们都知道要按需、按价购物，而并非一定要购买最好的。工程质量的道理与此相同。

【要点 4】对勘察设计文件的要求

【规范条文】

> 2.0.4 勘察、设计文件应符合工程特点和合同要求，应说明工程地质、水文和环境条件可能造成的工程质量风险，设计深度应符合施工要求，并应经过质量管理程序审批。
>
> 2.0.5 工程项目各方不得擅自修改工程设计，确需修改的应报建设单位同意，由设计单位出具设计变更文件，并应按原审批程序办理变更手续。
>
> 3.1.1 工程项目中使用的施工图纸及其他有关设计文件应合格有效。施工前应进行勘察说明、设计交底、图纸会审，并应保留记录。

【要点解析】

1. 对勘察设计文件以及设计深度的要求

规范第 2.0.4 条规定设计深度应符合施工要求，并应经过质量管理程序审批。设计深度直接影响工程施工，对于工程某些部位或某道工序，如果设计深度不够，不仅增加了施工难度，而且可能影响材料准备、工艺、机具等，甚至影响工程节点、细部做法及其质量等，导致返工或出现质量问题。为解决这些问题，施工单位对某些部位不得不进行"深化设计"，通常这种深化设计需要获得原设计单位的认可。

在正常情况下设计文件满足施工对设计深度的要求应当没有问题，但在某些情况下可能会遇到困难，例如需要密切结合施工现场条件、施工中需要根据现场情况进行调整的特殊专业（如玻璃幕墙、建筑智能化、可再生能源等）的要求，以及需要考虑当地材料供应条件等情况。现实中各地均允许对诸如幕墙、智能化、可再生能源等由专业承包施工单位在总体设计文件的基础上进行深化设计，但这种深化设计必须获得原设计单位的审查确认。要求深化设计应经过质量管理程序审批，是综合了设计责任和现实需要做出的规定。

2. 设计变更的规定

规范第 2.0.5 条要求工程项目各方不得擅自修改工程设计。按图施工是《中华人民共和国建筑法》《建设工程质量管理条例》（中华人民共和国国务院令第 279 号）等法律法规的规定。"符合设计、符合标准、符合合同"被通俗称为"三符合"。因此参与工程项目建设各方均不得擅自修改工程设计，并对实现设计意图承担质量责任。

施工中，因为出现各种情况，有可能需要对已经确定（审定）的设计文件进行局部修改。这种修改首先应报建设单位同意，由设计单位出具设计变更文件，并应按原审批程序办理变更手续。所谓"原审批程序"指原设计文件的审查批准程序，应按照此程序办理变更手续。实际执行时，设计变更需要参与工程建设的相关方均签字方能生效。

3. 设计勘察进行说明和交底，以及图纸会审规定

规范第 3.1.1 条对工程项目的施工图设计文件提出应合格有效的要求。在设计与施工对接时，须进行"设计交底""图纸会审"，这是为保证设计文件的质量及设计意图得到落实。众所周知，几乎每个工程项目的图纸会审都会提出一定数量的问题，这些问题在施工前予以解决，完善了设计，方便了施工，减少了差错和损失。

通常，项目施工前将"设计交底""图纸会审"合并进行，由建设单位主持，参建各方均需到会。因为施工、监理方与设计方并无直接的合同关系，需要建设方"牵线"。

本条规定施工前应进行勘察说明、设计交底、图纸会审，并应保留记录，是对现行制度的肯定与严格要求。

【要点 5】不得任意压缩工期的规定

【规范条文】

> 2.0.6 施工进度计划应经建设单位、监理单位审批后执行。施工中不得任意压缩工期，进度计划的重大调整应按原审批程序办理变更手续，并应制定相应的质量控制措施。

【要点解析】

本条是对施工进度和工期的强制性规定。重点是工期要符合客观规律，科学合理。建筑施工的工期由合同约定，进度计划由施工单位制定，并应经建设、监理单位审查批准。

经过批准的工期和施工进度，包括建设单位在内的相关各方必须遵守。施工中不得任意压缩工期。出于各种原因，例如投资方希望提前发挥投资效益，或以"节日""庆典""献礼""上级要求"等理由，要求压缩工期，这种做法严重危害工程质量。本条的核心要求就是参建各方均"不得任意压缩工期"，实际上防止建设单位任意压缩工期才是本条设定的主要原因。

现实中的情况很复杂，如果出现施工条件或某些需求改变，遇到确实需要调整进度计划时，本条要求进度计划和工期的重大调整应按原审批程序办理变更手续，并应制定相应的质量控制措施。

当需要压缩工期时，应该是有理由、有措施、适度地压缩。某市规定：合理工期最大压缩比例不得超过 30%，而且必须采取相关措施，并增加合理费用。

建设工程的工期确定，通常执行国家建设工期定额，可参见相关规定和标准。

【要点6】质量控制资料

【规范条文】

2.0.7 工程质量控制资料应准确齐全、真实有效，且具有可追溯性。当部分资料缺失时，应委托有资质的检验检测机构进行相应的实体检验或抽样试验，并应出具检测报告，作为工程质量验收资料的一部分。

【要点解析】

本条在通规中纳入了对工程质量控制资料的强制要求，提高和严格了对资料管理的要求。对工程资料的基本要求是：准确齐全、真实有效，且具有可追溯性。

工程资料是工程质量重要证明，质量控制资料是其中最重要部分。《建筑工程施工质量验收统一标准》GB 50300—2013、《建筑工程资料管理规程》JGJ/T 185—2009 等均给出了建筑工程的"质量控制资料"清单（参见《建筑工程施工质量验收统一标准》GB 50300—2013 附录 H.0.1-2）。

工程资料应准确齐全、真实有效，重点是真实。当前工程资料中相当一部分资料的真实性堪忧。保证工程资料真实的有效措施是资料具有可追溯性，这是防止资料造假的有效手段。通常普通工程资料并不需要追溯，但在某些情况下，例如出现了不符合要求或对数据有怀疑的情况下，则应当追溯资料的来源，佐证数据的可靠性。所有工程资料都不是孤立的，它们彼此互相关联，因此都应当具有可追溯性。当资料具有可追溯性时，可以大幅度减少辅助性资料的传递、保存数量。例如，《混凝土结构工程施工规范》GB 50666—2011 规定，搅拌站的开盘鉴定资料，通常不需要向施工现场提供，保存在搅拌站使其可追溯即可。

当部分资料缺失时，应委托有资质的检验检测机构进行相应的实体检验或抽样试验，并出具检测报告，作为工程质量验收资料的一部分。这条规定是为了解决出现资料缺失的特殊情况下工程进行验收的一项特别规定。这条规定首先由《建筑工程施工质量验收统一标准》GB 50300—2013 提出，现纳入通规。

【要点7】关于监理规划、监理实施细则编制以及监理方法的规定

【规范条文】

2.0.8 实行监理的工程项目，施工前应编制监理规划和监理实施细则，并应按规定程序审批，当需变更时应按原审批程序办理变更手续。

2.0.9 未实行监理的工程项目，建设单位应成立专门机构或委托具备相应质量管理能力的单位独立履行监理职责。

> 3.3.3 监理人员应对工程施工质量进行巡视、平行检验，对关键部位、关键工序进行旁站，并应及时记录检查情况。

【要点解析】

1. 监理规划与监理实施细则

规范第 2.0.8 条建设工程监理制度，是我国 1985 年从欧洲引进的一项建设管理方式。被写入《中华人民共和国建筑法》《建设工程质量管理条例》（中华人民共和国国务院令第 279 号）等法律法规。迄今实行三十多年以来，监理作为参与工程建设的一方，起到了不可替代的重要作用。

我国的建设工程监理工作，主要执行现行国家标准《建设工程监理规范》GB/T 50319—2013 以及和工程有关的多项技术标准。

本条要求实行监理的工程项目，施工前应编制监理规划和监理实施细则，并应按规定程序审批，当需变更时应按原审批程序办理变更手续。明显严格并提升了依据"监理规划"和"监理实施细则"开展监理工作的要求。

监理规划、监理实施细则是开展监理工作最重要的纲领性文件。作用与施工单位的施工组织设计大致相同。对此国家标准和地方标准有明确的规定。

监理规划、监理实施细则的内容、要求、审批的具体规定参见国家标准《建设工程监理规范》GB/T 50319—2013 和各地相关地方标准（例如北京市地方标准《建设工程监理规程》DB11/T 382—2017）。

2. 第 2.0.9 条对未实行监理的工程作出规定，并明确未实行监理的工程项目其建设单位责任

规范第 2.0.9 条与《建筑工程施工质量验收统一标准》GB 50300—2013 对未实行监理的工程做出的规定相同。要求未实行监理的工程项目，建设单位应成立专门机构或委托具备相应质量管理能力的单位独立履行监理职责。该要求的重点是应成立专门机构，或委托具备相应能力的单位，不得临时指定和随意更换，且该机构、单位应独立履行监理职责，不得兼有监理之外的其他职责。

3. 监理方法的规定

规范第 3.3.3 条给出了主要监理方法，即监理人员应对工程施工质量进行巡视、平行检验，对关键部位、关键工序进行旁站，并应及时记录检查情况。

国家标准《建设工程监理规范》GB/T 50319—2013 给出了多种更加具体的监理方法，各地地方标准进一步做了补充完善。当前我国监理工作的主要方法约 10 种：

1）审批（开工、停工、复工令、混凝土浇灌令、工程款拨付等）；
2）会议（第一次工地会议、监理例会、专题会等）；
3）告知（监理月报、监理通知单、监理报告、工作联系单、监理交底等）；
4）验收（隐蔽验收，检验批、分项、分部工程验收、预验收等）；
5）材料把关（所有材料）；
6）工序把关（重要工序）；

7）见证（材料取样、实体检验等，北京增加的见证项目见前述）；

8）巡视（巡视情况记入监理日志）；

9）旁站；

10）平行检验。

具体内容和要求参见相关的国家标准和地方标准。

【要点8】关于施工现场技术工人配备及全员质量培训的规定

【规范条文】

2.0.10 施工现场应根据项目特点和合同约定，制定技能工人配备方案，其中中级工及以上占比应符合项目所在地区施工现场建筑工人配备标准。施工现场技能工人配备方案应报监理单位审查后实施。

2.0.11 施工管理人员和现场作业人员应进行全员质量培训，并应考核合格。质量培训应保留培训记录。应对人员教育培训情况实行动态管理。

【要点解析】

1. 施工现场技术工人配备

规范第 2.0.10 条对从事项目施工的技能个人配备做出规定。

鉴于近年来建筑业由于技术工人匮乏，高级技师严重缺少，阻碍了工程质量提高。

本条要求施工现场应制定技能工人配备方案，并应符合项目特点和合同约定，其中中级工及以上占比应符合项目所在地配备标准。该方案应报监理单位批准。

各地正在制定对施工现场关键岗位人员配备要求。可参见相关文件和标准。

2. 项目实行全员培训的规定

规范第 2.0.11 条全员培训要求，是提高施工管理人员和现场作业人员水平的重要方法和有效途径。

技术工人的这种培训可由企业自行完成或由行业协会、社会机构等完成，并做到保留培训记录，实行动态管理。

【要点9】对施工图纸合格有效以及对勘察说明、设计交底和图纸会审的要求

【规范条文】

3.1.1 工程项目中使用的施工图纸及其他有关设计文件应合格有效。施工前应进行勘察说明、设计交底、图纸会审，并应保留记录。

【要点解析】

本条对工程项目的施工图设计文件提出要求：应合格有效。设计文件的质量在很大程

度上决定了工程的安全、功能、耐久性等。设计文件的质量责任是明确的，但这并不能保证所有设计文件都符合要求。我国推行设计审查制度以来取得了一定效果，但审图主要是针对安全、抗震、节能、环境保护等国家基本国策方面，其他大量设计质量仍需依靠设计单位管理体系加以保证。

在设计与施工对接时，我国创立了"设计交底""图纸会审"等行之有效的模式，就是为了保证设计文件的质量。几乎每个工程项目的图纸会审都会提出一定数量的问题，这些问题在施工前予以解决，能够完善设计，方便施工，减少差错和损失。

通常，项目施工前将"设计交底""图纸会审"合并进行，由建设单位主持，参建各方均需到会。因为施工、监理方与设计方并无直接的合同关系，需要建设方"牵线"。

本条规定施工前应进行勘察说明、设计交底、图纸会审，并应保留记录，是对现行制度的肯定与严格要求。

设计文件应该合格有效，是对设计文件的最基本要求。不仅可以保证设计文件质量，还旨在杜绝"边设计边施工""用草图施工"等设计文件不合规、不合格、无效等违法违规情况。

【要点 10】对质量策划、施工组织设计和样板示范制度的规定

【规范条文】

> 3.1.2 工程项目开工前应进行质量策划，应确定质量目标和要求、质量管理组织体系及管理职责、质量管理与协调的程序、质量控制点、质量风险、实施质量目标的控制措施，并应根据工程进展实施动态管理。
>
> 3.1.3 工程质量策划中应在下列部位和环节设置质量控制点：
> 1 影响施工质量的关键部位、关键环节；
> 2 影响结构安全和使用功能的关键部位、关键环节；
> 3 采用新技术、新工艺、新材料、新设备的部位和环节；
> 4 隐蔽工程验收。
>
> 3.1.4 施工组织设计和施工方案应根据工程特点、现场条件、质量风险和技术要求编制，并应按规定程序审批后执行，当需变更时应按原审批程序办理变更手续。
>
> 3.1.5 施工前应对施工管理人员和作业人员进行技术交底，交底的内容应包括施工作业条件、施工方法、技术措施、质量标准以及安全与环保措施等，并应保留相关记录。
>
> 3.1.6 分项工程施工，应实施样板示范制度，以多种形式直观展示关键部位、关键工序的做法与要求。

【要点解析】

1. 质量策划和设立质量控制点

规范第 3.1.2 条对项目开工前质量策划提出要求。

质量策划通常包括质量方针和质量目标，并包含实现这些目标的各种活动、部署过程。

质量方针是长期战略决策，通常是确定的，明白无误。一般写入公司的质量手册、质量体系文件中。

质量目标与质量方针相比是短期的，根据前一年的运营情况和未来的内外部需求和环境确定。允许进行调整。质量目标通常要分解到各个相关部门，共同协作完成。

质量控制是指致力于满足质量要求的活动，强调持续实施，维持现状。

质量改进是指在质量控制基础上有突破，强调突破当前，有所改进。

质量控制是当出现特殊原因导致偶发问题，质量低于控制线（失控）时，要立刻注意，查找原因，制定措施纠正，恢复原有水平。质量改进针对的是系统性问题、隐含问题、展望未来市场需求等问题，这类问题需要组织（公司）层面才能解决。通过组织采用质量改进来解决这种面向未来，或隐含、被忽视等问题，使得组织达到更高的业绩水平，实现突破，这就是质量改进。

本条要求施工项目部要做到：

1）工程项目应通过质量策划，确定质量目标和要求、质量管理体系及管理职责、质量管理与协调的程序、质量控制点、质量风险，以及实施质量目标的控制措施。

2）上述质量策划的各项要素应根据工程进展实施动态管理，只有不断接收反馈，及时、不断地进行调整、补充、完善才能达到确保工程质量的目标。

规范第3.1.3条明确给出应设置质量控制点的部位和环节。

每个工程的用途、功能、结构类型、施工工艺等都有所不同，因此质量策划应具有针对性，需要研究具体项目的特点后确定。但通常施工过程中的关键节点也有共性，因此规范第3.1.3条给出的是常见关键节点的"共性"，个性需要项目管理人员增删确定。

例如，对于混凝土结构来说，钢筋、水泥、预拌混凝土等材料，重要构件受力钢筋位置、数量、混凝土强度等指标就是影响结构安全的关键部位和关键环节，这当然与钢结构、砌体结构有很大不同。

由于隐蔽工程的重要性，故隐蔽工程验收通常都应列为工程项目的质量控制点，隐蔽工程的验收要求、参与验收人员、验收记录等详见相关标准。

2. 施工组织设计

规范第3.1.4条对施工组织设计和施工方案提出要求。编制施工组织设计是现代化管理的重要方式。

施工组织设计应根据工程特点、现场条件、质量风险和技术要求编制，并应按规定程序审批后执行，当需变更时应按原审批程序办理变更手续。

具体编制的内容和层次，审查、审批的程序等，建筑工程应遵守国家标准《建筑施工组织设计规范》GB/T 50502—2009和地方标准。北京市地方标准《建筑工程施工组织设计管理规程》DB11/T 363—2016也有一定参考价值。市政工程应遵守国家标准《市政工程施工组织设计规范》GB/T 50903—2013和地方标准。

本条中"并应按规定程序审批后执行"，所说的规定程序通常指"内审外批"，即由施工项目负责人组织编制，施工单位（公司）审查确定，由监理方批准。在施工组织设计的标准中有明确、可操作的具体规定。

3. 技术交底的专门要求

规范第 3.1.5 本条给出对施工管理人员和作业人员进行技术交底的要求。

技术交底是"理论"与"实践"的转换接口，十分重要。技术交底记录是技术要求的"交代"与"接受"的责任记录，其上有双方签字，对于分清责任十分重要。

技术交底的内容通常包括施工作业条件、施工方法、技术措施、质量标准以及安全与环保措施等。

本条要求保留技术交底相关记录，一是有利于反复阅读学习，熟悉其技术内容或进行改进，二是为了明确分清交底与被交底双方责任。

4. 施工样板示范的规定

规范第 3.1.6 条要求施工现场推行"样板示范"制度。

各专业标准对于样板示范的做法与要求有所不同，如：节能工程要求外墙保温板粘贴应预先做样板（参见《建筑节能工程施工质量验收标准》GB 50411—2019）；装饰工程要求室内外装修做法及外墙饰面砖工程应制作样板（参见《建筑装饰装修工程质量验收标准》GB 50210—2018），对制作的样板经各方确认后方可大面积施工。

样板示范可认为是对工艺过程和施工效果的直观确认。通常设置样板是针对大量相同设计要求的部位或重要部位，或难以事后检查或事后发现问题难以处理的部位。

【要点 11】施工测量要求

【规范条文】

> 3.1.7 施工使用的测量与计量设备、仪器应经计量检定、校准合格，并在有效期内。监理单位应定期检查设备、仪器的检定和校准报告。
>
> 3.3.1 施工单位应对施工平面控制网和高程控制点进行复测，其复测成果应经监理单位查验合格，并应对控制网进行定期校核。重要线位、控制点和定位点测设完成后应经复测无误后方可使用。
>
> 3.3.2 施工单位应保留工程测量原始观测数据的现场记录及测量成果交付记录，并应对测量结果进行校核。

【要点解析】

1. 测量仪器的检定与校准

规范第 3.1.7 条所说施工中的测量设备包括工程尺寸、位置、标高等尺寸量测设备，以及各种检测设备，如回弹仪、稠度仪、拉拔仪、保护层检测仪、摇表、测距仪等检测仪器设备。

我国对计量设备仪器的管理要求，主要依据计量法及管理部门的相关文件。

仪器设备的检定与校准，都是对仪器设备量值溯源的一种方式，其中检定通常指列入强检目录的仪器设备，未列入强检目录的仪器设备，可以根据相关规定和仪器设备具体情况选择校准或检定。通常检定应出具检定报告或检定证书，给出是否合格的结论；而校准则给出校准结果数据，不一定出具合格结论。

仪器设备检定或校准报告的有效期，应在检定或校准报告上注明，通常为1年。

本条要求施工使用的测量与计量设备、仪器的计量检定或校准应合格，并在有效期内。监理单位检查时，应注意其检定或校准报告的有效期。

2. 现场测量平面控制网和高程控制点

规范第3.3.1条，建筑施工测量控制主要依据现场测量平面控制网和高程控制点，通常由施工单位对施工平面控制网和高程控制点进行复测，由监理单位对复测成果查验，应注意查验不是查验资料，而是由项目监理机构独立进行测量。

规范第3.3.2条，施工单位应保留工程测量原始观测数据的现场记录及测量成果交付记录，并应对测量结果进行校核。

关于计量检定和校准的相关文件规定，可参见国家市场监督管理总局2022年3月29日发布的《中华人民共和国计量法实施细则》。

【要点12】对工程材料进场检验、现场储运和使用的规定

【规范条文】

3.2.1　工程采用的主要材料、半成品、成品、构配件、器具和设备应进行进场检验。涉及安全、节能、环境保护和主要使用功能的重要材料、产品应按各专业相关规定进行复验，并应经监理工程师检查认可。

3.2.2　对涉及结构安全、节能、环境保护和主要使用功能的试块、试件及材料，应按规定进行见证检验。见证检验应在建设单位或者监理单位的监督下现场取样、送检，检测试样应具有真实性和代表性。

3.2.3　进口产品应符合合同规定的质量要求，并附有中文说明书和商检证明，经进场验收合格后方可使用。

3.2.4　施工现场的材料、半成品、成品、构配件、器具和设备，在运输和储存时应采取确保其质量和性能不受影响的储存及防护措施。

【要点解析】

1. 材料进场检验

规范第3.2.1条规定了材料进行进场检验的相关要求。

建筑工程材料进入施工现场应进行检验，是我国《中华人民共和国建筑法》《建设工程质量管理条例》（中华人民共和国国务院令第279号）等法律法规的明确规定，并列入了《建筑工程施工质量验收统一标准》GB 50300—2013等多项国家标准。其主要内容如下：

1）建筑工程材料（广义材料包括半成品、成品、构配件等）均应进场检验；

2）材料进场检验包括"外观检查""质量证明文件核查""抽样复验"三项内容；

3）涉及安全、节能、环境保护和主要功能的重要材料应复验；

4）材料应经监理方认可方可使用。

2. 材料复验与见证

规范第 3.2.2 条是对进场材料进行见证取样检验的规定。

建筑工程材料进行见证取样检验，是我国《建设工程质量管理条例》（中华人民共和国国务院令第 279 号）《房屋建筑工程和市政基础设施工程实行见证取样和送检的规定》（建建〔2000〕211 号）《建设工程质量检测管理办法》（住房和城乡建设部令第 57 号）等法规和规章的要求，被列入了《建筑工程施工质量验收统一标准》GB 50300—2013 等多项国家标准。其主要内容如下：

1）涉及结构安全和主要功能的试块、材料，应见证检验。

2）见证检验应在建设或监理的监督下现场取样。

3）试样应具有真实性和代表性。

4）混凝土结构工程、建筑节能工程、建筑装饰装修工程等也应按照相关标准规定对实体检验进行见证。

5）见证资料应包括试验计划、见证计划、见证记录等（参见《建筑工程检测试验技术管理规范》JGJ 190—2010）。

6）本条中取样原则、抽样方法、不合格样本的剔除与处理、最小抽样数、一次二次抽样的合格判定等内容可参见《建筑工程施工质量验收统一标准》GB 50300—2013 和相关专业验收规范的规定。

3. 进口材料的规定

规范第 3.2.3 条对进口产品质量做出规定。

进口材料的质量标准和要求与国产材料不同，应按照合同约定执行。

本条要求进口材料应有中文说明书和商检证明，是我国产品质量法的规定。

4. 现场材料储运

规范第 3.2.4 条明确要求，材料储存运输过程不变质。为保证不变质，应采取确保其质量和性能的储存运输措施。

材料种类繁多，每种材料的储运、存放要求不同。要求简单的容易满足，如钢筋、混凝土砂石骨料等。要求复杂的则需要专门进行储运存放设计和建造满足条件的环境。

对于大型预制构件、保温隔热材料、易燃易爆材料、易变形开裂的制品和材料、贵金属、危险材料（污染）等，需要专门采取对应措施。

对于一些特殊材料，其运输、输送、储存等应根据其特点遵守相关规定，如预拌混凝土应遵守国家标准《混凝土结构工程施工规范》GB 50666—2011、《混凝土结构工程施工质量验收规范》GB 50204—2015、《预拌混凝土》GB/T 14902—2012 等。

【要点 13】 对工序控制的规定

【规范条文】

> 3.3.4 施工工序间的衔接，应符合下列规定：
>
> 1 每道施工工序完成后，施工单位应进行自检，并应保留检查记录；

> 2 各专业工种之间的相关工序应进行交接检验，并应保留检查记录；
>
> 3 对监理规划或监理实施细则中提出检查要求的重要工序，应经专业监理工程师检查合格并签字确认后，进行下道工序施工；
>
> ……

【要点解析】

工序和检验批是建筑工程质量控制体系中的两个重要组成部分，它们之间本质上是不同的概念，具有不同的侧重点。工序是指工程施工过程中一项完整的、具有独立功能的作业活动，是施工过程质量控制的基本单元，每个工序都必须按照设计要求和施工规范进行操作，并进行相应的质量控制。例如，混凝土浇筑、钢筋绑扎、抹灰等都是具体的施工工序。检验批是按相同的生产条件或按规定的方式汇总起来供抽样检验用的，由一定数量样本组成的检验体，是对相关工序质量进行质量验收的基本单位，可以由若干连续完成的同类工序组成。需要注意的是，某道施工工序完成后设定的检查验收部位，包括施工单位的自检、各专业工种之间的交接检、监理对重要工序的检查以及可能涉及的隐蔽工程验收，与检验批部位不一定是一一对应关系，可以与相关的某一检验批部位完全一致，也可以小于相关检验批部位，或涵盖多个检验批部位等。

本条引自《建筑工程施工质量验收统一标准》GB 50300—2013，对施工工序衔接做出3项规定，本条"工序间的衔接"可理解为施工现场"三检制"中的"交接检"。

1）强调每道施工工序完成后，施工单位应进行自检。

2）各专业、工种间应进行交接检验。

3）监理对重要工序进行检查，这些工序合格才能继续施工。

本条强调自检，是因为自检具有其他检查不能取代的重要性（自检是全数检查，验收是抽样检查）。

交接检的3个作用：一是确认上道工序的质量合格，二是确认下道工序的施工条件符合要求，三是明确上下道工序各自的责任（不同专业，不同班组）。

本条要求监理对重要工序把关，其含义是并非所有工序都要监理检查签字。重要工序应由监理事先确定，并写入监理实施细则中。

【要点 14】 对隐蔽工程验收的规定

【规范条文】

> 3.3.4 施工工序间的衔接，应符合下列规定：
>
> ……
>
> 4 隐蔽工程在隐蔽前应由施工单位通知监理单位进行验收，并应留存现场影像资料，形成验收文件，经验收合格后方可继续施工。

【要点解析】

规范第 3.3.4 条第 4 款从工序质量控制的角度对隐蔽工程验收提出要求。隐蔽工程是指下道工序施工后将上道工序掩盖，不能直接检查上道工序质量状况的工程部位。鉴于隐蔽工程的重要性，对这些要求简述如下：

1) 在隐蔽前由施工单位通知监理单位进行验收。

2) 隐蔽工程验收应留存现场影像资料，并符合相关规定。

3) 形成隐蔽工程验收记录，由施工单位的施工员、质量检查员和专业监理工程师进行验收并签字。

4) 隐蔽工程验收记录的填写，应尽可能复现隐蔽部位的质量状况，应有针对性和对主要验收内容的记录。不能仅仅填写"合格""符合要求"或抄录相关规范的条文。

5) 当国家标准对隐蔽工程验收的部位、内容、施工质量有明确要求时，应遵守相关标准规定。如《混凝土结构工程施工质量验收规范》GB 50204—2015、《建筑节能工程施工质量验收标准》GB 50411—2019、《建筑装饰装修工程质量验收标准》GB 50210—2018 等，均明确给出了主要分项工程的隐蔽工程验收内容，应遵照执行。

【要点 15】对验槽的规定

【规范条文】

> 3.3.5　基坑、基槽、沟槽开挖后，建设单位应会同勘察、设计、施工和监理单位实地验槽，并应会签验槽记录。

【要点解析】

本条引自《建筑地基基础工程施工质量验收标准》GB 50202—2018 的附录 A，要求基坑、基槽、沟槽开挖后，建设单位应会同勘察、设计、施工和监理单位实地验槽，并应会签验槽记录。本条主要内容简述如下：

1) 所有基坑、基槽、沟槽开挖后，均应进行实地验槽，不得采用查阅记录、检测报告、观看视频录像等方法进行验槽。

2) 验槽工作由建设单位组织，会同勘察、设计、施工和监理单位共同进行。应注意不要把"验槽"与"地基基础分部工程验收"混为一谈。

3) 验槽记录应由"五方会签"，参见国家标准《建筑地基基础工程施工质量验收标准》GB 50202—2018。

4) 针对不同的基坑、基槽、沟槽，应采取不同的检验验收方法。例如对天然地基可采取轻型动力触探方法（钎探），对回填土地基可采取压实度检验方法，对桩基可采取静载等检验方法。

5) 验槽具体要求应符合《建筑地基基础工程施工质量验收标准》GB 50202—2018 附录 A 的规定。

【要点16】对钢筋套筒灌浆连接施工的控制性要求

【规范条文】

3.3.6 主体结构为装配式混凝土结构体系时，套筒灌浆连接应采用由接头型式检验确定的相匹配的灌浆套筒、灌浆料，灌浆应密实饱满。

【要点解析】

本条针对钢筋套筒灌浆接头给出规定，因为混凝土装配式结构中采用该种接头较多，质量检查困难。对本条主要内容简述如下：

1）套筒灌浆接头要具有接头型式检验报告，且在有效期内。

2）实际采用的套筒与灌浆料应与型式检验报告一致。

3）灌浆套筒、灌浆料，灌浆要配套使用。

4）灌浆施工应密实饱满。

由于套筒灌浆接头的灌浆密实度难以检查，容易出现灌浆不饱满或钢筋插入长度不够等问题。套筒灌浆接头的施工应遵守《钢筋套筒灌浆连接应用技术规程》JGJ 355—2015的要求。

我国已研制出套筒灌浆接头灌浆饱满度检验的多种方法，如"钻孔内窥镜法""射线法"等，可参见相关标准。

【要点17】对装饰装修工程涉及安全性能的控制性要求

【规范条文】

3.3.7 装饰装修工程施工应符合下列规定

1 当既有建筑装饰装修工程设计涉及主体结构和承重结构变动时，应在施工前委托原结构设计单位或具有相应资质等级的设计单位提出设计方案，或由鉴定单位对建筑结构的安全性进行鉴定，依据鉴定结果确定设计方案；

2 建筑外墙外保温系统与外墙的连接应牢固，保温系统各层之间的连接应牢固；

3 建筑外门窗应安装牢固，推拉门窗扇应配备防脱落装置；

4 临空处设置的用于防护的栏杆以及无障碍设施的安全抓杆应与主体结构连接牢固；

5 重量较大的灯具，以及电风扇、投影仪、音响等有振动荷载的设备仪器，不应安装在吊顶工程的龙骨上。

【要点解析】

本条对建筑装饰工程施工提出 5 项规定。这些规定主要侧重于保证施工与使用安全，防止施工部位发生安全质量事故。更多的施工质量控制与装饰装修工程验收要求应遵守《建筑装饰装修工程质量验收标准》GB 50210—2018 等相关规定。

本条对建筑装饰工程施工提出的 5 项规定如下，应严格执行：

1) 对既有建筑装饰、改造、加固涉及结构变动时的规定：要求施工前由原结构设计单位出设计方案，或由鉴定单位对结构安全性进行鉴定，依据鉴定结果确定设计方案。

2) 外墙外保温与外墙的连接应牢固，保温各层之间都应连接牢固。

3) 建筑外门窗应安装牢固，推拉门窗扇应有防脱落装置。

4) 临空栏杆、安全抓杆应与主体结构连接牢固。

5) 重量较大的灯具，有振动荷载的设备，不应安装在吊顶龙骨上。

【要点 18】屋面工程施工的基本要求

【规范条文】

> 3.3.8　屋面工程施工应符合下列规定：
>
> 1　每道工序完成后应及时采取保护措施；
>
> 2　伸出屋面的管道、设备或预埋件等，应在保温层和防水层施工前安设完毕；
>
> 3　屋面保温层和防水层完工后，不得进行凿孔、打洞或重物冲击等有损屋面的作业；
>
> 4　屋面瓦材必须铺置牢固，在大风及地震设防地区或屋面坡度大于 100％时，应采取固定加强措施。

【要点解析】

本条对屋面工程中涉及安全与重要功能的施工内容提出 4 项规定，这些规定主要涉及保证屋面工程施工质量与使用功能的基本要求。更多的施工质量控制与屋面工程验收要求应遵守《屋面工程质量验收规范》GB 50207—2012 等相关规定。

屋面工程的最重要功能就是防水功能。本条 4 项要求中的 3 项，都是为确保屋面的防水功能，只有第 4 项是坡屋面（屋面瓦）的安全规定。

本条对屋面工程施工提出的 4 项规定如下，应严格执行：

1) 每道工序完成后应及时采取保护措施。

2) 伸出屋面的管道、设备或预埋件等，应在保温层和防水层施工前安设完毕。

3) 屋面保温层和防水层完工后，不得进行凿孔、打洞或重物冲击等有损屋面的作业。

4) 屋面瓦材必须铺置牢固，在大风及地震设防地区或屋面坡度大于 100％时，应采取固定加强措施。这里对屋面瓦材必须铺置牢固的要求，重点是针对 3 种情况：

（1）风力较大地区，是指经常遭遇大风、台风、飓风等灾害的地区。

（2）地震设防地区，可按抗震设防相关规定执行（《建筑抗震设计标准》GB 50011—2010等）。

（3）屋面坡度大于100%，是指屋面坡度与水平面夹角45度以上。

【要点19】对设备管道及支架安装、防腐、清洗与检验的规定

【规范条文】

> 3.3.9 设备、管道及其支吊架等的安装位置、尺寸以及与主体结构的连接方法和质量应满足设计及使用功能要求。
>
> 3.3.10 地下管道防腐层应完整连续，新建管道阴极保护设计、施工应与管道设计、施工同时进行，阴极保护应经检测合格，并同时投入使用。
>
> 3.3.11 管道清扫冲洗、强度试验及严密性试验和室内消火栓系统试射试验前，施工单位应编制试验方案，应按设计要求确定试验方法、试验压力和合格标准，应制定质量和安全保证措施。

【要点解析】

1. 设备管道及支吊架安装

规范第3.3.9条给出对设备、管道及支吊架的要求。主要针对其功能和安全性。

2. 地下管道防腐

规范第3.3.10条针对地下管道防腐层的耐久性给出规定。地下管道本身的重要性众所周知，但由于地下管道防腐层属于隐蔽工程，竣工封闭或回填后难以检查其质量变化，故对地下管道防腐的耐久性给出规定。

阴极保护技术是电化学保护技术的一种，其原理是向被腐蚀金属结构物表面施加一个外加电流，被保护结构物成为阴极，从而使得金属腐蚀发生的电子迁移得到抑制，避免或减弱腐蚀的发生。阴极保护是一种对重要的地下金属管道、电缆的金属外皮、地下带有金属外壳的设备等，进行人工干预达到防腐蚀目的的有效措施。具体施工要求及施工质量控制要求应执行相关标准。

3. 管道清洗与强度、严密性试验

规范第3.3.11条要求管道交工前应进行的各种清扫冲洗、强度试验、严密性试验、消火栓试射试验等，这些规定涉及管道和设备的功能是否满足设计要求，十分重要。

本条要求可归纳为4个方面：

1）管道试验前施工单位应编制试验方案。

2）试验方法应符合设计要求。

3）试验压力等指标应合格。

4）管道试验应制定质量和安全保证措施。

【要点 20】 隧道工程的测量控制的要求

【规范条文】

> 3.3.12 隧道工程施工应对线路中线、高程进行检核，隧道的衬砌结构不得侵入建筑限界。

【要点解析】

规范第 3.3.12 条，隧道是城市中的重要市政设施之一，并与线路沿线各种建筑、管线等其他市政设施衔接，所以必须在施工前对已建成的平面、高程控制网进行复测才能保证各条线路之间以及与相关市政设施衔接正确。

本条对隧道工程的定位尺寸与高程给出检核规定：检验并核查。

1）隧道施工单位应对线路中线、高程进行检核，监理应进行复核。

2）隧道的衬砌结构不得侵入建筑限界，以保证与线路沿线各种建筑物、管线等其他市政设施衔接。

【要点 21】 对检测机构的委托、管理以及严禁造假的规定

【规范条文】

> 3.4.1 建设单位应委托具备相应资质的第三方检测机构进行工程质量检测，检测项目和数量应符合抽样检验要求。非建设单位委托的检测机构出具的检测报告不得作为工程质量验收依据。
>
> 3.4.2 工程施工前应制定工程试验及检测方案，并应经监理单位审核通过后实施。
>
> 3.4.3 施工过程质量检测试样，除确定工艺参数可制作模拟试样外，均应从现场相应的施工部位制取。
>
> 3.4.4 检测机构应独立出具检验检测数据和结果。检测机构应对检测数据和检测报告的真实性和准确性负责。对检测结果不合格的报告严禁抽撤、替换或修改。
>
> 3.4.5 检测机构严禁出具虚假检测报告。

【要点解析】

1. 第三方检测机构应由建设方委托的规定

规范第 3.4.1 条的要求可归纳为以下 3 个内容：

1）检测任务应由建设单位委托，非建设单位委托的检测报告不能作为工程质量验收的依据，应遵守《建设工程质量检测管理办法》（住房和城乡建设部令第 57 号）。

2）检测机构应具备资质且应为第三方，检测资质符合住房城乡建设部《建设工程质量检测机构资质管理办法》的要求；《建设工程质量检测机构资质标准》（建质规〔2023〕1号）。

3）检测项目和数量应符合抽样检验要求，抽样原则和方法可按《建筑工程施工质量验收统一标准》GB 50300—2013以及相关检测标准执行。

2. 必须制定试验及检测方案的规定

规范第3.4.2条具体执行时应符合《建筑工程检测试验技术管理规范》JGJ 190—2010的要求。

试验及检测方案需要由监理审批，监理应据此制订见证计划。

3. 现场取样的规定

规范第3.4.3条规定施工中的试样，除工艺检验外，均应从现场相应部位制取。

这条规定的实质是坚决杜绝假试件，亦即要保证检测试件的真实性，保证检测试件真实性的主要措施是：均应从现场相应部位制取，并应按规定进行见证取样和送检。

本条规定只允许有一个例外，即确定工艺参数可制作模拟试样。

4. 对检测数据和检测报告的规定

规范第3.4.4条规定，可归纳为以下4个内容：

1）检测机构应独立出具检验检测数据和结果。

2）检测机构必须具备相应的检测能力，检测任务不得违法分包、转包。

3）检测机构应对检测数据和检测报告的真实性和准确性负责。

4）无论是检测机构、施工单位，还是其他任何单位，对检测结果不合格的报告严禁抽撤、替换或修改。

5. 严禁虚假检测报告的专门规定

规范第3.4.5条明确规定：严禁出具虚假检测报告。

众所周知，虚假检测报告严重危害工程质量。本条对此做出明确规定，是为了严厉杜绝这一危害工程质量安全的丑恶现象。除了虚假报告，还应杜绝不按标准规定的试验方法进行试验的违规行为。现行规章和标准对于检测报告管理有明确规定，应按照住房和城乡建设部令第57号执行，并应符合《房屋建筑和市政基础设施工程质量检测技术管理规范》GB 50618—2011的要求。

【要点22】对施工质量的验收方法、层次划分、合格条件的规定

【规范条文】

> 4.1.1 施工质量验收应包括单位工程、分部工程、分项工程和检验批施工质量验收，并应符合下列规定：
>
> 1 检验批应根据施工组织、质量控制和专业验收需要，按工程量、楼层、施工段划分，检验批抽样数量应符合有关专业验收标准的规定。
>
> 2 分项工程应根据工种、材料、施工工艺、设备类别划分，建筑工程分项工程

划分应符合本规范附录 A、附录 B 的规定，市政工程分项工程划分应符合本规范附录 C 的规定。

3 分部工程应根据专业性质、工程部位划分，建筑工程分部工程划分应符合本规范附录 A、附录 B 的规定，市政工程分部工程划分应符合本规范附录 C 的规定。

4 单位工程应为具备独立使用功能的建筑物或构筑物；对市政道路、桥梁、管道、轨道交通、综合管廊等，应根据合同段，并结合使用功能划分单位工程。

4.1.2 施工前，应由施工单位制定单位工程、分部工程、分项工程和检验批的划分方案，并应由监理单位审核通过后实施。施工现场情况与附录不同时，应按实际情况进行分部工程、分项工程和检验批划分，由建设单位组织监理单位、施工单位共同确定。

4.2.2 检验批质量应按主控项目和一般项目验收，并应符合下列规定：

1 主控项目和一般项目的确定应符合国家现行强制性工程建设规范和现行相关标准的规定；

2 主控项目的质量经抽样检验应全部合格；

3 一般项目的质量应符合国家现行相关标准的规定；

4 应具有完整的施工操作依据和质量验收记录。

4.2.4 分项工程质量验收合格应符合下列规定：

1 所含检验批的质量应验收合格；

2 所含检验批的质量验收记录应完整、真实。

4.2.5 分部工程质量验收合格应符合下列规定：

1 所含分项工程的质量应验收合格；

2 质量控制资料应完整、真实；

3 有关安全、节能、环境保护和主要使用功能的抽样检验结果应符合要求；

4 观感质量应符合要求。

4.2.6 单位工程质量验收合格应符合下列规定：

1 所含分部工程的质量应全部验收合格；

2 质量控制资料应完整、真实；

3 所含分部工程中有关安全、节能、环境保护和主要使用功能的检验资料应完整；

4 主要使用功能的抽查结果应符合国家现行强制性工程建设规范的规定；

5 观感质量应符合要求。

【要点解析】

1. 施工质量验收划分的原理与基本规定

规范第 4.1.1 条给出验收的层次与划分，引自《建筑工程施工质量验收统一标准》GB 50300—2013 的"工程质量验收的划分"。

由于建筑工程的特点，其验收不同于产品的出厂检验，无法等到竣工时一次性验收。很多部位被隐蔽（如混凝土中钢筋），很多数据事后难以检测取得（如桩基承载力），故必须在施工过程中及时、同步验收。

本条可归纳为以下 3 个内容：

1）工程质量验收分为 4 个层次：单位工程、分部工程、分项工程和检验批。

2）子单位并非取消，而是作为辅助层次，需要时仍可划分。

3）附录 A、B、C 被纳入了全文强制性标准，故也应当强制执行。但实际上由于工程情况复杂，划分又有明显的人为属性，故在下一条中进行了放宽。

规范第 4.1.2 条要求施工前应由施工单位制定单位工程、分部工程、分项工程和检验批的划分方案，并应由监理单位审核通过后实施。

制定划分方案时，当遇到施工现场情况与附录不同，应按实际情况进行分部工程、分项工程和检验批划分，由建设单位组织监理单位、施工单位共同确定。

2. 检验批验收方法与合格条件

规范第 4.2.2 条规定了检验批验收的方法和合格条件。

检验批验收方法是检验批应按主控项目和一般项目验收。主控项目是"起决定性作用的检验项目"，一般项目是"不起决定性作用的检验项目"。

检验批质量合格的 4 个条件，可按照《建筑工程施工质量验收统一标准》GB 50300—2013 和相关专业验收标准执行。

3. 分项工程验收合格条件

规范第 4.2.4 条规定了分项工程验收合格的 2 个条件：

1）所含检验批的质量应验收合格。

2）所含检验批的质量验收记录应完整、真实。

需要注意，在某些专业工程验收中分项工程只含有一个类别的同名检验批，此时分项工程验收仍需按上述两个合格条件执行（可参见《建筑节能工程施工质量验收标准》GB 50411—2019 第 3.4.1 条）。

4. 分部工程验收合格条件

规范第 4.2.5 条规定了分部工程质量验收合格的 4 个条件：

1）所含分项工程的质量应验收合格。

2）质量控制资料应完整、真实（《建筑工程施工质量验收统一标准》GB 50300—2013 给出控制资料列表）。

3）有关安全、节能、环境保护和主要使用功能的抽样检验结果应符合要求。

4）观感质量应符合要求（观感质量检验与评判方法的改进）。

本条第 3 款要求分部工程的合格条件应包含"有关安全、节能、环境保护和主要使用功能的抽样检验结果应符合要求"，即通常所说的分部工程验收前要进行"实体检验"。

5. 单位工程验收合格条件

规范第 4.2.6 条给出单位工程质量验收合格条件。

1）所含分部工程的质量应全部验收合格。

2）质量控制资料应完整、真实。

3）所含分部工程中有关安全、节能、环境保护和主要使用功能的检验资料应完整。

4) 主要使用功能抽查结果应符合国家现行强制性工程建设规范规定。

5) 观感质量应符合要求。

第二个条件"质量控制资料"可按照《建筑工程施工质量验收统一标准》GB 50300—2013 对"质量控制资料"的要求执行（参见该标准表 H.0.1-2 单位工程质量控制资料核查记录）。

第三、第四个条件"有关安全、节能、环保和使用功能的检验资料"与"主要使用功能的抽查结果"，应符合《建筑工程施工质量验收统一标准》GB 50300—2013 附录 H "表 H.0.1-3 单位工程安全和功能检验资料核查及主要功能抽查记录"的规定。

第五个条件"观感质量检查"，应符合《建筑工程施工质量验收统一标准》GB 50300—2013 对"观感质量"的规定。

【要点 23】当不同层次的质量验收出现不符合要求时的处理规定

【规范条文】

> 4.2.3　当检验批施工质量不符合验收标准时，应按下列规定进行处理：
>
> 1　经返工或返修的检验批，应重新进行验收；
>
> 2　经有资质的检测机构检测能够达到设计要求的检验批，应予以验收；
>
> 3　经有资质的检测机构检测达不到设计要求，但经原设计单位核算认可能够满足安全和使用功能的检验批，应予以验收。
>
> 4.2.7　当经返修或加固处理的分项工程、分部工程，确认能够满足安全及使用功能要求时，应按技术处理方案和协商文件的要求予以验收。
>
> 4.2.8　经返修或加固处理仍不能满足安全或重要使用功能要求的分部工程及单位工程，严禁验收。

【要点解析】

1. 检验批质量不符合要求时的处理

规范第 4.2.3 条规定当检验批施工质量不符合验收标准时，共有 4 种"出路"，本条给出 3 种：

1) 经返工或返修的检验批，应重新进行验收。

2) 经有资质的检测机构检测能够达到设计要求的检验批，应予以验收。

3) 经有资质的检测机构检测达不到设计要求，但经原设计单位核算认可，能满足安全和使用功能的检验批，应予以验收。

2. 返修加固处理的专门规定

规范第 4.2.7 条与第 4.2.3 条共同组成"给出路"政策，本条给出第 4 种出路，即"让步接收"。

当经返修或加固处理的分项工程、分部工程，确认能够满足安全及使用功能要求时，应按技术处理方案和协商文件的要求予以验收。其前提是"确认能够满足安全及使用功能要求"。具体执行时应符合《建筑工程施工质量验收统一标准》GB 50300—2013 相关验收标准的规定。

3. 严禁验收的规定

规范第 4.2.8 条内容明确，给出了验收的底线，即：经返修或加固处理仍不能满足安全或重要使用功能要求的分部工程及单位工程，严禁验收。

【要点 24】检验批、分项、分部、单位工程等不同层次工程质量验收的组织和程序

【规范条文】

> 4.3.1 检验批应由专业监理工程师组织施工单位项目专业质量检查员、专业工长等进行验收。
>
> 4.3.2 分项工程应由专业监理工程师组织施工单位项目专业技术负责人等进行验收。
>
> 4.3.3 分部工程应由总监理工程师组织施工单位项目负责人和项目技术负责人等进行验收。勘察、设计单位项目负责人和施工单位技术、质量部门负责人应参加地基与基础分部工程的验收，设计单位项目负责人和施工单位技术、质量部门负责人应参加主体结构、节能分部工程的验收。
>
> 4.3.4 单位工程完工后，各相关单位应按下列要求进行工程竣工验收：
>
> 1 勘察单位应编制勘察工程质量检查报告，按规定程序审批后向建设单位提交；
>
> 2 设计单位应对设计文件及施工过程的设计变更进行检查，并应编制设计工程质量检查报告，按规定程序审批后向建设单位提交；
>
> 3 施工单位应自检合格，并应编制工程竣工报告，按规定程序审批后向建设单位提交；
>
> 4 监理单位应在自检合格后组织工程竣工预验收，预验收合格后应编制工程质量评估报告，按规定程序审批后向建设单位提交；
>
> 5 建设单位应在竣工预验收合格后组织监理、施工、设计、勘察单位等相关单位项目负责人进行工程竣工验收。

【要点解析】

1. 检验批、分项工程、分部工程验收的组织

规范第 4.3.1 条给出检验批验收的参加人员：由专业监理工程师组织施工单位项目专业质量检查员、专业工长等进行验收。

规范第 4.3.2 条给出分项工程验收的参加人员：由专业监理工程师组织施工单位项目专业技术负责人等进行验收。

规范第 4.3.3 条给出分部工程验收的参加人员：由总监理工程师组织，由施工单位项

目负责人、项目技术负责人等参加。

有 3 个分部工程验收，其参加人员有特殊要求：

地基与基础分部工程的验收，勘察、设计单位项目负责人和施工单位技术、质量部门负责人应参加。主体结构、节能分部工程的验收，设计单位项目负责人和施工单位技术、质量部门负责人应参加。

具体执行可按照《建筑工程施工质量验收统一标准》GB 50300—2013 和相关专业验收标准执行。

2. 单位工程验收的组织

规范第 4.3.4 条规定了单位工程完工后，应当参加验收的各相关单位，以及各单位需要完成的工作。

1）勘察单位应编制勘察工程质量检查报告，按规定程序审批后向建设单位提交。

2）设计单位应对设计文件及施工过程的设计变更进行检查，并应编制设计工程质量检查报告，按规定程序审批后向建设单位提交。

3）施工单位应自检合格，并应编制工程竣工报告，按规定程序审批后向建设单位提交。注意自检合格是多次、多层次，每个层次都必须自检。

4）监理单位应在施工单位自检合格、提交竣工验收报告，并经总监确认后，组织工程竣工预验收。

预验收除参加人员与正式验收不同外，其他要求都与正式验收相同。预验收合格后，监理单位应编制工程质量评估报告，按规定程序审批后向建设单位提交。

5）建设单位应在工程预验收合格后，组织监理、施工、设计、勘察单位等相关单位项目负责人进行工程竣工验收。

执行本条时，应注意以下几点：

1）各方参加验收的代表应是与各方职责相关人员，即各方项目负责人，不能只是各方领导或派出的代表。各方参加验收的人员应自始至终参与工程建设相关工作（特殊情况下至少应参与过主要建设过程的相关工作）。

2）竣工验收应在工程现场进行，不能仅仅依靠观看录像、听取汇报、阅读材料的方式进行验收。

3）验收前，各方参加验收人员应进行准备，阅读其他各方（勘察、设计、施工、监理等）的报告，代表自己单位提出验收意见。有较大、较多的不同意见时，宜事先进行了解和沟通。

4）验收时，施工、监理应提前做好工程资料的整理备用，并应由相关人员熟悉工程资料，以便能够随时查阅。

附录：《建筑与市政工程施工质量控制通用规范》GB 55032—2022 节选
（引自住房和城乡建设部官网）

目　　次

1　总则

1.0.1　为规范建筑与市政工程施工质量控制活动，保证人民群众生命财产安全和人身健康，提高施工质量控制水平，制定本规范。

1.0.2　建筑与市政工程施工质量控制必须执行本规范。

1.0.3　工程建设所采用的技术方法和措施是否符合本规范要求，由相关责任主体判定。其中，创新性的技术方法和措施，应进行论证并符合本规范中有关性能的要求。

2　基本规定

2.0.1　工程项目施工应建立项目质量管理体系，明确质量责任人及岗位职责，建立质量责任追溯制度。

2.0.2　施工过程中应建立质量管理标准化制度，制定质量管理标准化文件，文件中应明确人员管理、技术管理、材料管理、分包管理、施工管理、资料管理和验收管理等要求。

2.0.3　工程项目各方的工程建设合同，应明确具体质量标准、各方质量控制的权利与责任。

2.0.4　勘察、设计文件应符合工程特点和合同要求，应说明工程地质、水文和环境条件可能造成的工程质量风险，设计深度应符合施工要求，并应经过质量管理程序审批。

2.0.5　工程项目各方不得擅自修改工程设计，确需修改的应报建设单位同意，由设计单位出具设计变更文件，并应按原审批程序办理变更手续。

2.0.6　施工进度计划应经建设单位、监理单位审批后执行。施工中不得任意压缩工期，进度计划的重大调整应按原审批程序办理变更手续，并应制定相应的质量控制措施。

2.0.7　工程质量控制资料应准确齐全、真实有效，且具有可追溯性。当部分资料缺失时，应委托有资质的检验检测机构进行相应的实体检验或抽样试验，并应出具检测报告，作为工程质量验收资料的一部分。

2.0.8　实行监理的工程项目，施工前应编制监理规划和监理实施细则，并应按规定程序审批，当需变更时应按原审批程序办理变更手续。

2.0.9　未实行监理的工程项目，建设单位应成立专门机构或委托具备相应质量管理能力的单位独立履行监理职责。

2.0.10　施工现场应根据项目特点和合同约定，制定技能工人配备方案，其中中级工及以上占比应符合项目所在地区施工现场建筑工人配备标准。施工现场技能工人配备方案应报监理单位审查后实施。

2.0.11　施工管理人员和现场作业人员应进行全员质量培训，并应考核合格。质量培训应保留培训记录。应对人员教育培训情况实行动态管理。

3 施工过程质量控制

3.1 一般规定

3.1.1 工程项目中使用的施工图纸及其他有关设计文件应合格有效。施工前应进行勘察说明、设计交底、图纸会审，并应保留记录。

3.1.2 工程项目开工前应进行质量策划，应确定质量目标和要求、质量管理组织体系及管理职责、质量管理与协调的程序、质量控制点、质量风险、实施质量目标的控制措施，并应根据工程进展实施动态管理。

3.1.3 工程质量策划中应在下列部位和环节设置质量控制点：

1 影响施工质量的关键部位、关键环节；

2 影响结构安全和使用功能的关键部位、关键环节；

3 采用新技术、新工艺、新材料、新设备的部位和环节；

4 隐蔽工程验收。

3.1.4 施工组织设计和施工方案应根据工程特点、现场条件、质量风险和技术要求编制，并应按规定程序审批后执行，当需变更时应按原审批程序办理变更手续。

3.1.5 施工前应对施工管理人员和作业人员进行技术交底，交底的内容应包括施工作业条件、施工方法、技术措施、质量标准以及安全与环保措施等，并应保留相关记录。

3.1.6 分项工程施工，应实施样板示范制度，以多种形式直观展示关键部位、关键工序的做法与要求。

3.1.7 施工使用的测量与计量设备、仪器应经计量检定、校准合格，并在有效期内。监理单位应定期检查设备、仪器的检定和校准报告。

3.2 材料、构配件及设备质量控制

3.2.1 工程采用的主要材料、半成品、成品、构配件、器具和设备应进行进场检验。涉及安全、节能、环境保护和主要使用功能的重要材料、产品应按各专业相关规定进行复验，并应经监理工程师检查认可。

3.2.2 对涉及结构安全、节能、环境保护和主要使用功能的试块、试件及材料，应按规定进行见证检验。见证检验应在建设单位或者监理单位的监督下现场取样、送检，检测试样应具有真实性和代表性。

3.2.3 进口产品应符合合同规定的质量要求，并附有中文说明书和商检证明，经进场验收合格后方可使用。

3.2.4 施工现场的材料、半成品、成品、构配件、器具和设备，在运输和储存时应采取确保其质量和性能不受影响的储存及防护措施。

3.3 工艺质量控制

3.3.1 施工单位应对施工平面控制网和高程控制点进行复测，其复测成果应经监理单位查验合格，并应对控制网进行定期校核。重要线位、控制点和定位点测设完成后应经

复测无误后方可使用。

3.3.2 施工单位应保留工程测量原始观测数据的现场记录及测量成果交付记录，并应对测量结果进行校核。

3.3.3 监理人员应对工程施工质量进行巡视、平行检验，对关键部位、关键工序进行旁站，并应及时记录检查情况。

3.3.4 施工工序间的衔接，应符合下列规定：

1 每道施工工序完成后，施工单位应进行自检，并应保留检查记录；

2 各专业工种之间的相关工序应进行交接检验，并应保留检查记录；

3 对监理规划或监理实施细则中提出检查要求的重要工序，应经专业监理工程师检查合格并签字确认后，进行下道工序施工；

4 隐蔽工程在隐蔽前应由施工单位通知监理单位进行验收，并应留存现场影像资料，形成验收文件，经验收合格后方可继续施工。

3.3.5 基坑、基槽、沟槽开挖后，建设单位应会同勘察、设计、施工和监理单位实地验槽，并应会签验槽记录。

3.3.6 主体结构为装配式混凝土结构体系时，套筒灌浆连接应采用由接头型式检验确定的相匹配的灌浆套筒、灌浆料，灌浆应密实饱满。

3.3.7 装饰装修工程施工应符合下列规定：

1 当既有建筑装饰装修工程设计涉及主体结构和承重结构变动时，应在施工前委托原结构设计单位或具有相应资质等级的设计单位提出设计方案，或由鉴定单位对建筑结构的安全性进行鉴定，依据鉴定结果确定设计方案；

2 建筑外墙外保温系统与外墙的连接应牢固，保温系统各层之间的连接应牢固；

3 建筑外门窗应安装牢固，推拉门窗扇应配备防脱落装置；

4 临空处设置的用于防护的栏杆以及无障碍设施的安全抓杆应与主体结构连接牢固；

5 重量较大的灯具，以及电风扇、投影仪、音响等有振动荷载的设备仪器，不应安装在吊顶工程的龙骨上。

3.3.8 屋面工程施工应符合下列规定：

1 每道工序完成后应及时采取保护措施；

2 伸出屋面的管道、设备或预埋件等，应在保温层和防水层施工前安设完毕；

3 屋面保温层和防水层完工后，不得进行凿孔、打洞或重物冲击等有损屋面的作业；

4 屋面瓦材必须铺置牢固，在大风及地震设防地区或屋面坡度大于 100% 时，应采取固定加强措施。

3.3.9 设备、管道及其支吊架等的安装位置、尺寸以及与主体结构的连接方法和质量应满足设计及使用功能要求。

3.3.10 地下管道防腐层应完整连续，新建管道阴极保护设计、施工应与管道设计、施工同时进行，阴极保护应经检测合格，并同时投入使用。

3.3.11 管道清扫冲洗、强度试验及严密性试验和室内消火栓系统试射试验前，施工单位应编制试验方案，应按设计要求确定试验方法、试验压力和合格标准，应制定质量和安全保证措施。

3.3.12 隧道工程施工应对线路中线、高程进行检核，隧道的衬砌结构不得侵入建筑限界。

3.3.13 工程中包含的机械、电气和自动化系统与设备应按设计要求进行试运行，并能正常使用。

3.4 施工检测质量控制

3.4.1 建设单位应委托具备相应资质的第三方检测机构进行工程质量检测，检测项目和数量应符合抽样检验要求。非建设单位委托的检测机构出具的检测报告不得作为工程质量验收依据。

3.4.2 工程施工前应制定工程试验及检测方案，并应经监理单位审核通过后实施。

3.4.3 施工过程质量检测试样，除确定工艺参数可制作模拟试样外，均应从现场相应的施工部位制取。

3.4.4 检测机构应独立出具检验检测数据和结果。检测机构应对检测数据和检测报告的真实性和准确性负责。对检测结果不合格的报告严禁抽撤、替换或修改。

3.4.5 检测机构严禁出具虚假检测报告。

4 施工质量验收

4.1 一般规定

4.1.1 施工质量验收应包括单位工程、分部工程、分项工程和检验批施工质量验收，并应符合下列规定：

1 检验批应根据施工组织、质量控制和专业验收需要，按工程量、楼层、施工段划分，检验批抽样数量应符合有关专业验收标准的规定。

2 分项工程应根据工种、材料、施工工艺、设备类别划分，建筑工程分项工程划分应符合本规范附录A、附录B的规定，市政工程分项工程划分应符合本规范附录C的规定。

3 分部工程应根据专业性质、工程部位划分，建筑工程分部工程划分应符合本规范附录A、附录B的规定，市政工程分部工程划分应符合本规范附录C的规定。

4 单位工程应为具备独立使用功能的建筑物或构筑物；对市政道路、桥梁、管道、轨道交通、综合管廊等，应根据合同段，并结合使用功能划分单位工程。

4.1.2 施工前，应由施工单位制定单位工程、分部工程、分项工程和检验批的划分方案，并应由监理单位审核通过后实施。施工现场情况与附录不同时，应按实际情况进行分部工程、分项工程和检验批划分，由建设单位组织监理单位、施工单位共同确定。

4.1.3 应建立工程质量信息公示制度。工程竣工验收合格后，建设单位应在建（构）筑物的明显位置设置有关工程质量责任主体的永久性标牌。

4.1.4 工程资料文件的形成和积累应纳入工程建设管理的各个环节和有关人员的职责范围，全面反映工程建设活动和工程实际情况。工程资料文件应随工程建设进度同步形成。

4.1.5 工程资料归档应符合下列规定：

1 勘察、设计、施工、监理等单位应将本单位形成的工程文件立卷后向建设单位移交；

2 工程竣工验收备案前，建设单位应根据工程类别和当地城建档案管理机构的要求，将全部工程文件收集齐全、整理立卷，向城建档案管理机构移交。

4.2 验收要求

4.2.1 工程施工质量应符合国家现行强制性工程建设规范的规定，并应符合工程勘察设计文件的要求和合同约定。

4.2.2 检验批质量应按主控项目和一般项目验收，并应符合下列规定：

1 主控项目和一般项目的确定应符合国家现行强制性工程建设规范和现行相关标准的规定；

2 主控项目的质量经抽样检验应全部合格；

3 一般项目的质量应符合国家现行相关标准的规定；

4 应具有完整的施工操作依据和质量验收记录。

4.2.3 当检验批施工质量不符合验收标准时，应按下列规定进行处理：

1 经返工或返修的检验批，应重新进行验收；

2 经有资质的检测机构检测能够达到设计要求的检验批，应予以验收；

3 经有资质的检测机构检测达不到设计要求，但经原设计单位核算认可能够满足安全和使用功能的检验批，应予以验收。

4.2.4 分项工程质量验收合格应符合下列规定：

1 所含检验批的质量应验收合格；

2 所含检验批的质量验收记录应完整、真实。

4.2.5 分部工程质量验收合格应符合下列规定：

1 所含分项工程的质量应验收合格；

2 质量控制资料应完整、真实；

3 有关安全、节能、环境保护和主要使用功能的抽样检验结果应符合要求；

4 观感质量应符合要求。

4.2.6 单位工程质量验收合格应符合下列规定：

1 所含分部工程的质量应全部验收合格；

2 质量控制资料应完整、真实；

3 所含分部工程中有关安全、节能、环境保护和主要使用功能的检验资料应完整；

4 主要使用功能的抽查结果应符合国家现行强制性工程建设规范的规定；

5 观感质量应符合要求。

4.2.7 当经返修或加固处理的分项工程、分部工程，确认能够满足安全及使用功能要求时，应按技术处理方案和协商文件的要求予以验收。

4.2.8 经返修或加固处理仍不能满足安全或重要使用功能要求的分部工程及单位工程，严禁验收。

4.3 验收组织

4.3.1 检验批应由专业监理工程师组织施工单位项目专业质量检查员、专业工长等进行验收。

4.3.2 分项工程应由专业监理工程师组织施工单位项目专业技术负责人等进行验收。

4.3.3 分部工程应由总监理工程师组织施工单位项目负责人和项目技术负责人等进行验收。勘察、设计单位项目负责人和施工单位技术、质量部门负责人应参加地基与基础分部工程的验收，设计单位项目负责人和施工单位技术、质量部门负责人应参加主体结构、节能分部工程的验收。

4.3.4 单位工程完工后，各相关单位应按下列要求进行工程竣工验收：

1 勘察单位应编制勘察工程质量检查报告，按规定程序审批后向建设单位提交；

2 设计单位应对设计文件及施工过程的设计变更进行检查，并应编制设计工程质量检查报告，按规定程序审批后向建设单位提交；

3 施工单位应自检合格，并应编制工程竣工报告，按规定程序审批后向建设单位提交；

4 监理单位应在自检合格后组织工程竣工预验收，预验收合格后应编制工程质量评估报告，按规定程序审批后向建设单位提交；

5 建设单位应在竣工预验收合格后组织监理、施工、设计、勘察单位等相关单位项目负责人进行工程竣工验收。

5 质量保修与维护

5.0.1 建筑工程应编制工程使用说明书，并应包括下列内容：

1 工程概况；

2 工程设计合理使用年限、性能指标及保修期限；

3 主体结构位置示意图、房屋上下水布置示意图、房屋电气线路布置示意图及复杂设备的使用说明；

4 使用维护注意事项。

5.0.2 建设单位应建立质量回访和质量投诉处理机制。施工单位应履行保修义务，并应与建设单位签署施工质量保修书，施工质量保修书中应明确保修范围、保修期限和保修责任。

5.0.3 当工程在保修期内出现一般质量缺陷时，建设单位应向施工单位发出保修通知，施工单位应进行现场勘察、制定保修方案，并及时进行修复。

5.0.4 当工程在保修期内出现涉及结构安全或影响使用功能的严重质量缺陷时，应由原设计单位或相应资质等级的设计单位提出保修设计方案，施工单位实施保修。保修完成后，工程应符合原设计要求。

5.0.5 建设单位、施工单位或受委托的其他单位在保修期内应明确保修和质量投诉受理部门、人员及联系方式，并建立相关工作记录文件。

附录 A　建筑工程的分部工程、分项工程划分

A.0.1　建筑工程的分部工程、分项工程划分应符合表 A.0.1 的规定。

建筑工程的分部工程、分项工程划分　　　　　　　表 A.0.1

序号	分部工程	子分部工程	分项工程
1	地基与基础	地基	素土、灰土地基，砂和砂石地基，土工合成材料地基，粉煤灰地基，强夯地基，注浆地基，预压地基，砂石桩复合地基，高压旋喷注浆地基，水泥土搅拌桩地基，土和灰土挤密桩复合地基，水泥粉煤灰碎石桩复合地基，夯实水泥土桩复合地基
		基础	无筋扩展基础，钢筋混凝土扩展基础，筏形与箱形基础，钢结构基础，钢管混凝土结构基础，型钢混凝土结构基础，钢筋混凝土预制桩基础，泥浆护壁成孔灌注桩基础，干作业成孔桩基础，长螺旋钻孔压灌桩基础，沉管灌注桩基础，钢桩基础，锚杆静压桩基础，岩石锚杆基础，沉井与基础沉箱基础
		基坑支护	灌注桩排桩围护墙，板桩围护墙，咬合桩围护墙，型钢水泥土搅拌墙，土钉墙，地下连续墙，水泥土重力式挡墙，内支撑，锚杆，与主体结构相结合的基坑支护
		地下水控制	降水与排水，回灌
		土方	土方开挖，土方回填，场地平整
		边坡	喷锚支护，挡土墙，边坡开挖
		地下防水	主体结构防水，细部构造防水，特殊施工法结构防水，排水，注浆
2	主体结构	混凝土结构	模板，钢筋，混凝土，预应力，现浇结构，装配式结构
		砌体结构	砖砌体，混凝土小型空心砌块砌体，石砌体，配筋砌体，填充墙砌体
		钢结构	钢结构焊接，紧固件连接，钢零部件加工，钢构件组装及预拼装，单层钢结构安装，多层及高层钢结构安装，钢管结构安装，预应力钢索和膜结构，压型金属板，防腐涂料涂装，防火涂料
		钢管混凝土结构	构件现场拼装，构件安装，钢管焊接，构件连接，钢管内钢筋骨架，混凝土
		型钢混凝土结构	型钢焊接，紧固件连接，型钢与钢筋连接，型钢构件组装及预拼装，型钢安装，模板，混凝土
		铝合金结构	铝合金焊接，紧固件连接，铝合金零部件加工，铝合金构件组装，铝合金构件预拼装，铝合金框架结构安装，铝合金空间网格结构安装，铝合金面板，铝合金幕墙结构安装，防腐处理
		木结构	方木与原木结构，胶合木结构，轻型木结构，木结构的防护
3	建筑装饰装修	建筑地面	基层铺设，整体面层铺设，板块面层铺设，木、竹面层铺设
		抹灰	一般抹灰，保温层薄抹灰，装饰抹灰，清水砌体勾缝
		外墙防水	外墙砂浆防水，涂膜防水，透气膜防水
		门窗	木门窗安装，金属门窗安装，塑料门窗安装，特种门安装，门窗玻璃安装

续表A.0.1

序号	分部工程	子分部工程	分项工程
3	建筑装饰装修	吊顶	整体面层吊顶,板块面层吊顶,格栅吊顶
		轻质隔墙	板材隔墙,骨架隔墙,活动隔墙,玻璃隔墙
		饰面板	石板安装,陶瓷板安装,木板安装,金属板安装,塑料板安装
		饰面砖	外墙饰面砖粘贴,内墙饰面砖粘贴
		幕墙	玻璃幕墙安装,金属幕墙安装,石材幕墙安装,陶板幕墙安装
		涂饰	水性涂料涂饰,溶剂型涂料涂饰,美术涂饰
		裱糊与软包	裱糊,软包
		细部	橱柜制作与安装,窗帘盒和窗台板制作与安装,门窗套制作与安装,护栏和扶手制作与安装,花饰制作与安装
4	屋面	基层与保护	找坡层和找平层,隔汽层,隔离层,保护层
		保温与隔热	板状材料保温层,纤维材料保温层,喷涂硬泡聚氨酯保温层,现浇泡沫混凝土保温层,种植隔热层,架空隔热层,蓄水隔热层
		防水与密封	卷材防水层,涂膜防水层,复合防水层,接缝密封防水
		瓦面与板面	烧结瓦和混凝土瓦铺装,沥青瓦铺装,金属板铺装,玻璃采光顶铺装
		细部构造	檐口,檐沟和天沟,女儿墙和山墙,水落口,变形缝,伸出屋面管道,屋面出入口,反梁过水孔,设施基座,屋脊,屋顶窗
5	建筑给水排水及供暖	室内给水系统	给水管道及配件安装,给水设备安装,室内消火栓系统安装,消防喷淋系统安装,防腐,绝热,管道冲洗、消毒,试验与调试
		室内排水系统	排水管道及配件安装,雨水管道及配件安装,防腐,试验与调试
		室内热水系统	管道及配件安装,辅助设备安装,防腐,绝热,试验与调试
		卫生器具	卫生器具安装,卫生器具给水配件安装,卫生器具排水管道安装,试验与调试
		室内供暖系统	管道及配件安装,辅助设备安装,散热器安装,低温热水地板辐射供暖系统安装,电加热供暖系统安装,燃气红外辐射供暖系统安装,热风供暖系统安装,热计量及调控装置安装,试验与调试,防腐,绝热
		室外给水管网	给水管道安装,室外消火栓系统安装,试验与调试
		室外排水管网	排水管道安装,排水管沟与井池,试验与调试
		室外供热管网	管道及配件安装,系统水压试验,土建结构,防腐,绝热,试验与调试
		建筑饮用水供应系统	管道及配件安装,水处理设备及控制设施安装,防腐,绝热,试验与调试
		建筑中水系统及雨水利用系统	建筑中水系统、雨水利用系统管道及配件安装,水处理设备及控制设施安装,防腐,绝热,试验与调试
		游泳池及公共浴池水系统	管道及配件系统安装,水处理设备及控制设施安装,防腐,绝热,试验与调试

续表A.0.1

序号	分部工程	子分部工程	分项工程
5	建筑给水排水及供暖	水景喷泉系统	管道系统及配件安装,防腐,绝热,试验与调试
		热源及辅助设备	锅炉安装,辅助设备及管道安装,安全附件安装,换热站安装,防腐,绝热,试验与调试
		监测与控制仪表	检测仪器及仪表安装,试验与调试
6	通风与空调	送风系统	风管与配件制作,部件制作,风管系统安装,风机与空气处理设备安装,风管与设备防腐,旋流风口、岗位送风口、织物(布)风管安装,系统调试
		排风系统	风管与配件制作,部件制作,风管系统安装,风机与空气处理设备安装,风管与设备防腐,吸风罩及其他空气处理设备安装,厨房、卫生间排风系统安装,系统调试
		防排烟系统	风管与配件制作,部件制作,风管系统安装,风机与空气处理设备安装,风管与设备防腐,排烟风阀(口)、常闭正压风口、防火风管安装,系统调试
		除尘系统	风管与配件制作,部件制作,风管系统安装,风机与空气处理设备安装,风管与设备防腐,除尘器与排污设备安装,吸尘罩安装,高温风管绝热,系统调试
		舒适性空调系统	风管与配件制作,部件制作,风管系统安装,风机与空气处理设备安装,风管与设备防腐,组合式空调机组安装,消声器、静电除尘器、换热器、紫外线灭菌器等设备安装,风机盘管、变风量与定风量送风装置、射流喷口等末端设备安装,风管与设备绝热,系统调试
		恒温恒湿空调系统	风管与配件制作,部件制作,风管系统安装,风机与空气处理设备安装,风管与设备防腐,组合式空调机组安装,电加热器、加湿器等设备安装,精密空调机组安装,风管与设备绝热,系统调试
		净化空调系统	风管与配件制作,部件制作,风管系统安装,风机与空气处理设备安装,风管与设备防腐,净化空调机组安装,消声器、静电除尘器、换热器、紫外线灭菌器等设备安装,中、高效过滤器及风机过滤器单元等末端设备清洗与安装,洁净度测试,风管与设备绝热,系统调试
		地下人防通风系统	风管与配件制作,部件制作,风管系统安装,风机与空气处理设备安装,风管与设备防腐,过滤吸收器、防爆波活门、防爆超压排气活门等专用设备安装,系统调试
		真空吸尘系统	风管与配件制作,部件制作,风管系统安装,风机与空气处理设备安装,风管与设备防腐,管道安装,快速接口安装,风机与滤尘设备安装,系统压力试验及调试
		冷凝水系统	管道系统及部件安装,水泵及附属设备安装,管道冲洗,管道、设备防腐,板式热交换器,辐射板及辐射供热、供冷地埋管,热泵机组设备安装,管道、设备绝热,系统压力试验及调试
		空调(冷、热)水系统	管道系统及部件安装,水泵及附属设备安装,管道冲洗,管道、设备防腐,冷却塔与水处理设备安装,防冻伴热设备安装,管道、设备绝热,系统压力试验及调试
		冷却水系统	管道系统及部件安装,水泵及附属设备安装,管道冲洗,管道、设备防腐,系统灌水渗漏及排放试验,管道、设备绝热
		土壤源热泵换热系统	管道系统及部件安装,水泵及附属设备安装,管道冲洗,管道、设备防腐,埋地换热系统与管网安装,管道、设备绝热,系统压力试验及调试

续表A.0.1

序号	分部工程	子分部工程	分项工程
6	通风与空调	水源热泵换热系统	管道系统及部件安装,水泵及附属设备安装,管道冲洗,管道、设备防腐,地表水源换热管及管网安装,除垢设备安装,管道、设备绝热,系统压力试验及调试
		蓄能系统	管道系统及部件安装,水泵及附属设备安装,管道冲洗,管道、设备防腐,蓄水罐与蓄冰槽、罐安装,管道、设备绝热,系统压力试验及调试
		压缩式制冷(热)设备系统	制冷机组及附属设备安装,管道、设备防腐,制冷剂管道及部件安装,制冷剂灌注,管道、设备绝热,系统压力试验及调试
		吸收式制冷设备系统	制冷机组及附属设备安装,管道、设备防腐,系统真空试验,溴化锂溶液加灌,蒸汽管道系统安装,燃气或燃油设备安装,管道、设备绝热,试验及调试
		多联机(热泵)空调系统	室外机组安装,室内机组安装,制冷剂管路连接及控制开关安装,风管安装,冷凝水管道安装,制冷剂灌注,系统压力试验及调试
		太阳能供暖空调系统	太阳能集热器安装,其他辅助能源、换热设备安装,蓄能水箱、管道及配件安装,防腐,绝热,低温热水地板辐射供暖系统安装,系统压力试验
		设备自控系统	温度、压力与流量传感器安装,执行机构安装调试,防排烟系统功能测试,自动控制及系统智能控制软件调试
7	建筑电气	室外电气	变压器、箱式变电所安装,成套配电柜、控制柜(屏、台)和动力、照明配电箱(盘)及控制柜安装,梯架、支架、托盘和槽盒安装,导管敷设,电缆敷设,管内穿线和槽盒内敷线,电缆头制作、导线连接和线路绝缘测试,普通灯具安装,专用灯具安装,建筑照明通电试运行,接地装置安装
		变配电室	变压器、箱式变电所安装,成套配电柜、控制柜(屏、台)和动力、照明配电箱(盘)安装,母线槽安装,梯架、支架、托盘和槽盒安装,电缆敷设,电缆头制作、导线连接和线路绝缘测试,接地装置安装,接地干线敷设
		供电干线	电气设备试验和试运行,母线槽安装,梯架、支架、托盘和槽盒安装,导管敷设,电缆敷设,管内穿线和槽盒内敷线,电缆头制作、导线连接和线路绝缘测试,接地干线敷设
		电气动力	成套配电柜、控制柜(屏、台)和动力配电箱(盘)安装,电动机、电加热器及电动执行机构检查接线,电气设备试验和试运行,梯架、支架、托盘和槽盒安装,导管敷设,电缆敷设,管内穿线和槽盒内敷线,电缆头制作、导线连接和线路绝缘测试
		电气照明	成套配电柜、控制柜(屏、台)和照明配电箱(盘)安装,梯架、支架、托盘和槽盒安装,导管敷设,管内穿线和槽盒内敷线,塑料护套线直敷布线,钢索配线,电缆头制作、导线连接和线路绝缘测试,普通灯具安装,专用灯具安装,开关、插座、风扇安装,建筑照明通电试运行
		备用和不间断电源	成套配电柜、控制柜(屏、台)和动力、照明配电箱(盘)安装,柴油发电机组安装,不间断电源装置及应急电源装置安装,母线槽安装,导管敷设,电缆敷设,管内穿线和槽盒内敷线,电缆头制作、导线连接和线路绝缘测试,接地装置安装
		防雷及接地	接地装置安装,防雷引下线及接闪器安装,建筑物等电位连接,浪涌保护器安装
8	智能系统	智能化集成系统	设备安装,软件安装,接口及系统调试,试运行
		信息接入系统	安装场地检查

续表A.0.1

序号	分部工程	子分部工程	分项工程
8	智能系统	用户电话交换系统	线缆敷设,设备安装,软件安装,接口及系统调试,试运行
		信息网络系统	计算机网络设备安装,计算机网络软件安装,网络安全设备安装,网络安全软件安装,系统调试,试运行
		综合布线系统	梯架、托盘、槽盒和导管安装,线缆敷设,机柜、机架、配线架安装,信息插座安装,链路或系统信道测试,软件安装,系统调试,试运行
		移动通信室内信号覆盖系统	安装场地检查
		卫星通信系统	安装场地检查
		有线电视及卫星电视接收系统	梯架、托盘、槽盒和导管安装,线缆敷设,设备安装,软件安装,系统调试,试运行
		公共广播系统	梯架、托盘、槽盒和导管安装,线缆敷设,设备安装,软件安装,系统调试,试运行
		会议系统	梯架、托盘、槽盒和导管安装,线缆敷设,设备安装,软件安装,系统调试,试运行
		信息导引及发布系统	梯架、托盘、槽盒和导管安装,线缆敷设,显示设备安装,机房设备安装,软件安装,系统调试,试运行
		时钟系统	梯架、托盘、槽盒和导管安装,线缆敷设,设备安装,软件安装,系统调试,试运行
		信息化应用系统	梯架、托盘、槽盒和导管安装,线缆敷设,设备安装,软件安装,系统调试,试运行
		建筑设备监控系统	梯架、托盘、槽盒和导管安装,线缆敷设,传感器安装,执行器安装,控制器、箱安装,中央管理工作站和操作分站设备安装,软件安装,系调试,试运行
		火灾自动报警系统	梯架、托盘、槽盒和导管安装,线缆敷设,探测器类设备安装,控制器类设备安装,其他设备安装,软件安装,系统调试,试运行
		安全技术防范系统	梯架、托盘、槽盒和导管安装,线缆敷设,设备安装,软件安装,系统调试,试运行
		应急响应系统	设备安装,软件安装,系统调试,试运行
		机房系统	供配电系统,防雷与接地系统,空气调节系统,给水排水系统,综合布线系统,监控与安全防范,消防系统,室内装饰装修,电磁屏蔽,系统调试,试运行
		防雷与接地	接地装置,接地线,等电位联结,屏蔽设施,电涌保护器,线缆敷设,系统调试,试运行
9	建筑节能	围护系统节能	墙体节能,幕墙节能,门窗节能,屋面节能,地面节能
		供暖空调设备及管网节能	供暖节能,通风与空调设备节能,空调与供暖系统冷热源节能,空调与供暖系统管网节能
		电气动力节能	配电节能,照明节能
		监控系统节能	监测系统节能,控制系统节能
		可再生能源	地源热泵系统节能,太阳能光热系统节能,太阳能光伏节能

续表A.0.1

序号	分部工程	子分部工程	分项工程
10	电梯	电力驱动的曳引式或强制式电梯	设备进场验收,土建交接检验,驱动主机,导轨,门系统,轿厢,对重,安全部件,悬挂装置,随行电缆,补偿装置,电气装置,整机安装验收
		液压电梯	设备进场验收,土建交接检验,液压系统,导轨,门系统,轿厢,对重,安全部件,悬挂装置,随行电缆,电气装置,整机安装验收
		自动扶梯、自动人行道	设备进场验收,土建交接检验,整机安装验收

附录 B　室外工程的划分

B.0.1　室外工程的单位工程、子单位工程和分部工程的划分应符合表 B.0.1 的规定。

室外工程的单位工程、子单位工程和分部工程划分　　　表 B.0.1

单位工程	子单位工程	分部工程
室外设施	道路	路基、基层、面层、广场与停车场、人行道、人行室外设施地道、挡土墙、附属构筑物
	边坡	土石方、挡土墙、支护
附属建筑及室外环境	附属建筑	车棚,围墙,大门,挡土墙
	室外环境	建筑小品,亭台,水景,连廊,花坛,场坪绿化,景观桥

附录 C 市政工程的单位工程、分部工程、分项工程划分

C.0.1 市政工程的单位工程、分部工程、分项工程划分应符合表 C.0.1 的规定。

市政工程的单位工程分部工程、分项工程划分　　　　　表 C.0.1

序号	单位工程（子单位工程）	分部工程	子分部工程	分项工程
1	道路工程	路基		土方路基,石方路基,路基处理,路肩
		基层		石灰土基层,石灰粉煤灰稳定砂砾(碎石)基层,石灰粉煤灰钢渣基层,水泥稳定土类基层,级配砂砾(砾石)基层,级配碎石(碎砾石)基层,沥青碎石料基层,沥青灌入式基层
		面层	沥青混合料面层	透层,粘层,封层,热拌沥青混合料面层,冷拌沥青混合料面层
			沥青贯入式与沥青表面治面层	沥青贯入式面层,沥青表面处治面层
			水泥混凝土面层	水泥混凝土面层(模板、钢筋、混凝土)
			铺砌式面层	料石面层,预制混凝土砌块面层
		广场与停车场		料石面层,预制混凝土砌块面层,沥青混合料面层,水泥混凝土面层
		人行道		料石人行道铺砌面层(含盲道砖),混凝土预制块铺砌人行道面层(含盲道砖),沥青混合料铺砌面层
		人行地道结构	现浇钢筋混凝土人行地道结构	地基,防水,基础(模板、钢筋、混凝土),墙和顶板(模板、钢筋、混凝土)
			预制钢筋混凝土人行地道	墙与顶部构件预制,地基,防水,基础(模板、钢筋、混凝土),墙板、顶板安装
			砌筑墙体、钢筋混凝土顶板人行地道结构	顶部构件预制,地基,防水,基础(模板、钢筋、混凝土),墙体砌筑,顶部构件、顶板安装,顶部现浇(模板、钢筋、混凝土)
		挡土墙	现浇钢筋混凝土挡墙	地基,基础,墙(模板、钢筋、混凝土),滤层、泄水孔,回填土,帽石,栏杆
			装配式钢筋混凝土挡土墙	挡土墙板预制,地基,基础(模板、钢筋、混凝土),墙板安装(含焊接),滤层、泄水孔,回填土,帽石,栏杆
			砌筑挡土墙	地基,基础(砌筑、混凝土),墙体砌筑,滤层、泄水孔,回填土,帽石
			加筋挡土墙	地基,基础(模板、钢筋、混凝土),加筋挡土墙砌块与筋带安装,滤层、泄水孔,回填土,帽石,栏杆
		附属构筑物		路缘石,雨水支管与雨水口,排(截)水沟,倒虹管与涵洞,护坡,隔离墩,隔离栅,护栏,声屏障(砌体、金属),防眩板

续表 C.0.1

序号	单位工程（子单位工程）	分部工程	子分部工程	分项工程
2	桥梁工程	地基与基础	扩大基础	基坑开挖，地基，土方回填，现浇混凝土（模板与支架、钢筋、混凝土），砌体
			沉入桩	预制桩（模板、钢筋、混凝土、预应力混凝土），钢管桩，沉桩
			灌注桩	机械沉孔、人工挖孔、钢筋笼制作与安装、混凝土灌注
			井筋	沉井制作（模板与支架、钢沉、混凝土、钢壳）、浮运、下沉就位、清基与填充
			地下连续墙	成槽、钢筋骨架、水下混凝土
			承台	模板与支架、钢筋、混凝土
		墩台	砌体墩台	石砌体、砌块砌体
			现浇混凝土墩台	模板与支架、钢筋、混凝土、预应力混凝土
			预制混凝土柱	预制柱（模板、钢筋、混凝土、预应力混凝土）、安装
			台背土	回填土
		盖梁		模板与支架、钢筋、混凝土、预应力混凝土
		支座		垫石混凝土、支座安装、挡块混凝土
		索塔		现浇混凝土索塔（模板与支架、钢筋、混凝土、预应力混凝土）、钢构件安装
		锚锭		锚固体系制作、锚固体系安装、锚锭混凝土（模板与支架、钢筋、混凝土）、锚索张拉与压浆
		桥跨承重结构	支架上浇筑混凝土梁（板）	模板与支架、钢筋、混凝土、预应力混凝土
			装配式钢筋混凝土梁（板）	预制梁（板）（模板与支架、钢筋、混凝土、预应力混凝土）、安装梁（板）
			悬臂浇筑预应力混凝土梁	0♯段[注]（模板与支架、钢筋、混凝土、预应力混凝土）、悬浇段（挂篮、模板、钢筋、混凝土、预应力混凝土）
			悬臂拼装预应力混凝土梁	0♯段（模板与支架、钢筋、混凝土、预应力混凝土）、梁段预制（模板与支架、钢筋、混凝土）、拼装梁段、施加预应力
			顶推施工混凝土梁	台座系统、导梁、梁段预制（模板与支架、钢筋、混凝土、预应力混凝土）、顶推梁段、施加预应力
			钢梁	现场安装
			结合梁	钢梁安装、预应力钢筋混凝土梁预制（模板与支架、钢筋、混凝土、预应力混凝土）、预制梁安装、混凝土结构浇筑（模板与支架、钢筋、混凝土、预应力混凝土）
			拱部与拱上结构	砌筑拱圈、现浇混凝土拱圈、劲性骨架混凝土拱圈、装配式混凝土拱部结构、钢管混凝土拱肋（拱肋安装、混凝土压注）、吊杆、系杆拱、转体施工、拱上结构

续表C.0.1

序号	单位工程(子单位工程)	分部工程	子分部工程	分项工程
2	桥梁工程	桥跨承重结构	斜拉桥的主梁与拉索	0#段混凝土浇筑、悬臂浇筑混凝土主梁、支架上浇筑混凝土主梁、悬臂拼装混凝土主梁、悬拼钢箱梁、结合梁、拉索安装
			悬索桥的加劲梁与缆索	索鞍安装、主缆架设、主缆防护、索夹和吊索安装、加劲梁段拼装
		顶进箱涵		工作坑、滑板、箱涵预制(模板与支架、钢筋、混凝土)、箱涵顶进
		桥面系		排水设施、防水层、桥面铺装层(沥青混合料铺装、混凝土铺装-模板、钢筋、混凝土)、伸缩装置、地栿和缘石与挂板、防护设施、人行道
		附属结构		隔声与防眩板、梯道(砌体;混凝土-模板与支架、钢筋、混凝土;钢结构)、桥头搭板(模板、钢筋、混凝土)、防冲刷结构、照明、挡土墙
		装饰与装修		水泥砂浆抹面、饰面板、饰面砖和涂装
		引道		路基、基层、路面、挡土墙
3	给水排水管道工程	土方工程	沟槽土方	沟槽开挖、沟槽支撑、沟槽回填
			基坑土方	基坑开挖、基坑支护、基坑回填
		预制管开槽施工主体结构	金属类管、混凝土类管、预应力钢筒混凝土管、化学建材管	管道基础、管道接口连接、管道铺设、管道防腐层(管道内防腐层、钢管外防腐层)、钢管阴极保护
		管渠(廊)	现浇钢筋混凝土管渠、装配式混凝土管渠、砌筑管渠	管道基础、现浇钢筋混凝土管渠(钢筋、模板、混凝土、变形缝)、装配式混凝土管渠(预制构件安装、变形缝)、砌筑管(砖石砌筑、变形缝)、管道内防腐层、管廊内管道安装
		不开槽施工主体结构	工作井	工作井围护结构、工作井
			顶管	管道接口连接、顶管管道(钢筋混凝土管、钢管)、管道防腐层(管道内防腐层、钢管外防腐层)、钢管阴极保护、垂直顶升
			盾构	管片制作、掘进及管片拼装、二次衬砌(钢筋、混凝土)、管道防腐层、垂直顶升
			浅埋暗挖	土层开挖、初期衬砌、防水层、二次衬砌、管道防腐层、垂直顶升
			定向钻	管道接口连接、定向钻管道、钢管防腐层(内防腐层、外防腐层)、钢管阴极保护
			夯管	管道接口连接、夯管管道、钢管防腐层(内防腐层、外防腐层)、钢管阴极保护

续表C.0.1

序号	单位工程 （子单位工程）	分部 工程	子分部工程	分项工程
3	给水排水 管道工程	沉管	组对拼装沉管	基槽浚挖及管基处理、管道接口连接、管道防腐层、管道沉放、稳管及回填
			预制钢筋混凝土沉管	基槽浚挖及管基处理、预制钢筋混凝土管节制作（钢筋、模板、混凝土）、管节接口预制加工、管道沉放、稳管及回填
		桥管		管道接口连接、管道防腐层（内防腐层、外防腐层）、桥管管道
		附属构筑物工程		井室（现浇混凝土结构、砖砌结构、预制拼装结构）、雨水口及支连管、支墩
		给水管道	井室设备安装	闸阀、蝶阀、排气阀、消火栓、测流计、自闭式水锤消除器及其附件安装
			水压试验	强度试验、严密性试验
			冲洗消毒	浸泡、冲洗、水质化验
			警示带敷设	敷设警示带
		排水管道	严密性试验	闭水试验、闭气试验
4	给水排水构筑物工程	地基与基础	土石方	围堰、基坑支护结构、基坑开挖、基坑回填、降排水
			地基基础	地基处理、混凝土基础、桩基础
		主体结构工程	现浇混凝土结构	底板（钢筋、模板、混凝土）、墙体及内部结构（钢筋、模板、混凝土）、顶板（钢筋、模板、混凝土）、预应力混凝土（后法预应力混凝土）、变形缝、表面层（防腐层、防水层、保温层等的基面处理、涂衬）、各类单体构筑物
			装配式混凝土结构	预制构件现场制作、预制构件安装、圆形构筑物缠丝张拉预应力混凝土、变形缝、表面层（防腐层、防水层、保温层等的基面处理、涂衬）、各类单体构筑物
			砌筑结构	砌体、变形缝、表面层、护坡与护坦、各类单体构筑物
			钢结构	钢结构制作、钢结构预拼装、钢结构安装、防腐层、各类单体构筑物
		附属构筑物工程	细部结构	现浇混凝土结构（钢筋、模板、混凝土）、钢制构件（现场制作、安装、防腐层）、细部结构
			工艺辅助构筑物	混凝土结构（钢筋、模板、混凝土）、砌体结构、钢结构（现场制作、安装、防腐层）、工艺辅助构筑物
			管渠	同主体结构工程的"现浇混凝土结构、装配式混凝土结构、砌筑结构"
		进、出水管渠	混凝土结构	同附属构筑物工程的"管渠"
			预制管铺设	同附属构筑物工程的"管渠"

续表C.0.1

序号	单位工程（子单位工程）	分部工程	子分部工程	分项工程
5	绿化工程	栽植基础工程	栽植前土壤处理	栽植土、栽植前场地清理、栽植土回填及地形改造、栽植土施肥和表层整理
			重盐碱、重黏土地土壤改良工程	管沟、隔淋（渗水）层开槽、排盐（水）管敷设、隔淋（渗水）层
			设施顶面栽植基层（盘）工程	耐根穿刺防水层、排蓄水层、过滤层、栽植土、设施障碍性面层栽植基盘
			坡面绿化防护栽植基层工程	坡面绿化防护栽植层工程（坡面整理、混凝土格构、固土网垫、格栅、土工合成材料、喷射基质）
			水湿生植物栽植槽工程	水湿生植物栽植槽、栽植土
			常规栽植	植物材料、栽植穴（槽）、苗木运输和假植、苗木修剪、树木栽植、草坪及草本地被播种、草坪及草本地被分栽、铺设草卷及草块、运动场草坪、花卉栽植
			大树移植	大树挖掘与包装、大树吊装运输、大树栽植
			水湿生植物栽植	湿生类植物、挺水类植物、浮水类植物栽植
			设施绿化栽植	设施顶面栽植工程、设施顶面垂直绿化
			坡面绿化栽植	喷播、铺植、分栽
		养护	施工期养护	施工期的植物养护（支撑、浇灌水、裹干、中耕、除草、浇水、施肥、除虫、修剪抹芽等）
6	园林附属		园路与广场铺装工程	基层、面层（碎拼花岗石、卵石、嵌草、混凝土板块、侧石、冰梅、花街铺地、大方砖、压膜、透水砖、小青砖、自然石块、水洗石、透水混凝土面层）
			假山、叠石、置石工程	地基基础、山石拉底、主体、收顶、置石
			园林理水工程	管道安装、潜水泵安装、水景喷头安装
			园林设施安装	座椅（凳）、标牌、果皮箱、栏杆、喷灌喷头等安装

注：0#段是指位于墩顶及墩顶邻近梁段，一般采用落地支架或托架施工。

第3章 《混凝土结构通用规范》GB 55008—2021

【要点1】规范的思路与基本架构

了解规范的思路与基本架构，是全面、深入学习规范的基础。《混凝土结构通用规范》GB 55008—2021（以下简称本规范）共计6章99条，包括：

第1章　总则（3条）

第2章　基本规定（12条）

第3章　材料（14条）

包括：混凝土（8条），钢筋（3条），其他材料（3条）。

第4章　设计（28条）

包括：一般规定（5条），结构体系（3条），结构分析（6条），构件设计（14条）。

第5章　施工及验收（19条）

包括：一般规定（6条），模板工程（2条），钢筋及预应力工程（5条），混凝土工程（4条），装配式结构工程（2条）。

第6章　维护及拆除（23条）

包括：一般规定（4条），结构维护（8条），结构处置（4条），拆除（7条）。

由以上内容可知，规范的基本架构是根据混凝土结构质量控制的需要，依次给出了"基本规定""材料""设计""施工及验收"和"维护与拆除"等内容。这些内容及其章节架构均是按照质量控制的基本理论确定的，层次清晰，相互关联且内容全面。

【要点2】规范的适用范围和相关标准

规范适用于混凝土结构工程质量控制，除施工现场外，预拌混凝土生产运输、预制构件加工制作与运输、钢筋与成型钢筋加工与运输等场外施工均必须执行本规范。

与混凝土结构、混凝土材料以及混凝土施工相关的各项规范很多，例如现行国家标准《混凝土结构设计标准》GB/T 50010—2010、《混凝土结构工程施工规范》GB 50666—2011、《混凝土结构工程施工质量验收规范》GB 50204—2015、《混凝土强度检验评定标准》GB/T 50107—2010、《大体积混凝土施工标准》GB 50496—2018、《混凝土结构耐久性设计标准》GB/T 50476—2019、《既有混凝土结构耐久性评定标准》GB/T 51355—2019、《预拌混凝土》GB/T 14902—2012等结构标准；《通用硅酸盐水泥》GB 175—2023、《钢筋混凝土用钢　第1部分：热轧光圆钢筋》GB 1499.1—2024、《钢筋混凝土用钢　第2部分：热轧带肋钢筋》GB 1499.2—2024、《混凝土外加剂应用技术规范》GB 50119—2013等材料标准；以及《普通混凝土拌合物性能试验方法标准》GB/T 50080—2016、《混凝土物理力学性能试验方法标准》GB/T 50081—2019、

《普通混凝土长期性能和耐久性能试验方法标准》GB/T 50082—2009 等检测方法标准。

规范的所有规定必须严格执行。在此基础上，验收还应遵守《建筑工程施工质量验收统一标准》GB 50300—2013 及系列验收标准。

【要点3】混凝土配合比设计的规定

【规范条文】

> 2.0.7 结构混凝土应进行配合比设计，并应采取保证混凝土拌合物性能、混凝土力学性能和耐久性能的措施。
>
> 3.1.6 结构混凝土配合比设计应按照混凝土的力学性能、工作性能和耐久性要求确定各组成材料的种类、性能及用量要求。当混凝土用砂的氯离子含量大于0.003% 时，水泥的氯离子含量不应大于 0.025%，拌合用水的氯离子含量不应大于250mg/L。

【要点解析】

混凝土配合比设计是保证混凝土拌合物性能、混凝土结构的力学性能、耐久性能最重要、最基本的措施。由于我国广泛采用预拌混凝土施工，因此主要应由预拌混凝土生产单位执行上述要求，包括：混凝土配合比设计、配合比试验与调整、投料生产、拌合物质量控制、开盘鉴定、出厂检验、运输、卸料等。特殊情况下采用现场集中搅拌的混凝土配合比设计与对预拌混凝土的要求相同。

混凝土配合比设计主要应遵守国家现行标准《普通混凝土配合比设计规程》JGJ 55—2011、《混凝土结构工程施工规范》GB 50666—2011 等标准。

由于混凝土中氯离子含量直接影响混凝土结构的耐久性，规范明确给出了混凝土中氯离子含量的限制性要求，具体执行应符合现行国家标准《混凝土结构耐久性设计标准》GB/T 50476—2019、《既有混凝土结构耐久性评定标准》GB/T 51355—2019。

执行上述两条规定时应注意以下问题：

1）配合比设计与原材料质量密切相关，只有原材料质量合格和保持稳定才能保证混凝土质量。材料的改变直接影响配合比及混凝土性能，因此当材料质量（产地、成分、颗粒级配、含泥量、含水率等）改变时，应重新进行配合比设计。

2）任何首次使用的配合比设计都应进行开盘鉴定，预拌混凝土开盘鉴定的内容、组织与实施均由搅拌站负责进行，开盘鉴定资料可保存在搅拌站，但应保证其可追溯性，见《混凝土结构工程施工规范》GB 50666—2011。

3）规范第 2.0.7 条中"应采取保证混凝土拌合物性能、混凝土力学性能和耐久性能的措施"的要求，除针对配合比设计外，还包括预拌混凝土运输过程中对拌合物性能（稠度、温度、匀质性）的要求。

【要点 4】控制混凝土裂缝的要求

【规范条文】

> 2.0.8 混凝土结构应从设计、材料、施工、维护各环节采取控制混凝土裂缝的措施。混凝土构件受力裂缝的计算应符合下列规定：
> 1 不允许出现裂缝的混凝土构件，应根据实际情况控制混凝土截面不产生拉应力或控制最大拉应力不超过混凝土抗拉强度标准值；
> 2 允许出现裂缝的混凝土构件，应根据构件类别与环境类别控制受力裂缝宽度，使其不致影响设计工作年限内的结构受力性能、使用性能和耐久性能。

【要点解析】

规范第 2.0.8 条是对控制混凝土裂缝的要求，包括对设计的要求和对施工要求，以下简要叙述控制混凝土结构开裂的施工要求。

混凝土开裂是混凝土结构的主要通病之一，对结构的承载力、耐久性有直接影响，多项国家标准和行业标准均给出了施工阶段预防混凝土开裂的有效措施，如《混凝土结构工程施工规范》GB 50666—2011、行业标准《建筑工程裂缝防治技术规程》JGJ/T 317—2014 等。

1. 混凝土裂缝的主要类别

施工阶段常见混凝土裂缝的主要类别有：

1) 胶凝材料安定性差引起的膨胀裂缝。

2) 保护层厚度太小引起的顺筋裂缝。

3) 高温干燥情况下终凝后混凝土表面出现的龟裂。

4) 温差过大引起的裂缝。

5) 混凝土干缩裂缝。

6) 混凝土内部钢筋锈蚀膨胀引起的裂缝。

7) 混凝土发生碱骨料反应引起的开裂。

8) 混凝土结构附近的热源引起的裂缝。

9) 混凝土受冻膨胀引起的裂缝。

10) 混凝土结构受力引起的裂缝等。

2. 预防混凝土开裂的主要措施

施工阶段预防混凝土开裂的主要措施有：

1) 严格按照设计要求施工。

2) 施工方案中制定预防开裂的措施，实行预防为主的原则。

3) 加强或提高对各种原材料和制品的体积稳定性要求。

4) 加强混凝土配合比设计中预防开裂的针对性措施。

5) 施工中注意释放结构的约束力（应力）。

6）在可能条件下适当降低混凝土强度增长速度。

7）在容易开裂的部位设置抗裂钢筋或采取抗裂措施。

8）加强早期养护，延长养护时间，并采用较长龄期进行验收。

9）大体积混凝土采取控温措施和跳仓法施工。

10）后浇带应在沉降、收缩稳定后再进行浇筑。

11）采取初凝前二次振捣，终凝前表面二次抹压等措施。

3. 处理措施

施工阶段发现混凝土开裂后的处理措施应符合《混凝土结构工程施工规范》GB 50666—2011、行业标准《建筑工程裂缝防治技术规程》JGJ/T 317—2014 等。

【要点 5】钢筋代换的规定

【规范条文】

> 2.0.11　当施工中进行混凝土结构构件的钢筋、预应力筋代换时，应符合设计规定的构件承载能力、正常使用、配筋构造及耐久性能要求，并应取得设计变更文件。

【要点解析】

本条给出了施工过程中钢筋（包含预应力筋）代换的主要原则，即应符合构件承载能力、正常使用、配筋构造及耐久性能要求，并办理设计变更文件。

钢筋代换通常有两种方法：等强度代换和等截面代换，其计算方法较为简单，钢筋代换时通常还需考虑构造要求和配筋率等因素。本条强调钢筋代换均应办理设计变更文件，是为了明确责任，按设计要求施工。施工单位和其他各方均不得擅自改变钢筋的型号、规格、数量、位置等。

除钢筋和预应力筋外，钢筋的接头、锚固方式，预应力筋的锚夹具等变更均应取得设计变更文件。

【要点 6】混凝土原材料质量的主要控制指标

【规范条文】

> 3.1.1　结构混凝土用水泥主要控制指标应包括凝结时间、安定性、胶砂强度和氯离子含量。水泥中使用的混合材品种和掺量应在出厂文件中明示。
>
> 3.1.2　结构混凝土用砂应符合下列规定：
>
> 1　砂的坚固性指标不应大于 10%；对于有抗渗、抗冻、抗腐蚀、耐磨或其他特殊要求的混凝土，砂的含泥量和泥块含量分别不应大于 3.0% 和 1.0%，坚固性指标不应大于 8%；高强混凝土用砂的含泥量和泥块含量分别不应大于 2.0% 和 0.5%；机制砂应按石粉的亚甲蓝值指标和石粉的流动比指标控制石粉含量。

2 混凝土结构用海砂必须经过净化处理。

3 钢筋混凝土用砂的氯离子含量不应大于 0.03％，预应力混凝土用砂的氯离子含量不应大于 0.01％。

3.1.3 结构混凝土用粗骨料的坚固性指标不应大于 12％；对于有抗渗、抗冻、抗腐蚀、耐磨或其他特殊要求的混凝土，粗骨料中含泥量和泥块含量分别不应大于 1.0％和 0.5％，坚固性指标不应大于 8％；高强混凝土用粗骨料的含泥量和泥块含量分别不应大于 0.5％和 0.2％。

3.1.4 结构混凝土用外加剂应符合下列规定：

1 含有六价铬、亚硝酸盐和硫氰酸盐成分的混凝土外加剂，不应用于饮水工程中建成后与饮用水直接接触的混凝土。

2 含有强电解质无机盐的早强型普通减水剂、早强剂、防冻剂和防水剂，严禁用于下列混凝土结构：

1) 与镀锌钢材或铝材相接触部位的混凝土结构；

2) 有外露钢筋、预埋件而无防护措施的混凝土结构；

3) 使用直流电源的混凝土结构；

4) 距离高压直流电源 100m 以内的混凝土结构。

3 含有氯盐的早强型普通减水剂、早强剂、防水剂和氯盐类防冻剂，不应用于预应力混凝土、钢筋混凝土和钢纤维混凝土结构。

4 含有硝酸铵、碳酸铵的早强型普通减水剂、早强剂和含有硝酸铵、碳酸铵、尿素的防冻剂，不应用于民用建筑工程。

5 含有亚硝酸盐、碳酸盐的早强型普通减水剂、早强剂、防冻剂和含有硝酸盐的阻锈剂，不应用于预应力混凝土结构。

3.1.5 混凝土拌合用水应控制 pH、硫酸根离子含量、氯离子含量、不溶物含量、可溶物含量；当混凝土骨料具有碱活性时，还应控制碱含量；地表水、地下水、再生水在首次使用前应检测放射性。

【要点解析】

1. 主要控制指标

规范上述 5 条给出了混凝土原材料质量的主要控制指标，具体如下：

1) 水泥质量主要控制指标：凝结时间、安定性、胶砂强度和氯离子含量，此外水泥中使用的混合材品种和掺量应在出厂文件中明示。

2) 砂的质量控制指标：坚固性、含泥量和泥块含量、机制砂的石粉含量，并要求机制砂应按石粉的亚甲蓝值指标和石粉的流动比指标控制石粉含量，并对使用海砂和钢筋混凝土用砂的氯离子含量提出要求。

3) 石子的质量控制指标：坚固性、含泥量和泥块含量，并对有特殊要求的混凝土，严格了控制指标。

4) 外加剂的质量控制指标，给出了涉及卫生、健康、环保、导电及耐久性等方面的控制性指标。

5）拌合用水的质量控制指标：pH 值、硫酸根离子含量、氯离子含量、不溶物含量、可溶物含量，并要求对地表水、地下水、再生水在首次使用前检测放射性。

2. 设计要求

上述指标是对设计和施工的共同要求，由于混凝土的特点，通常设计主要给出对硬化混凝土的要求，但在某些情况下，设计也有可能给出对混凝土主要组分的品种、类型或用量的要求（例如水泥）。当设计有要求时应遵照执行。

3. 进场检验

具体实施规范的上述要求，主要应按照国家现行标准《混凝土结构工程施工质量验收规范》GB 50204—2015、《通用硅酸盐水泥》GB 175—2023、《建设用砂》GB/T 14684—2022、《建设用卵石、碎石》GB/T 14685—2022、《普通混凝土用砂、石质量及检验方法标准》JGJ 52—2006、《普通混凝土配合比设计规程》JGJ 55—2011、《混凝土用水标准》JGJ 63—2006 等执行。

目前主要采用以下材料进场检验的方法进行控制：

1）水泥进场按生产厂家、品种、代号、强度等级、批号划分检验批，散装水泥每 500t、袋装水泥每 200t 为一批，每批至少抽样一次，检验强度、安定性、凝结时间。

2）砂、石进场按每 600t（或 400m³）为一批，每批至少抽样一次，检验含泥量、泥块含量、颗粒级配、坚固性指标，石子还需检验针片状含量指标。

3）外加剂进场检验按现行国家标准《混凝土外加剂应用技术规范》GB 50119—2013 执行。每 50t 为一批，检验相关指标。包括"匀质性指标"和"掺外加剂后混凝土性能指标"。

4）拌合用水的检验：饮用水通常不做检验，其他水源当来源稳定时只检验一次，应按照《混凝土用水标准》JGJ 63—2006 的规定执行。

【要点 7】混凝土结构预防碱骨料反应的要求

【规范条文】

> 3.1.7 结构混凝土采用的骨料具有碱活性及潜在碱活性时，应采取措施抑制碱骨料反应，并应验证抑制措施的有效性。

【要点解析】

根据现行国家标准《建设用卵石、碎石》GB/T 14685—2022 混凝土结构的碱骨料反应是指卵石、碎石中碱活性矿物与水泥、矿物掺和料、外加剂等混凝土组成物及环境中的碱在潮湿环境下缓慢发生并导致混凝土开裂破坏的膨胀反应。现行国家标准《预防混凝土碱骨料反应技术规范》GB/T 50733—2011 也给出了术语：混凝土中的碱（包括下部渗入的碱）与骨料中的碱活性矿物成分发生化学反应，导致混凝土膨胀开裂等现象。

碱骨料反应需要具备以下三个条件：

1）混凝土内部可溶性碱的总含量超标。

2）混凝土骨料具有碱活性。

3）混凝土内部处于潮湿环境下。

为保证混凝土结构耐久性，必须采取措施，预防和抑制碱骨料反应。本条要求当结构混凝土采用的骨料具有碱活性及潜在碱活性时，应采取措施抑制碱骨料反应，并应验证抑制措施的有效性。

【要点8】混凝土中氯离子含量控制

【规范条文】

3.1.8 结构混凝土中水溶性氯离子最大含量不应超过表 3.1.8 的规定值。计算水溶性氯离子最大含量时，辅助胶凝材料的量不应大于硅酸盐水泥的量。

结构混凝土中水溶性氯离子最大含量 表 3.1.8

环境条件	水溶性氯离子最大含量 (%，按胶凝材料用量的质量百分比计)	
	钢筋混凝土	预应力混凝土
干燥环境	0.30	0.06
潮湿但不含氯离子的环境	0.20	
潮湿且含有氯离子的环境	0.15	
除冰盐等侵蚀性物质的腐蚀环境、盐渍土环境	0.10	

【要点解析】

本条给出了混凝土中氯离子含量的控制指标，混凝土中的氯离子主要是对钢筋（含金属预埋件）等具有明显的腐蚀作用，其结果造成钢筋锈蚀、结构开裂等严重危害。氯离子引发混凝土中钢筋锈蚀的原因是：混凝土内部属于碱性环境，其 $pH > 12.5$，在该环境下，钢筋表面会生成能够一层致密的钝化膜，使钢筋与混凝土或外部侵入水分的接触隔绝，杜绝了钢筋的锈蚀；而氯离子具有离子半径小、穿透能力强、对金属表面附着能力强等特点，其能够通过毛细管作用、渗透作用和扩散作用等方式侵入混凝土的孔隙和细小裂缝中，并吸附在钢筋钝化膜表面，当表面聚集的氯离子达到一定浓度后，将渗入钝化膜，与铁离子结合生成易溶的二价铁和氯化物的复合物，使钝化膜局部溶解，降低了钢筋钝化膜的保护作用。与此同时，钝化膜受到破坏后，裸露出的铁基体与没有被破坏的区域相比，其电位更负，两者间产生电位差而形成腐蚀原电池，在腐蚀原电池的作用之下钢筋的表面逐渐产生点蚀或坑蚀；此外，氯离子不仅能够在钢筋表面促进腐蚀电池的形成对钢筋造成侵蚀作用，还可强化离子通路、降低腐蚀原电池中电极间的电阻，进一步使得腐蚀原电池的侵蚀效率得到提升，加速钢筋的锈蚀进程。

由于环境中氯离子的广泛存在，难以完全根除其在混凝土中的含量，故本条区分不同情况，分别给出了氯离子含量的限制性要求。我国对氯离子含量的检测试验方法已经能够满足工程需要，具体参见现行行业标准《混凝土中氯离子含量检测技术规程》JGJ/T 322—2013。混凝土结构中的氯离子主要来源于水泥、外加剂、拌合水以及潮湿环境等，执行本条时应根据工程特点、对混凝土原材料氯离子含量以及所处环境加以控制。

【要点 9】抗震钢筋的技术要求

【规范条文】

3.2.3 对按一、二、三级抗震等级设计的房屋建筑框架和斜撑构件，其纵向受力普通钢筋性能应符合下列规定：

1 抗拉强度实测值与屈服强度实测值的比值不应小于 1.25；
2 屈服强度实测值与屈服强度标准值的比值不应大于 1.30；
3 最大力总延伸率实测值不应小于 9%。

【要点解析】

本条针对抗震要求较高的混凝土框架和斜撑构件，给出了对其纵向受力钢筋性能的基本要求，即强屈比、屈标比和最大力总延伸率三项指标的限值。这三项限值对于混凝土结构的抗震性能具有举足轻重的意义。抗震钢筋即钢筋牌号中带 E 的钢筋（如 HRB400E、HRB500E、HRBF400E、HRBF500E 等）能满足本条给出的三项要求，才能保证钢筋的强度和延伸性能在地震时具有优良的抗震性能。

在具体施工中，不应采用非抗震钢筋代替抗震钢筋。非抗震钢筋即使经过进场检验其指标满足三项要求时也不能代替抗震钢筋使用。

钢筋的强度和延伸性能是一对矛盾，此消彼长。本条是根据多年来震害调查和试验室研究得出的科学合理的规定，既要保证钢筋具有足够的强度，同时又要保证钢筋具有良好的延伸性能，只有这样才能使框架结构和斜撑构件在地震中具有良好的抗震性能。由于本条规定极为重要，自 2008 年起先后纳入了以下 4 本标准：《混凝土结构设计标准》GB/T 50010—2010、《建筑抗震设计标准》GB 50011—2010、《混凝土结构工程施工规范》GB 50666—2011、《混凝土结构工程施工质量验收规范》GB 50204—2015 等，并在表述文字上进行了修改完善。

执行本条规定时应正确理解"强屈比""屈标比"和"最大力总延伸率"三个指标值和试验方法，可参见《钢筋混凝土用钢 第 2 部分：热轧带肋钢筋》GB 1499.2—2024。

【要点 10】预应力锚具的技术要求

【规范条文】

3.3.1 预应力筋-锚具组装件静载锚固性能应符合下列规定：

1 组装件实测极限抗拉力不应小于母材实测极限抗拉力的 95%；

2 组装件总伸长率不应小于2.0%。

5.3.2 锚具或连接器进场时，应检验其静载锚固性能。由锚具或连接器、锚垫板和局部加强钢筋组成的锚固系统，在规定的结构实体中，应能可靠传递预加力。

【要点解析】

规范第3.3.1条对预应力筋-锚具组装件的静载锚固性能提出了具体要求，即对组装件实测极限抗拉力、组装件总伸长率给出了限值。需要进行实际检验证明其满足要求。

规范第5.3.2条要求锚具或连接器进场时，应检验其静载锚固性能。锚固系统应能可靠传递预加力。

预应力筋是指在预应力工程中用于建立预加应力的单根或成束的钢丝、钢绞线或预应力精轧螺纹钢筋。锚具是指在后张法结构构件中用于保持预应力筋的拉力，并将其传递到结构上所用的永久性锚固装置。夹具是指在先张法预应力构件生产过程中，用于保持预应力筋的拉力，并将其固定在生产台座或设备上的工具性锚固装置。

这两条对预应力筋-锚具组装件的静载锚固性能、锚具或连接器的静载锚固性能、锚固系统的传力性能提出要求，对于预应力结构性能极为重要，施工中均应进行检测试验予以保证。具体实施应符合《预应力筋用锚具、夹具和连接器应用技术规程》JGJ 85—2010、《预应力筋用锚具、夹具和连接器》GB/T 14370—2015的要求。

【要点11】机械接头的技术要求

【规范条文】

3.3.2 钢筋机械连接接头的实测极限抗拉强度应符合表3.3.2的规定。

接头的实测极限抗拉强度 表3.3.2

接头等级	Ⅰ级	Ⅱ级	Ⅲ级
接头的实测极限抗拉强度 f^0_{mst}	$f^0_{mst} \geq f_{stk}$ 钢筋拉断；或 $f^0_{mst} \geq 1.10 f_{stk}$ 连接件破坏	$f^0_{mst} \geq f_{stk}$	$f^0_{mst} \geq 1.25 f_{yk}$

注：1 表中 f_{stk} 为钢筋极限抗拉强度标准值，f_{yk} 为钢筋屈服强度标准值。
2 连接件破坏指断于套筒、套筒纵向开裂或钢筋从套筒中拔出以及其他形式的连接组件破坏。

【要点解析】

本条给出了钢筋机械接头实测极限抗拉强度的要求。

钢筋机械接头包括直螺纹接头、锥螺纹接头和套筒挤压接头等，国家最常用的是直螺纹接头。国家现行标准对于钢筋机械接头的生产、供应、型式检验、进场检验、划批与抽样、接头性能指标等均有详细完善的规定，可按《钢筋机械连接技术规程》JGJ 107—2016执行。具体实施中应注意产品或技术提供单位应出具型式检验报告，安装完成后，对接头抽样检验时，应从结构实体中截取试件，截取部位应按规定进行修补。钢筋机械接头的取样和送检应进行见证。

对于钢筋机械接头的其他技术要求，如接头位置、同一连接区段的截面接头面积百分率等，应符合《混凝土结构工程施工规范》GB 50666—2011、《混凝土结构工程施工质量验收规范》GB 50204—2015 的相关规定。

【要点 12】套筒灌浆接头的技术要求

【规范条文】

> 3.3.3 钢筋套筒灌浆连接接头的实测极限抗拉强度不应小于连接钢筋的抗拉强度标准值，且接头破坏应位于套筒外的连接钢筋。

【要点解析】

本条是对钢筋套筒灌浆接头的主要力学性能做出规定。钢筋套筒灌浆接头广泛应用于钢筋混凝土装配式结构，这种接头的质量是装配式结构中大型竖向构件连接的关键点之一，但由于这种接头的特点，其质量检验有一定困难，主要是套筒内的灌浆饱满度和钢筋插入深度在施工完成后难以检验。实施本条规定的目的，在于保证装配式结构中钢筋套筒灌浆接头的质量。本条需要与《混凝土结构工程施工质量验收规范》GB 50204—2015 及《钢筋套筒灌浆连接应用技术规程》JGJ 355—2015 配合使用。

根据上述标准，钢筋套筒灌浆连接的主要施工要求如下：

1）套筒灌浆连接应采用由接头型式检验确定的套筒和灌浆料。

2）灌浆套筒进场时应抽样进行外观尺寸、标识和尺寸偏差检验。

3）灌浆料进场时应进行拌合物流动度和泌水率、抗压强度、竖向膨胀率等参数进行检验。

4）灌浆前应进行灌浆接头的工艺检验。

5）预制构件钢筋及灌浆套筒的安装要求应符合相关标准和施工方案的规定，确保钢筋位置和插入套筒深度满足要求。

6）与套筒连接的灌浆管、出浆管应定位准确、安装牢固，并应有防止混凝土浇筑时向灌浆套筒内漏浆的封堵措施。

7）竖向构件采用连通腔灌浆时应合理划分连通灌浆区域，除预留灌浆孔、出浆孔、排气孔外，应形成密闭空腔，不应漏浆；当竖向构件不采用连通腔灌浆时，构件就位应采取座浆安装。

8）抗拉强度检验的接头试件应在与实际相同的施工条件下，在现场按照施工方案制作。

9）灌浆应密实饱满，所有出浆口均应出浆，灌浆施工过程中和灌浆完成后施工单位应按相关标准和施工方案进行质量控制和质量检验（自检）。

10）套筒灌浆接头的质量应按相关标准的要求抽样进行实体检验。

【要点 13】混凝土结构工程施工的基本要求

【规范条文】

5.1.1 混凝土结构工程施工应确保实现设计要求，并应符合下列规定：

1 应编制施工组织设计、施工方案并实施；

2 应制定资源节约和环境保护措施并实施；

3 应对已完成的实体进行保护，且作用在已完成实体上的荷载不应超过规定值。

【要点解析】

本条给出了对混凝土结构工程施工组织设计的基本要求，更多要求见《混凝土结构工程施工规范》GB 50666—2011、《混凝土结构工程施工质量验收规范》GB 50204—2015、《建筑施工组织设计规范》GB/T 50502—2009 等标准。

混凝土结构工程的施工组织设计应根据混凝土结构工程特点编制，本条对此提出的主要要求是"编制并落实施组""节约资源""保护环境""保护实体""控制荷载"。

实施本条要求的要点主要有：

1）编制并落实施工组织设计和施工方案，尤其应重视施工方案的编制与落实，由于施工方案的编制和审批过程中已经针对工程特点和相关标准的规定进行了优化，故全面、严格按施工方案施工是确保混凝土结构质量的最重要、最基本环节。

2）编制并落实节约资源和保护环境的措施，既要贯彻节能、节地、节水、节材和环境保护（四节一环保）的基本方针，具有现实意义，也符合可持续发展的基本国策。混凝土结构消耗大量砂、石、水泥资源及能源，当前天然砂消耗殆尽即是证明。此外混凝土结构施工还会对环境产生污染、噪声、遗撒、建筑垃圾、难以降解等危害。本条要求编制并落实节约资源和保护环境的措施，即混凝土结构施工应有目的、有措施、有落实地尽可能降低上述危害。

3）"对已完成的实体进行保护，实体上的荷载不应超过规定值"的规定，以往称之为混凝土结构的成品保护。主要内容是对混凝土结构表面进行防护，使其不遭到破损，同时控制结构养护期间的外部荷载不超过允许荷载值，以避免混凝土构件变形开裂或坍塌。其原因是混凝土结构浇筑入模成型后其强度尚在增长变化，在未达到设计强度之前，无法承受正常使用条件下的外部荷载，因此在施工中需要控制楼板上的集中堆载、梁上的临时荷载以及混凝土结构上的其他恒载、活荷载等。

【要点 14】材料进场检验要求

【规范条文】

5.1.2 材料、构配件、器具和半成品应进行进场验收，合格后方可使用。

【要点解析】

本条是对材料进场检验的基本要求，也是通用要求，我国从《中华人民共和国建筑法》《建设工程质量管理条例》（中华人民共和国国务院令第 279 号）到国家标准、行业标准等均明确规定了我国建筑工程使用的主要材料均应进行进场验收，且均应由第三方确认。例如《建筑工程施工质量验收统一标准》GB 50300—2013 规定："建筑工程采用的主要材料、半成品、成品、建筑构配件、器具和设备应进行进场检验""并应经监理工程师检查认可"。

施工现场对材料实行进场检验主要有以下三个环节：

1）对质量证明文件进行核查。

2）对外观质量进行检查。

3）按照有关规定进行抽样复验。

对每一种材料、构配件、器具和半成品等进场检验的具体要求，如对质量证明文件的要求（如是否应具有型式检验报告等）、对外观质量的要求（如规格、型号、尺寸、包装等）、对抽样复验的要求（如划批方法、抽样数量、检验参数等）应按照该材料相关的产品标准、施工标准、验收标准以及设计要求等执行。

例如对混凝土结构使用的水泥进场检验的主要规定有（引自《混凝土结构工程施工质量验收规范》GB 50204—2015 第 7.2.1 条）：

"水泥进场时，应对其品种、代号、强度等级、包装或散装编号、出厂日期等进行检查，并应对水泥的强度、安定性和凝结时间进行检验，检验结果应符合现行国家标准《通用硅酸盐水泥》GB 175—2023 等的相关规定。"

"检查数量：按同一厂家、同一品种、同一代号、同一强度等级、同一批号且连续进场的水泥，袋装不超过 200t 为一批，散装不超过 500t 为一批，每批抽样数量不应少于一次。"

"检验方法：检查质量证明文件和抽样检验报告。"

对于混凝土结构使用的预拌混凝土，是一种拌合物，不同于单一类型的原材料，其进场检验较为复杂。对预拌混凝土的运输时间、匀质性、拌合物工作性能等，应按照《混凝土结构工程施工规范》GB 50666—2011、《混凝土结构工程施工质量验收规范》GB 50204—2015、《预拌混凝土》GB/T 14902—2012 等规定进行进场验收。

综上所述，"施工单位必须按照工程设计要求、施工技术标准和合同约定，对建筑材料、建筑构配件、设备和商品混凝土进行检验，检验应当有书面记录和专人签字；未经检验或检验不合格的，不得使用"[引自《建设工程质量管理条例》（中华人民共和国国务院令第 279 号）第二十九条]

"未经监理工程师签字，建筑材料、建筑构配件和设备不得在工程上使用或者安装，施工单位不得进行下一道工序的施工。"[引自《建设工程质量管理条例》（中华人民共和国国务院令第 279 号）第三十七条]

【要点 15】隐蔽验收要求

【规范条文】

> 5.1.3 应对隐蔽工程进行验收并做好记录。

【要点解析】

隐蔽工程的含义是：下道工序施工后将上道工序的部位掩盖，不能对上道工序部位直接进行质量检查，上道工序的部位即是隐蔽工程。

隐蔽工程应由专业监理工程师会同施工单位质量检查员、专业工长（施工员）共同验收。

隐蔽工程验收应对被隐蔽的工程进行全面质量检查，内容包括被隐蔽工程的部位、数量、尺寸（形状）、质量状况（或性能指标）、抽查率、检查方法、是否符合标准或设计要求等，并加以记录。力求通过隐蔽工程验收记录能够复现被隐蔽工程的主要质量状况。隐蔽工程应按相关规定留存隐蔽前的影像资料。

例如：钢筋工程隐蔽验收内容包括 4 类 23 项，具体要求如下：

"5.1.1 浇筑混凝土之前，应进行钢筋隐蔽工程验收。隐蔽工程验收应包括下列主要内容：

1 纵向受力钢筋的牌号、规格、数量、位置；

2 钢筋的连接方式、接头位置、接头质量、接头面积百分率、搭接长度、锚固方式及锚固长度；

3 箍筋、横向钢筋牌号、规格、数量、间距、位置，箍筋弯钩的弯折角度及平直段长度；

4 预埋件的规格、数量和位置。"

（引自现行国家标准《混凝土结构工程施工质量验收规范》GB 50204—2015）

【要点 16】施工质量过程控制用同条件试件要求

【规范条文】

> 5.1.4 模板拆除、预制构件起吊、预应力筋张拉和放张时，同条件养护的混凝土试件应达到规定强度。

【要点解析】

施工质量过程控制用同条件试件是为了解施工过程中的混凝土强度增长情况而制作的试件，通常用于模板拆模、预应力张拉或放张、构件运输、吊装等情况下的混凝土强度判定。按照施工需要和相关规定制作这种同条件试件是保证施工过程中混凝土结构质量和安全非常重要的一项措施。

施工质量过程控制用同条件试件的制作数量由施工单位根据质量过程控制的需要确定，其养护条件应与对应的结构或构件相同，其强度判定应符合《混凝土强度检验评定标准》GB/T 50107—2010 的规定。

本条所说的"规定强度"是指设计要求的强度或标准规定的强度，也可以是施工方案中根据设计要求和标准规定确定的强度。标准规定的强度是指《混凝土结构工程施工规范》GB 50666—2011，以及相关专业标准中所要求的强度。

【要点 17】混凝土结构外观质量和尺寸偏差控制要求

【规范条文】

> 5.1.5 混凝土结构的外观质量不应有严重缺陷及影响结构性能和使用功能的尺寸偏差。

【要点解析】

本条是对混凝土结构外观质量的基本要求，即外观质量不应有严重缺陷及影响结构性能和使用功能的尺寸偏差。混凝土结构的缺陷是指混凝土结构施工质量中不符合规定要求的检验项或检验点，按其程度可分为严重缺陷和一般缺陷。严重缺陷是指对结构构件受力性能、耐久性能或安装、使用功能有决定性影响的缺陷。一般缺陷是指对结构构件受力性能、耐久性能或安装、使用功能无决定性影响的缺陷。

混凝土缺陷通常分为 9 种类型，见表 3-1（引自《混凝土结构工程施工质量验收规范》GB 50204—2015）：

混凝土外观质量缺陷 表 3-1

名称	现象	严重缺陷	一般缺陷
露筋	构件内钢筋未被混凝土包裹而外露	纵向受力钢筋有露筋	其他钢筋有少量露筋
蜂窝	混凝土表面缺少水泥砂浆而形成石子外露	构件主要受力部位有蜂窝	其他部位有少量蜂窝
孔洞	混凝土中孔穴深度和长度均超过保护层厚度	构件主要受力部位有孔洞	其他部位有少量孔洞
夹渣	混凝土中夹有杂物且深度超过保护层厚度	构件主要受力部位有夹渣	其他部位有少量夹渣
疏松	混凝土中局部不密实	构件主要受力部位有疏松	其他部位有少量疏松
裂缝	裂缝从混凝土表面延伸至混凝土内部	构件主要受力部位有影响结构性能或使用功能的裂缝	其他部位有少量不影响结构性能或使用功能的裂缝

名称	现象	严重缺陷	一般缺陷
连接部位缺陷	构件连接处混凝土有缺陷或连接钢筋、连接件松动	连接部位有影响结构传力性能的缺陷	连接部位有基本不影响结构传力性能的缺陷
外形缺陷	缺棱掉角、棱角不直、翘曲不平、飞边凸肋等	清水混凝土构件有影响使用功能或装饰效果的外形缺陷	其他混凝土构件有不影响使用功能的外形缺陷
外表缺陷	构件表面麻面、掉皮、起砂、沾污等	具有重要装饰效果的清水混凝土构件有外表缺陷	其他混凝土构件有不影响使用功能的外表缺陷

混凝土结构不允许出现严重缺陷，万一出现时应予以返工或修复方可验收。混凝土结构出现一般缺陷时，也应予以修复或处理。通常对已经出现的一般缺陷，应由施工单位按技术处理方案进行处理；对已经出现的严重缺陷，应由施工单位提出技术处理方案，并经监理单位认可后进行处理；对裂缝或连接部位的严重缺陷及其他影响结构安全的严重缺陷，技术处理方案尚应经设计单位认可。具体修复或处理的方法见《混凝土结构工程施工规范》GB 50666—2011。

本条规定混凝土结构不应有影响结构性能和使用功能的尺寸偏差，是指混凝土结构的尺寸偏差必须满足结构性能和使用功能。通常指结构的位置、标高、形状、三维尺寸等应符合设计要求和标准规定的允许尺寸偏差。通常可按《混凝土结构工程施工规范》GB 50666—2011 和《混凝土结构工程施工质量验收规范》GB 50204—2015 等相关标准中规定的允许值进行控制。当超出允许值时，应进行处理。

【要点 18】混凝土结构的实体检验要求

【规范条文】

> 5.1.6　应对涉及混凝土结构安全的代表性部位进行实体质量检验。

【要点解析】

本条规定应对涉及混凝土结构安全的代表性部位进行实体质量检验，其重要意义在于将混凝土结构实体检验纳入技术法规。混凝土结构实体检验 2002 年由欧洲引入我国后，经不断完善，在控制混凝土结构质量与安全方面发挥了重要作用。

当前混凝土结构实体检验主要有三项内容和四种检验方法，具体如下：

1）采用同条件试件法检测混凝土强度。

2）采用回弹取芯法检测混凝土强度。

3）对钢筋保护层厚度进行检测。

4）对结构实体位置与尺寸偏差进行检测。

以上混凝土结构实体检验的内容和方法应遵照《混凝土结构工程施工质量验收规范》GB 50204—2015 执行。

应当正确理解混凝土结构质量验收与混凝土结构实体质量检验相互之间的关系，对于混凝土强度，有人询问强度评定和强度实体检验是否都应当合格？如果其中有一项不合格是否可以通过验收？例如：按检验批进行的强度评定验收合格，按强度等级进行的实体检验不合格，是否可以通过验收？正确的回答是两者都应当合格，两者中任何一项不合格，都应当采取进一步措施，最终满足两者都合格的要求。

具体来说，按检验批进行的强度评定验收合格是通过验收的基本要求，代表着每个检验批都满足合格条件，可以通过验收；而按强度等级进行的实体检验也应合格，如果出现不合格，意味着按检验批进行的强度评定验收存在错误，需重新查找问题进行处理。但这并不代表可以用结构实体检验取代按检验批进行的强度评定验收，原因是结构实体检验的抽样数量较少，代表性有限，风险较大，因此不能取代按检验批进行的强度评定验收。

【要点19】模板及支架的承载力、刚度和整体稳固性要求

【规范条文】

> 5.2.1　模板及支架应根据施工过程中的各种控制工况进行设计，并应满足承载力、刚度和整体稳固性要求。

【要点解析】

本条给出了两项要求，即模板及支架设计应考虑施工过程的各种工况，模板及支架的性能应满足承载力、刚度和整体稳固性要求（俗称模板"三性"）。

1）模板及支架应由施工单位进行设计，其设计不能只考虑浇筑混凝土时的工况，还应考虑模板搭设过程中和养护、拆除过程中的其他工况，在各种不同工况下模板及支架所承受的荷载及本身的抗力可能完全不同，如搭设或拆除过程中，其整体性尚未形成或已被拆除、缺少剪刀撑、风缆等措施，此时虽然不是最大荷载，但容易出现局部过大变形或毁损等情况。通常认为浇筑混凝土时荷载达到最大值，此时不仅有材料、构件、模板等自重，还需考虑倾倒混凝土时的冲击力、振捣混凝土时振动荷载、对模板的侧向压力、人和设备、环境等各种可变荷载的影响。

执行本条要求必须对模板及支架进行各种工况下的计算和设计，不得照搬其他工程，不得仅凭经验或估计，不得简化计算。模板设计可参见相关标准，如《混凝土结构设计标准》GB/T 50010—2010、《混凝土结构工程施工规范》GB 50666—2011等。重要的模板及支架设计应按国家相关规定进行论证，并履行审批手续。

2）模板及支架的承载力、刚度和整体稳固性是对模板性能的基本要求。承载力是在各种工况下模板及支架能够满足最大和最不利荷载组合的安全保证。刚度是模板及支架抵抗变形的能力。以下对模板及支架的整体稳固性进行解读：

结构整体稳固性在国家标准《建筑结构可靠性设计统一标准》GB 50068—2018中的定义是：当发生火灾、爆炸、撞击或人为错误等偶然事件时，结构整体性能保持稳固且不出现与起因不相称的破坏后果的能力。

"整体稳固性"以往曾被称为"稳定性"，但由于稳定性的含义不够准确完善，故改为

整体稳固性。对于模板及支架的整体稳固性要求，是指当模板及支架遭遇不利施工荷载工况时，不因构造不合理或局部支撑杆件缺失、失稳等局部原因进而造成整体破坏或坍塌。为此可能需要在模板及支架设计中加强整体稳固性措施，如适当增加"冗余设计""备用的传力体系""富余杆件""稳定性支撑"等。

对于列入危险性较大的分部分项工程范围的模板及支架，应按《危险性较大的分部分项工程安全管理规定》（住房和城乡建设部令第 37 号）的相关规定执行。

【要点 20】模板及支架应保证结构的形状尺寸位置

【规范条文】

> 5.2.2　模板及支架应保证混凝土结构和构件各部分形状、尺寸和位置准确。

【要点解析】

本条要求模板及支架应保证混凝土结构和构件各部分形状、尺寸和位置准确，在模板及支架施工中除了应满足设计要求外，还应按照施工方案的要求进行安装。通常设计只对结构或构件的最终尺寸位置提出要求，但影响最终尺寸位置的相关保障措施需要在施工过程中加以规定。《混凝土结构工程施工规范》GB 50666—2011 规定，模板及支架应编制施工方案。爬升式模板、工具式模板及高大模板支架工程的施工方案，应按规定进行技术论证。

通常超过 4m 跨度的混凝土梁板构件，其模板及支架需要采取起拱措施，以保证拆模后的构件形状、尺寸满足设计要求。在场地土上支模时需要采取防止不均匀下沉的措施：地面平整坚实、承载力满足要求、支架立柱下设垫板、有排水措施、对湿陷土、冻胀土、膨胀土应有特殊加强措施等。

在混凝土结构中模板是一个特殊的分项工程，由于模板实际上仅是施工中的一种临时设施或工具，不是工程永久组成部分，因此模板只做分项工程验收，不做分部子分部工程验收。模板分项工程的特殊性在于：模板施工前应编制施工方案，模板安装完成后要验收，特殊模板要论证，模板使用中要监测，拆除底模前要压同条件养护试件。

【要点 21】钢筋接头应从实体中抽样

【规范条文】

> 5.3.1　钢筋机械连接或焊接连接接头试件应从完成的实体中截取，并应按规定进行性能检验。

【要点解析】

钢筋有多种接头方式，通常由设计给出要求。当前钢筋的主流接头方式是机械连接和焊接连接，本条要求这两种钢筋接头在验收时应从已完成的实体中抽样，是为了保证接头质量检验的真实性和可靠性。

这项规定由来已久，先后被纳入多项国家相关标准，如《混凝土结构工程施工质量验收规范》GB 50204—2015、《钢筋焊接及验收规程》JGJ 18—2012、《钢筋机械连接技术规程》JGJ 107—2016 等，上述标准对钢筋接头的检验批划分、取样数量、检验方法、结果判定等均给出了明确规定，应遵照执行。

由于从实体中取样时现场条件的限制，以及截取试件后修补有困难等原因，各项标准均明确规定了可以用搭接连接的方式对取样部位进行修复。禁止另外制作模拟试件进行检验。

【要点 22】钢筋安装、位置及相关要求

【规范条文】

> 5.3.3 钢筋和预应力筋应安装牢固、位置准确。
>
> 5.3.4 预应力筋张拉后应可靠锚固，且不应有断丝或滑丝。

【要点解析】

规范上述两条要求，一是为了实现设计意图（位置准确，可靠锚固），二是为了保证施工安全和施工质量（防止钢筋变形、坍塌，浇筑混凝土时移位）。

钢筋的位置由设计给出，施工中通常采用定位件（也称隔离件）加以固定。由于钢筋属于隐蔽工程，浇筑混凝土后难以检查其位置，故有时被忽略，严重时在施工过程中可能造成坍塌事故。钢筋的安装牢固和预应力筋的可靠锚固不仅关系到结构受力，还可能涉及施工过程的安全。为确保钢筋安装牢固，位置准确，应按照现行行业标准《混凝土结构用钢筋间隔件应用技术规程》JGJ/T 219—2010 和施工方案的要求执行，该标准规定：钢筋间隔件按材料分为水泥基类钢筋间隔件、塑料类钢筋间隔件、金属类钢筋间隔件；按安放部位分为表层间隔件和内部间隔件；按安放方向分为水平间隔件和竖向间隔件。实际施工中的钢筋间隔件有多种形式和材质，如预制垫块、塑料卡子、钢筋马凳、钢筋定位格栅等。钢筋工程应编制施工方案或施工方案中应有钢筋安装及定位的具体要求，并按方案的要求施工。

除上述要求外，规范第 5.3.4 条还对预应力筋施工过程中的断丝与滑丝严格要求，规定"不应有断丝或滑丝"，应遵照执行。

【要点 23】后张法预应力孔道灌浆要求

【规范条文】

> 5.3.5 后张预应力孔道灌浆应密实饱满，并应具有规定的强度。

【要点解析】

按设计要求对后张法预应力施工进行孔道灌浆，既是预应力筋与结构混凝土协同工作的重要保障，也是对预应力筋进行封闭保护和防腐的有效手段。灌浆材料应符合现行国家标准《预应力孔道灌浆剂》GB/T 25182—2010、《混凝土结构工程施工质量验收规范》GB 50204—2015 的规定和设计要求。

由于预应力筋张拉后处于高应力状态，对腐蚀非常敏感，所以应尽早对孔道进行灌浆。预留孔道灌浆后应全数检查灌浆质量并进行记录。孔道内水泥浆应饱满、密实，完全握裹住预应力筋，孔道灌浆的施工与质量要求应遵守《混凝土结构工程施工质量验收规范》GB 50204—2015 的规定。

灌浆可采用专用材料、定制材料或现场按照配合比搅拌的灌浆用水泥浆，其水灰比、泌水率、氯离子含量、自由膨胀率等性能应符合相关标准的规定，并应满足灌浆工艺要求。灌浆用水泥浆水灰比的要求是为了在满足必要的稠度的前提下尽量减小泌水率，以获得密实饱满的灌浆效果。水泥浆中水的泌出往往造成孔道内的空腔，并引起预应力筋腐蚀。水泥浆中的氯离子会腐蚀预应力筋，故对氯离子的含量应严加控制。

预留孔道灌浆应按相关标准的规定和施工方案要求留置水泥浆试块，以判定水泥浆强度的增长情况。

【要点 24】混凝土拌合物运输、输送、浇筑过程中的要求

【规范条文】

> 5.4.1 混凝土运输、输送、浇筑过程中严禁加水；运输、输送、浇筑过程中散落的混凝土严禁用于结构浇筑。

【要点解析】

本条规定主要针对预拌混凝土的运输、输送、浇筑过程严禁加水，因为向拌合物中加水后果十分严重，将破坏混凝土的匀质性（产生离析），降低混凝土强度，严重影响混凝土硬化后结构的耐久性。试验证明，向混凝土拌合物加水将对其品质造成严重影响，我国多项标准均对此做出不得加水的明确规定，如《混凝土结构工程施工规范》GB 50666—2011、《混凝土结构工程施工质量验收标准》GB 50204—2015 等。

违反规定向拌合物中加水通常是为了解决拌合物工作性能下降问题，为了解决这一问题，现行国家标准《混凝土结构工程施工规范》GB 50666—2011 给出了特殊情况下的解决措施：采用搅拌运输车运输混凝土，当混凝土坍落度损失较大不能满足施工要求时，可在运输车罐内加入适量的与原配合比相同成分的减水剂。减水剂加入量应事先由试验确定，并应作出记录。加入减水剂后，搅拌运输车罐体应快速旋转搅拌均匀，并应达到要求的工作性能后再泵送或浇筑。

本条规定散落的混凝土严禁用于结构浇筑，其原因是显而易见的。为了节约资源可将

收集起来的散落混凝土用于非结构部位，如临时道路、材料堆放场地地面硬化，垫层、散水、坡道等。

对于混凝土运输（场外）、输送（场内）、浇筑过程中的具体要求应按照现行国家标准《混凝土结构工程施工规范》GB 50666—2011 执行。

【要点 25】混凝土强度评定

【规范条文】

> 5.4.2 应对结构混凝土强度等级进行检验评定，试件应在浇筑地点随机抽取。

【要点解析】

本条给出了应对结构混凝土强度等级进行检验评定的规定，结构混凝土强度是衡量结构质量的重要指标，正常情况下，应在施工现场按检验批留置标准养护的试件进行检验评定，检验评定的具体方法应遵守现行国家标准《混凝土强度检验评定标准》GB/T 50107—2010 的规定。

执行本条规定首先应了解混凝土强度是按"强度等级"进行判定的。即无论是设计要求的混凝土强度还是施工完成后进行检验评定得出的混凝土强度，都是一个"等级"，而不是一个具体的数值。例如：设计给出的或强度检验评定得出的 C40，不是指混凝土强度为 40MPa，而是指满足国家规定的保证率（通常为 95%）情况下的一个强度范围，称之为强度等级。

《混凝土强度检验评定标准》GB/T 50107—2010 规定：

"3.0.1 强度的等级应按立方体抗压强度标准值划分。混凝土强度等级应采用符号 C 与立方体抗压强度标准值（以 N/mm² 计）表示。

3.0.2 立方体抗压强度标准值应为按标准方法制作和养护的边长为 150mm 的立方体试件，用标准试验方法在 28 天龄期测得的混凝土抗压强度总体分布中的一个值，强度低于该值的概率应为 5%。

3.0.3 混凝土强度应分批进行检验评定。一个检验批的混凝土应由强度等级相同、试验龄期相同、生产工艺条件和配合比基本相同的混凝土组成。

3.0.4 对大批量、连续生产混凝土的强度应按本标准第 5.1 节中规定的统计方法评定。对小批量或零星生产混凝土的强度应按本标准第 5.2 节中规定的非统计方法评定。"

（引自《混凝土强度检验评定标准》GB/T 50107—2010）

上述标准规定，混凝土强度是按等级分批进行评定的，并规定在正常情况下有三种评定方法，通常称之为"标准差已知的统计评定方法""标准差未知的统计评定方法""非统计方法"。由于这三种方法适应条件不同，故采用上述方法时应按标准规定合理选用。通常第一种方法"标准差已知的统计评定方法"主要适用于搅拌站和构件厂等大批量连续生产和生产质量稳定的情况；第二种方法"标准差未知的统计评定方法"主要适用于施工现场浇筑的混凝土结构，但需要具有不少于 10 组的标准养护试件；第三种方法"非统计方法"适用于试件数量为 3～9 组的情况。三种方法的计算公式、具体要求和判定条件应按照《混凝土强度检验评定标准》GB/T 50107—2010 执行。

【要点 26】混凝土浇筑和养护要求

【规范条文】

5.4.3 结构混凝土浇筑应密实，浇筑后应及时进行养护。

【要点解析】

本条对混凝土结构的浇筑和养护给出了规定：浇筑应密实，及时进行养护。

1. 混凝土浇筑

混凝土浇筑施工是整个混凝土结构施工中的最重要环节之一，包括了浇筑前对模板和多项准备工作的要求以及浇筑过程中对泵送、入模、振捣等多项工艺要求。以下列出了主要施工环节、部位和工艺，这些施工环节和工艺均应遵守相关标准和施工方案的规定：

1）编制混凝土施工方案并经过审批。

2）完成混凝土浇筑前的各项准备工作。

3）取得监理批准的混凝土浇筑申请单。

4）完成模板清理、涂刷脱模剂或洒水湿润等工作，并进行预检或技术复核。

5）混凝土应连续浇筑。

6）混凝土应采用正确的浇筑顺序。

7）混凝土应分层浇筑，分层厚度不得超过最大限值要求。

8）混凝土拌合物自由倾落高度不应超过限值，超过时应采取防止离析的措施。

9）混凝土浇筑后应抹面和二次压抹。

10）不同强度等级的梁柱、板墙交接部位的浇筑应符合相关规定。

11）混凝土从拌合到浇筑入模的总时间要求不应超过标准规定的限值。

12）泵送混凝土的输送、入模、振捣等主要工艺及其相关措施应符合相关规定。

13）留置施工缝和后浇带的位置、施工方法、后续混凝土浇筑等应符合相关规定。

14）混凝土振捣应选择合适的振捣方法，并遵守该方法的工艺要求。

15）各种不同类型混凝土结构浇筑的基本工艺应符合《混凝土结构工程施工规范》GB 50666—2011 要求。

2. 混凝土养护

混凝土养护是保证混凝土结构质量的重要环节，应符合《混凝土结构工程施工规范》GB 50666—2011 的规定。

1）混凝土浇筑后应采用洒水、覆盖、喷涂养护剂等方式及时进行保湿养护。

2）混凝土的养护时间应根据采用的水泥、外加剂品种，工程部位与特点分别确定，一般不应少于 7 天，重要构件和重要部位不少于 14 天，有特殊要求时应适当增加养护时间。

3）洒水养护宜在混凝土裸露表面覆盖后进行，当洒水不会破坏混凝土表面时也可采用直接洒水、蓄水等养护方式；洒水养护应保证混凝土表面处于湿润状态；最低温度低于5℃时，不应洒水养护。

4）覆盖养护可采用塑料薄膜、塑料薄膜加麻袋或草帘等材料，塑料薄膜内应保持有凝结水；覆盖物应严密，覆盖物的层数应按施工方案确定。

5）喷涂养护剂养护应在混凝土裸露表面喷涂覆盖致密的养护剂进行养护，不得漏喷；养护剂应具有可靠的保湿效果。

6）大体积混凝土，地下室底层和上部结构首层柱、墙混凝土等的养护，应符合专门规定。

7）混凝土强度达到1.2MPa前，不得在其上踩踏、堆放物料、安装模板及支架。

8）标准试件、同条件试件的养护要求应遵守相关规定。

【要点27】大体积混凝土温差控制

【规范条文】

5.4.4　大体积混凝土施工应采取混凝土内外温差控制措施。

【要点解析】

大体积混凝土温差控制，主要应执行现行国家标准《混凝土结构工程施工规范》GB 50666—2011 和《大体积混凝土施工标准》GB 50496—2018，以及经审查批准的大体积混凝土施工方案。

1. 定义

大体积混凝土的定义：混凝土结构物实体最小尺寸不小于1m的大体量混凝土，或预计会因混凝土中胶凝材料水化引起的温度变化和收缩而导致有害裂缝产生的混凝土。

2. 施工控制措施

大体积混凝土施工应采取的混凝土内外温差控制措施有：

1）混凝土入模温度不宜大于30℃；混凝土浇筑体最大温升值不宜大于50℃。

2）在覆盖养护或带模养护阶段，混凝土浇筑体表面以内40~100mm位置处的温度与混凝土浇筑体表面温度差值不应大于20℃；结束覆盖养护或拆模后，混凝土浇筑体表面以内40~100mm位置处的温度与环境温度差值不应大于20℃。

3）混凝土浇筑体内测温点设置应符合相关标准和施工方案的要求，相邻两测温点的温度差值不应大于25℃。

4）混凝土降温速率不宜大于2.0℃/天；当有可靠经验时，降温速率要求可适当放宽。

5）大体积混凝土浇筑体内外温差、降温速率及环境温度的测试，在混凝土浇筑后，每昼夜不应少于4次；入模温度测量，每台班不应少于2次。

6）养护过程中应结合监测数据进行实时调控，发现监测结果异常时及时报警，并采取相应处理措施。

【要点 28】预制构件连接要求

【规范条文】

> 5.5.1 预制构件连接应符合设计要求，并应符合下列规定：
>
> 1 套筒灌浆连接接头应进行工艺检验和现场平行加工试件性能检验；灌浆应饱满密实。
>
> 2 浆锚搭接连接的钢筋搭接长度应符合设计要求，灌浆应饱满密实。
>
> 3 螺栓连接应进行工艺检验和安装质量检验。
>
> 4 钢筋机械连接应制作平行加工试件，并进行性能检验。

【要点解析】

1. 定义

套筒灌浆连接是装配式结构中预制构件钢筋连接的主要方式，其设计、施工及验收应符合现行行业标准《钢筋套筒灌浆连接应用技术规程》JGJ 355—2015 规定，主要内容如下：

1）核查型式检验报告。

2）灌浆套筒进场外观质量、标识和尺寸偏差验收。

3）灌浆料进场验收。

4）接头工艺检验。

5）灌浆套筒进场接头力学性能检验。

6）预制构件进场验收。

7）灌浆施工中灌浆料饱满度检验。

8）灌浆接头的质量检验。

2. 设计要求

浆锚搭接连接的钢筋搭接长度应符合设计要求，灌浆应饱满密实。

1）钢筋浆锚连接是将构件内伸出的钢筋插入所连接的另一构件对应位置的预留孔道内，再向钢筋与孔道内壁之间填充无收缩、高强度灌浆料，所形成的钢筋接头。浆锚连接按构造可分为约束浆锚连接和金属波纹管浆锚连接。

2）由于浆锚连接其钢筋应力通过灌浆料、孔道材料（预埋管道成孔）及混凝土之间的粘结应力传递至预制构件内预埋钢筋，接头属于偏心传力，故对钢筋搭接长度及灌浆饱满度有严格要求。

3）采用螺栓连接的预制构件，本条要求在构件安装前应进行材料质量检验及相同施工条件下的工艺检验，并对安装完成的构件进行安装质量检验，包括尺寸、位置、构造检验及连接部位的性能检验。

4）采用钢筋机械连接的预制构件，本条要求在安装前应制作平行加工试件，并进行性能检验，具体应按照《钢筋机械连接技术规程》JGJ 107—2016 的规定执行。

【要点 29】预制构件接合面要求

【规范条文】

> 5.5.2 预制叠合构件的接合面、预制构件连接节点的接合面，应按设计要求做好界面处理并清理干净，后浇混凝土应饱满、密实。

【要点解析】

预制叠合构件与后浇混凝土的接合面质量，对整个预制构件的受力具有重要影响，本条要求预制构件连接节点的接合面，应按设计要求做好界面处理并清理干净，后浇混凝土应饱满、密实。

预制叠合构件的接合面应清理干净，并按设计要求进行界面处理（如保持粗糙度、无杂物、洒水湿润、喷涂界面剂等），是保证接合面质量的前提条件，施工中应予以重视。

预制叠合构件的接合面通常有水洗、拉毛、凹槽、压痕等多种形式，主要依靠与后浇混凝土密实接合达到协同受力的目的。对水平位置的预制叠合构件如梁、板等，比较容易实现密实结合，但是对竖向位置的预制叠合构件如剪力墙等，则需要采取必要措施使接合面达到饱满密实的效果，并对是否达到预期效果进行必要的检验。

对于预制叠合构件后浇混凝土浇筑后的接合面，可采用钻孔取芯法、局部剥离法或超声法等进行成型后的质量检验。

【要点 30】混凝土结构的维护与日常检查

【规范条文】

> 6.1.1 混凝土结构应根据结构类型、安全性等级及使用环境，建立全寿命周期内的结构使用、维护管理制度。
>
> 6.1.2 应对重要混凝土结构建立维护数据库和信息化管理平台。
>
> 6.2.1 混凝土结构日常维护应检查结构外观与荷载变化情况。结构构件外观应重点检查裂缝、挠度、冻融、腐蚀、钢筋锈蚀、保护层脱落、渗漏水、不均匀沉降以及人为开洞、破损等损伤。预应力混凝土构件应重点检查是否有裂缝、锚固端是否松动。对于沿海或酸性环境中的混凝土结构，应检查混凝土表面的中性化和腐蚀状况。
>
> 6.2.2 对于严酷环境中的混凝土结构，应制定针对性维护方案。

【要点解析】

混凝土结构投入使用后，随着时间的延长，其质量与性能不断退化，因此不能一劳永逸，需要根据结构类型、安全等级及使用环境等进行定期维护与日常检查。本条要求应对混凝土结构建立全寿命周期内的结构使用、维护管理制度。对于重要的混凝土结构，要求建立维护数据库和信息化管理平台。这里所说重要的混凝土结构，可理解为具有"生命线"意义的工程或损坏后影响巨大的工程。本条对于严酷环境中的混凝土结构，还要求制定有针对性的专项维护方案，严酷环境可按国家标准《混凝土结构设计标准》GB/T 50010—2010 中的三、四和五类环境类别确定。

上述的维护管理制度中，应包含对混凝土结构进行日常维护和定期检查的内容。本条要求对混凝土的定期检查项目主要是结构外观与荷载变化等情况。结构外观应重点检查裂缝、挠度、冻融、腐蚀、钢筋锈蚀、保护层脱落、渗漏水、不均匀沉降以及人为开洞、破损等损伤。预应力混凝土构件应重点检查是否有裂缝、锚固端是否松动。对于沿海或酸性环境中的混凝土结构，应检查混凝土表面的中性化和腐蚀状况。以上仅是对普通混凝土结构进行日常检查的通用内容，对于有特殊要求的混凝土结构，应增加有针对性的专门检查内容。

【要点 31】混凝土结构的检测与监测

【规范条文】

6.2.3 满足下列条件之一时，应对结构进行检测与鉴定：

1 接近或达到设计工作年限，仍需继续使用的结构；

2 出现危及使用安全迹象的结构；

3 进行结构改造、改变使用性质、承载能力受损或增加荷载的结构；

4 遭受地震、台风、火灾、洪水、爆炸、撞击等灾害事故后出现损伤的结构；

5 受周边施工影响安全的结构；

6 日常检查评估确定应检测的结构。

6.2.4 对硬化混凝土的水泥安定性有异议时，应对水泥中游离氧化钙的潜在危害进行检测。

6.2.5 应对下列混凝土结构的结构性态与安全进行监测：

1 高度 350m 及以上的高层与高耸结构；

2 施工过程导致结构最终位形与设计目标位形存在较大差异的高层与高耸结构；

3 带有隔震体系的高层与高耸或复杂结构；

4 跨度大于 50m 的钢筋混凝土薄壳结构。

6.2.6 监测期间尚应进行巡视检查与系统维护；台风、洪水等特殊情况时，应增加监测频次。

6.2.7 混凝土结构监测应设定监测预警值，监测预警值应满足工程设计及对被监测对象的控制要求。

6.2.8 超过结构设计工作年限或使用期超过 50 年的桥梁结构应进行检测评估，且检测评估周期不应超过 10 年。

6.3.1 出现下列情况之一时，应采取消除安全隐患的措施进行处理：

1 混凝土结构或结构构件的裂缝宽度或挠度超过限值；

2 混凝土结构或构件钢筋出现锈胀；

3 预应力混凝土构件锚固端的封端混凝土出现裂缝、剥落、渗漏、穿孔、预应力锚具暴露；

4 结构混凝土中氯离子含量超标或发现有碱骨料反应迹象。

6.3.2 经检测鉴定，存在安全隐患的结构应采取安全治理措施进行处理。

6.3.3 监测期间有预警的结构，应按照监测预警机制和应急预案进行处理。

6.3.4 遭受地震、洪水、台风、火灾、爆炸、撞击等自然灾害或者突发事件后，结构存在重大险情时，应立即采取安全治理措施。

【要点解析】

随着使用时间增长，混凝土结构的质量与性能降低或损坏，有时不能仅通过外观检查发现和判定，需要进行质量检测与鉴定。有时需要对其某项性能进行评估，以确定是否能继续安全使用以及为满足安全使用需采取的处理措施。

1）规范第 6.2.3 条列出了应对结构进行检测与鉴定的条件：

（1）接近或达到设计工作年限，仍需继续使用的结构；

（2）出现危及使用安全迹象的结构；

（3）进行结构改造、改变使用性质、承载能力受损或增加荷载的结构；

（4）遭受地震、台风、火灾、洪水、爆炸、撞击等灾害事故后出现损伤的结构；

（5）受周边施工影响安全的结构；

（6）日常检查评估确定应检测的结构。

2）规范第 6.2.4 条要求，当发现硬化混凝土使用的水泥安定性不满足要求时，应对水泥中游离氧化钙的含量、分布区域、已造成的危害或潜在危害进行检测与评估。

3）规范第 6.2.5 规定，应对下列混凝土结构的结构性态与安全进行监测：

（1）高度 350m 及以上的高层与高耸结构；

（2）施工过程导致结构最终位形与设计目标位形存在较大差异的高层与高耸结构；

（3）带有隔震体系的高层与高耸或复杂结构；

（4）跨度大于 50m 的钢筋混凝土薄壳结构。

4）规范第 6.2.6 条要求，对使用中的混凝土结构进行监测期间尚应进行巡视检查与系统维护。当遇有台风、洪水、地震、火灾、爆炸、撞击等特殊情况时，应增加监测频次。

5）规范第 6.2.7 条要求，混凝土结构监测应设定监测预警值，监测预警值应满足工程设计及对被监测对象的控制要求。

6）规范第 6.2.8 条要求，超过结构设计工作年限或使用期超过 50 年的桥梁结构应进行检测评估，且检测评估周期不应超过 10 年。

7）规范第 6.3.1 条规定，出现下列情况之一时，应采取消除安全隐患的措施进行处理：

（1）混凝土结构或结构构件的裂缝宽度或挠度超过限值；

（2）混凝土结构或构件钢筋出现锈胀；

（3）预应力混凝土构件锚固端的封端混凝土出现裂缝、剥落、渗漏、穿孔、预应力锚具暴露；

（4）结构混凝土中氯离子含量超标或发现有碱骨料反应迹象。

8）规范第 6.3.2、6.3.3 条、6.3.4 条要求，经检测鉴定，存在安全隐患的结构应采取安全治理措施进行处理。监测期间有预警的结构，应按照监测预警机制和应急预案进行处理。遭受地震、洪水、台风、火灾、爆炸、撞击等自然灾害或者突发事件后，结构存在重大险情时，应立即采取安全治理措施。

【要点 32】混凝土结构的拆除

【规范条文】

6.1.3 混凝土结构工程拆除应进行方案设计，并应采取保证拆除过程安全的措施；预应力混凝土结构拆除尚应分析预加力解除程序。

6.1.4 混凝土结构拆除应遵循减量化、资源化和再生利用的原则，并应制定废弃物处置方案。

6.4.2 拆除作业应符合下列规定：

1 应对周边建筑物、构筑物及地下设施采取保护、防护措施；

2 对危险物质、有害物质应有处置方案和应急措施；

3 拆除过程严禁立体交叉作业；

4 在封闭空间拆除施工时，应有通风和对外沟通的措施；

5 拆除施工时发现不明物体和气体时应立即停止施工，并应采取临时防护措施。

6.4.3 拆除作业应采取减少噪声、粉尘、污水、振动、冲击和环境污染的措施。

6.4.4 机械拆除作业应根据建筑物、构筑物的高度选择拆除机械，严禁超越机械有效作业高度进行作业。拆除机械在楼盖上作业时，应由专业技术人员进行复核分析，并采取保证拆除作业安全的措施。混凝土结构工程采用逆向拆除技术时，应对拆除方案进行专门论证。

6.4.5 混凝土结构采用静态破碎拆除时，应分析确定破碎剂注入孔的尺寸并合理布置孔的位置。

6.4.6 混凝土结构采用爆破拆除时，应合理布置爆破点位置及施药量，并应采取保证周边环境安全的措施。

6.4.7 拆除物的处置应符合下列规定：

1 对可重复利用构件，应考虑其使用寿命和维护方法；

> 2 对切割的块体，应进行重复利用或再生利用；
>
> 3 对破碎的混凝土，应拟定再生利用计划；
>
> 4 对拆除的钢筋，应回收再生利用；
>
> 5 对多种材料的混合拆除物，应在取得建筑垃圾排放许可后再行处置。

【要点解析】

与混凝土结构工程新建相比，混凝土结构的拆除为数不多。由于混凝土结构及其内部钢筋具有强度高、自重大、难以切割、难以降解和消纳以及结构承受荷载较大等特点，使其拆除工作有一定难度。

为保证混凝土结构工程的拆除工作能够安全、顺利开展，规范给出了拆除工作的两项基本要求，即首先要进行方案设计，并应当遵循减量化、资源化和再生利用的原则。

1）规范第 6.1.3、6.1.4 条规定，混凝土结构工程拆除应进行方案设计，并应采取保证拆除过程安全的措施；预应力混凝土结构拆除尚应分析预加力解除程序。混凝土结构拆除方案制定时，应遵循减量化、资源化和再生利用的原则，并应制定废弃物处置方案。

2）规范第 6.4.2、6.4.3 条给出了拆除作业过程中应遵循的主要规定：

（1）应对周边建筑物、构筑物及地下设施采取保护、防护措施；

（2）对危险物质、有害物质应有处置方案和应急措施；

（3）拆除过程严禁立体交叉作业；

（4）在封闭空间拆除施工时，应有通风和对外沟通的措施；

（5）拆除施工时发现不明物体和气体时应立即停止施工，并应采取临时防护措施；

（6）拆除作业应采取减少噪声、粉尘、污水、振动、冲击和环境污染的措施。

3）规范第 6.4.4 条给出了采用机械拆除混凝土结构时的基本要求：应根据建筑物、构筑物的高度选择拆除机械，严禁超越机械有效作业高度进行作业。拆除机械在楼盖上作业时，应由专业技术人员进行复核分析，并采取保证拆除作业安全的措施。混凝土结构工程采用逆向拆除技术时，应对拆除方案进行专门论证。

4）规范第 6.4.5 条给出了当采用静态破碎拆除混凝土结构时，应分析确定破碎剂注入孔的尺寸并合理布置孔的位置。

5）规范第 6.4.6 条给出了当采用爆破法拆除混凝土结构时，应合理布置爆破点位置及施药量，并应采取保证周边环境安全的措施。

6）规范第 6.4.7 条给出了混凝土结构拆除物处置的基本要求：

（1）对可重复利用构件，应考虑其使用寿命和维护方法；

（2）对切割的块体，应进行重复利用或再生利用；

（3）对破碎的混凝土，应拟定再生利用计划；

（4）对拆除的钢筋，应回收再生利用；

（5）对多种材料的混合拆除物，应在取得建筑垃圾排放许可后再行处置。

附录：《混凝土结构通用规范》GB 55008—2021 节选
（引自住房和城乡建设部官网）

目　　次

1 总则

1.0.1 为保障混凝土结构工程质量、人民生命财产安全和人身健康，促进混凝土结构工程绿色高质量发展，制定本规范。

1.0.2 混凝土结构工程必须执行本规范。

1.0.3 工程建设所采用的技术方法和措施是否符合本规范要求，由相关责任主体判定。其中，创新性的技术方法和措施，应进行论证并符合本规范中有关性能的要求。

2 基本规定

2.0.1 混凝土结构工程应确定其结构设计工作年限、结构安全等级、抗震设防类别、结构上的作用和作用组合；应进行结构承载能力极限状态、正常使用极限状态和耐久性设计，并应符合工程的功能和结构性能要求。

2.0.2 结构混凝土强度等级的选用应满足工程结构的承载力、刚度及耐久性需求。对设计工作年限为 50 年的混凝土结构，结构混凝土的强度等级尚应符合下列规定；对设计工作年限大于 50 年的混凝土结构，结构混凝土的最低强度等级应比下列规定提高。

1 素混凝土结构构件的混凝土强度等级不应低于 C20；钢筋混凝土结构构件的混凝土强度等级不应低于 C25；预应力混凝土楼板结构的混凝土强度等级不应低于 C30，其他预应力混凝土结构构件的混凝土强度等级不应低于 C40；钢-混凝土组合结构构件的混凝土强度等级不应低于 C30。

2 承受重复荷载作用的钢筋混凝土结构构件，混凝土强度等级不应低于 C30。

3 抗震等级不低于二级的钢筋混凝土结构构件，混凝土强度等级不应低于 C30。

4 采用 500MPa 及以上等级钢筋的钢筋混凝土结构构件，混凝土强度等级不应低于 C30。

2.0.3 混凝土结构用普通钢筋、预应力筋应具有符合工程结构在承载能力极限状态和正常使用极限状态下需求的强度和延伸率。

2.0.4 混凝土结构用普通钢筋、预应力筋及结构混凝土的强度标准值应具有不小于 95% 的保证率；其强度设计值取值应符合下列规定：

1 结构混凝土强度设计值应按其强度标准值除以材料分项系数确定，且材料分项系数取值不应小于 1.4；

2 普通钢筋、预应力筋的强度设计值应按其强度标准值分别除以普通钢筋、预应力筋材料分项系数确定，普通钢筋、预应力筋的材料分项系数应根据工程结构的可靠性要求综合考虑钢筋的力学性能、工艺性能、表面形状等因素确定；

3 普通钢筋材料分项系数取值不应小于 1.1，预应力筋材料分项系数取值不应小于 1.2。

2.0.5 混凝土结构应根据结构的用途、结构暴露的环境和结构设计工作年限采取保障混凝土结构耐久性能的措施。

2.0.6 钢筋混凝土结构构件、预应力混凝土结构构件应采取保证钢筋、预应力筋与混凝土材料在各种工况下协同工作性能的设计和施工措施。

2.0.7 结构混凝土应进行配合比设计，并应采取保证混凝土拌合物性能、混凝土力学性能和耐久性能的措施。

2.0.8 混凝土结构应从设计、材料、施工、维护各环节采取控制混凝土裂缝的措施。混凝土构件受力裂缝的计算应符合下列规定：

1 不允许出现裂缝的混凝土构件，应根据实际情况控制混凝土截面不产生拉应力或控制最大拉应力不超过混凝土抗拉强度标准值；

2 允许出现裂缝的混凝土构件，应根据构件类别与环境类别控制受力裂缝宽度，使其不致影响设计工作年限内的结构受力性能、使用性能和耐久性能。

2.0.9 混凝土结构构件的最小截面尺寸应满足结构承载力极限状态、正常使用极限状态的计算要求，并应满足结构耐久性、防水、防火、配筋构造及混凝土浇筑施工要求。

2.0.10 混凝土结构中的普通钢筋、预应力筋应设置混凝土保护层，混凝土保护层厚度应符合下列规定：

1 满足普通钢筋、有粘结预应力筋与混凝土共同工作性能要求；

2 满足混凝土构件的耐久性能及防火性能要求；

3 不应小于普通钢筋的公称直径，且不应小于 15mm。

2.0.11 当施工中进行混凝土结构构件的钢筋、预应力筋代换时，应符合设计规定的构件承载能力、正常使用、配筋构造及耐久性能要求，并应取得设计变更文件。

2.0.12 进行混凝土结构加固、改造时，应考虑既有混凝土结构、结构构件的实际几何尺寸、材料强度、配筋状况、连接构造、既有缺陷、耐久性退化等影响因素进行结构设计，并应考虑既有结构与新设混凝土结构、既有结构构件与新设混凝土结构构件、既有混凝土与后浇混凝土组合构件的协同工作效应。

3 材料

3.1 混凝土

3.1.1 结构混凝土用水泥主要控制指标应包括凝结时间、安定性、胶砂强度和氯离子含量。水泥中使用的混合材品种和掺量应在出厂文件中明示。

3.1.2 结构混凝土用砂应符合下列规定：

1 砂的坚固性指标不应大于 10%；对于有抗渗、抗冻、抗腐蚀、耐磨或其他特殊要求的混凝土，砂的含泥量和泥块含量分别不应大于 3.0% 和 1.0%，坚固性指标不应大于 8%；高强混凝土用砂的含泥量和泥块含量分别不应大于 2.0% 和 0.5%；机制砂应按石粉的亚甲蓝值指标和石粉的流动比指标控制石粉含量。

2 混凝土结构用海砂必须经过净化处理。

3 钢筋混凝土用砂的氯离子含量不应大于 0.03%，预应力混凝土用砂的氯离子含量不应大于 0.01%。

3.1.3 结构混凝土用粗骨料的坚固性指标不应大于 12%；对于有抗渗、抗冻、抗腐蚀、耐磨或其他特殊要求的混凝土，粗骨料中含泥量和泥块含量分别不应大于 1.0% 和

0.5％，坚固性指标不应大于8％；高强混凝土用粗骨料的含泥量和泥块含量分别不应大于0.5％和0.2％。

3.1.4 结构混凝土用外加剂应符合下列规定：

1 含有六价铬、亚硝酸盐和硫氰酸盐成分的混凝土外加剂，不应用于饮水工程中建成后与饮用水直接接触的混凝土。

2 含有强电解质无机盐的早强型普通减水剂、早强剂、防冻剂和防水剂，严禁用于下列混凝土结构：

1）与镀锌钢材或铝材相接触部位的混凝土结构；

2）有外露钢筋、预埋件而无防护措施的混凝土结构；

3）使用直流电源的混凝土结构；

4）距离高压直流电源100m以内的混凝土结构。

3 含有氯盐的早强型普通减水剂、早强剂、防水剂和氯盐类防冻剂，不应用于预应力混凝土、钢筋混凝土和钢纤维混凝土结构。

4 含有硝酸铵、碳酸铵的早强型普通减水剂、早强剂和含有硝酸铵、碳酸铵、尿素的防冻剂，不应用于民用建筑工程。

5 含有亚硝酸盐、碳酸盐的早强型普通减水剂、早强剂、防冻剂和含有硝酸盐的阻锈剂，不应用于预应力混凝土结构。

3.1.5 混凝土拌合用水应控制pH、硫酸根离子含量、氯离子含量、不溶物含量、可溶物含量；当混凝土骨料具有碱活性时，还应控制碱含量；地表水、地下水、再生水在首次使用前应检测放射性。

3.1.6 结构混凝土配合比设计应按照混凝土的力学性能、工作性能和耐久性要求确定各组成材料的种类、性能及用量要求。当混凝土用砂的氯离子含量大于0.003％时，水泥的氯离子含量不应大于0.025％，拌合用水的氯离子含量不应大于250mg/L。

3.1.7 结构混凝土采用的骨料具有碱活性及潜在碱活性时，应采取措施抑制碱骨料反应，并应验证抑制措施的有效性。

3.1.8 结构混凝土中水溶性氯离子最大含量不应超过表3.1.8的规定值。计算水溶性氯离子最大含量时，辅助胶凝材料的量不应大于硅酸盐水泥的量。

结构混凝土中水溶性氯离子最大含量   表3.1.8

环境条件	水溶性氯离子最大含量（％，按胶凝材料用量的质量百分比计）	
	钢筋混凝土	预应力混凝土
干燥环境	0.30	0.06
潮湿但不含氯离子的环境	0.20	0.06
潮湿且含有氯离子的环境	0.15	0.06
除冰盐等侵蚀性物质的腐蚀环境、盐渍土环境	0.10	0.06

3.2 钢筋

3.2.1 普通钢筋的材料分项系数取值不应小于表3.2.1的规定。

普通钢筋的材料分项系数最小取值 表 3.2.1

钢筋种类	光圆钢筋	热轧钢筋		冷轧带肋钢筋
强度等级（MPa）	300	400	500	—
材料分项系数	1.10	1.10	1.15	1.25

3.2.2 热轧钢筋、余热处理钢筋、冷轧带肋钢筋及预应力筋的最大力总延伸率限值不应小于表 3.2.2 的规定。

热轧钢筋、冷轧带肋钢筋及预应力筋的最大力总延伸率限值 δ_{gt}（%） 表 3.2.2

牌号或种类	热轧钢筋				冷轧带肋钢筋		预应力筋	
	HPB300	HRB400 HRBF400 HRB500 HRBF500	HRB400E HRB500E	RRB400	CRB550	CRB600H	中强度预应力钢丝、预应力冷轧带肋钢筋	消除应力钢丝、钢绞线、预应力螺纹钢筋
δ_{gt}	10.0	7.5	9.0	5.0	2.5	5.0	4.0	4.5

3.2.3 对按一、二、三级抗震等级设计的房屋建筑框架和斜撑构件，其纵向受力普通钢筋性能应符合下列规定：

1 抗拉强度实测值与屈服强度实测值的比值不应小于 1.25；

2 屈服强度实测值与屈服强度标准值的比值不应大于 1.30；

3 最大力总延伸率实测值不应小于 9%。

3.3 其他材料

3.3.1 预应力筋-锚具组装件静载锚固性能应符合下列规定：

1 组装件实测极限抗拉力不应小于母材实测极限抗拉力的 95%；

2 组装件总伸长率不应小于 2.0%。

3.3.2 钢筋机械连接接头的实测极限抗拉强度应符合表 3.3.2 的规定。

接头的实测极限抗拉强度 表 3.3.2

接头等级	Ⅰ级	Ⅱ级	Ⅲ级
接头的实测极限抗拉强度 f_{mst}^{0}	$f_{mst}^{0} \geqslant f_{stk}$ 钢筋拉断；或 $f_{mst}^{0} \geqslant 1.10 f_{stk}$ 连接件破坏	$f_{mst}^{0} \geqslant f_{stk}$	$f_{mst}^{0} \geqslant 1.25 f_{yk}$

注：1 表中 f_{stk} 为钢筋极限抗拉强度标准值，f_{yk} 为钢筋屈服强度标准值；

2 连接件破坏指断于套筒、套筒纵向开裂或钢筋从套筒中拔出以及其他形式的连接组件破坏。

3.3.3 钢筋套筒灌浆连接接头的实测极限抗拉强度不应小于连接钢筋的抗拉强度标准值，且接头破坏应位于套筒外的连接钢筋。

4 设计

4.1 一般规定

4.1.1 混凝土结构上的作用及其作用效应计算应符合下列规定：

1 应计算重力荷载、风荷载及地震作用及其效应；

2 当温度变化对结构性能影响不能忽略时，应计算温度作用及作用效应；

3 当收缩、徐变对结构性能影响不能忽略时，应计算混凝土收缩、徐变对结构性能的影响；

4 当建设项目要求考虑偶然作用时，应按要求计算偶然作用及其作用效应；

5 直接承受动力及冲击荷载作用的结构或结构构件应考虑结构动力效应；

6 预制混凝土构件的制作、运输、吊装及安装过程中应考虑相应的结构动力效应。

4.1.2 应根据工程所在地的抗震设防烈度、场地类别、设计地震分组及工程的抗震设防类别、抗震性能要求确定混凝土结构的抗震设防目标和抗震措施。

4.1.3 采用应力表达式进行混凝土结构构件的承载能力极限状态计算时，应符合下列规定：

1 应根据设计状况和构件性能设计目标确定混凝土和钢筋的强度取值；

2 钢筋设计应力不应大于钢筋的强度取值；

3 混凝土设计应力不应大于混凝土的强度取值。

4.1.4 装配式混凝土结构应根据结构性能以及构件生产、安装施工的便捷性要求确定连接构造方式并进行连接及节点设计。

4.1.5 混凝土结构构件之间、非结构构件与结构构件之间的连接应符合下列规定：

1 应满足被连接构件之间的受力及变形性能要求；

2 非结构构件与结构构件的连接应适应主体结构变形需求；

3 连接不应先于被连接构件破坏。

4.2 结构体系

4.2.1 混凝土结构体系应满足工程的承载能力、刚度和延性性能要求。

4.2.2 混凝土结构体系设计应符合下列规定：

1 不应采用混凝土结构构件与砌体结构构件混合承重的结构体系；

2 房屋建筑结构应采用双向抗侧力结构体系；

3 抗震设防烈度为 9 度的高层建筑，不应采用带转换层的结构、带加强层的结构、错层结构和连体结构。

4.2.3 房屋建筑的混凝土楼盖应满足楼盖竖向振动舒适度要求；混凝土结构高层建筑应满足 10 年重现期水平风荷载作用的振动舒适度要求。

4.3 结构分析

4.3.1 混凝土结构进行正常使用阶段和施工阶段的作用效应分析时应采用符合工程

实际的结构分析模型。

4.3.2　结构分析模型应符合下列规定：

1　应确定结构分析模型中采用的结构及构件几何尺寸、结构材料性能指标、计算参数、边界条件及计算简图；

2　应确定结构上可能发生的作用及其组合、初始状态等；

3　当采用近似假定和简化模型时，应有理论、试验依据及工程实践经验。

4.3.3　结构计算分析应符合下列规定：

1　满足力学平衡条件；

2　满足主要变形协调条件；

3　采用合理的钢筋与混凝土本构关系或构件的受力-变形关系；

4　计算结果的精度应满足工程设计要求。

4.3.4　混凝土结构采用静力或动力弹塑性分析方法进行结构分析时，应符合下列规定：

1　结构与构件尺寸、材料性能、边界条件、初始应力状态、配筋等应根据实际情况确定；

2　材料的性能指标应根据结构性能目标需求取强度标准值、实测值；

3　分析结果用于承载力设计时，应根据不确定性对结构抗力进行调整。

4.3.5　混凝土结构应进行结构整体稳定分析计算和抗倾覆验算，并应满足工程需要的安全性要求。

4.3.6　大跨度、长悬臂的混凝土结构或结构构件，当抗震设防烈度不低于 7 度（0.15g）时应进行竖向地震作用计算分析。

4.4　构件设计

4.4.1　混凝土结构构件应根据受力状况分别进行正截面、斜截面、扭曲截面、受冲切和局部受压承载力计算；对于承受动力循环作用的混凝土结构或构件，尚应进行构件的疲劳承载力验算。

4.4.2　正截面承载力计算应采用符合工程需求的混凝土应力-应变本构关系，并应满足变形协调和静力平衡条件。正截面承载力简化计算时，应符合下列假定：

1　截面应变保持平面；

2　不考虑混凝土的抗拉作用；

3　应确定混凝土的应力—应变本构关系；

4　纵向受拉钢筋的极限拉应变取为 0.01；

5　纵向钢筋的应力取钢筋应变与其弹性模量的乘积，且钢筋应力不应超过钢筋抗压、抗拉强度设计值；对于轴心受压构件，钢筋的抗压强度设计值取值不应超过 $400N/mm^2$；

6　纵向预应力筋的应力取预应力筋应变与其弹性模量的乘积，且预应力筋应力不应大于其抗拉强度设计值。

4.4.3　对大体积或复杂截面形状的混凝土结构构件进行应力分析和设计时，应符合下列规定：

1　混凝土和钢筋的强度取值及验算应符合本规范第 4.1.3 条的规定；

2 应按主拉应力设计值的合力在配筋方向的投影确定配筋量、按主拉应力的分布确定钢筋布置，并应符合相应的构造要求。

4.4.4 混凝土结构构件的最小截面尺寸应符合下列规定：

1 矩形截面框架梁的截面宽度不应小于 200mm；

2 矩形截面框架柱的边长不应小于 300mm，圆形截面柱的直径不应小于 350mm；

3 高层建筑剪力墙的截面厚度不应小于 160mm，多层建筑剪力墙的截面厚度不应小于 140mm；

4 现浇钢筋混凝土实心楼板的厚度不应小于 80mm，现浇空心楼板的顶板、底板厚度均不应小于 50mm；

5 预制钢筋混凝土实心叠合楼板的预制底板及后浇混凝土厚度均不应小于 50mm。

4.4.5 混凝土结构中普通钢筋、预应力筋应采取可靠的锚固措施。普通钢筋锚固长度取值应符合下列规定：

1 受拉钢筋锚固长度应根据钢筋的直径、钢筋及混凝土抗拉强度、钢筋的外形、钢筋锚固端的形式、结构或结构构件的抗震等级进行计算；

2 受拉钢筋锚固长度不应小于 200mm；

3 对受压钢筋，当充分利用其抗压强度并需锚固时，其锚固长度不应小于受拉钢筋锚固长度的 70%。

4.4.6 除本规范另有规定外，钢筋混凝土结构构件中纵向受力普通钢筋的配筋率不应小于表 4.4.6 的规定值，并应符合下列规定：

1 当采用 C60 以上强度等级的混凝土时，受压构件全部纵向普通钢筋最小配筋率应按表中的规定值增加 0.10% 采用；

2 除悬臂板、柱支承板之外的板类受弯构件，当纵向受拉钢筋采用强度等级 500MPa 的钢筋时，其最小配筋率应允许采用 0.15% 和 $0.45f_t/f_y$ 中的较大值；

3 对于卧置于地基上的钢筋混凝土板，板中受拉普通钢筋的最小配筋率不应小于 0.15%。

纵向受力普通钢筋的最小配筋率（%）   表 4.4.6

受力构件类型			最小配筋率
受压构件	全部纵向钢筋	强度等级 500MPa	0.50
		强度等级 400MPa	0.55
		强度等级 300MPa	0.60
	一侧纵向钢筋		0.20
受弯构件、偏心受拉、轴心受拉构件一侧的受拉钢筋			0.20 和 $45f_t/f_y$ 中的较大值

4.4.7 混凝土房屋建筑结构中剪力墙的最小配筋率及构造尚应符合下列规定：

1 剪力墙的竖向和水平分布钢筋的配筋率，一、二、三级抗震等级时均不应小于 0.25%，四级时不应小于 0.20%。

2 高层房屋建筑框架-剪力墙结构、板柱-剪力墙结构、筒体结构中，剪力墙的竖向、水平向分布钢筋的配筋率均不应小于 0.25%，并应至少双排布置，各排分布钢筋之间应设置拉筋，拉筋的直径不应小于 6mm，间距不应大于 600mm。

3 房屋高度不大于 10m 且不超过三层的混凝土剪力墙结构，剪力墙分布钢筋的最小配筋率应允许适当降低，但不应小于 0.15%。

4 部分框支剪力墙结构房屋建筑中，剪力墙底部加强部位墙体的水平和竖向分布钢筋的最小配筋率均不应小于 0.30%，钢筋间距不应大于 200mm，钢筋直径不应小于 8mm。

4.4.8 房屋建筑混凝土框架梁设计应符合下列规定：

1 计入受压钢筋作用的梁端截面混凝土受压区高度与有效高度之比值，一级不应大于 0.25，二级、三级不应大于 0.35。

2 纵向受拉钢筋的最小配筋率不应小于表 4.4.8-1 规定的数值。

梁纵向受拉钢筋最小配筋率（%）　　　　　　　表 4.4.8-1

抗震等级	位置	
	支座（取较大值）	跨中（取较大值）
一级	0.40 和 $80f_t/f_y$	0.30 和 $65f_t/f_y$
二级	0.30 和 $65f_t/f_y$	0.25 和 $55f_t/f_y$
三、四级	0.25 和 $55f_t/f_y$	0.20 和 $45f_t/f_y$

3 梁端截面的底面和顶面纵向钢筋截面面积的比值，除按计算确定外，一级不应小于 0.5，二级、三级不应小于 0.3。

4 梁端箍筋的加密区长度、箍筋最大间距和最小直径应符合表 4.4.8-2 的要求；一级、二级抗震等级框架梁，当箍筋直径大于 12mm、肢数不少于 4 肢且肢距不大于 150mm 时，箍筋加密区最大间距应允许放宽到不大于 150mm。

梁端箍筋加密区的长度、箍筋最大间距和最小直径　　　　表 4.4.8-2

抗震等级	加密区长度（取较大值）(mm)	箍筋最大间距（取最小值）(mm)	箍筋最小直径等级(mm)
一	$2.0h_b$, 500	$h_b/4$, 6d, 100	10
二	$1.5h_b$, 500	$h_b/4$, 8d, 100	8
三	$1.5h_b$, 500	$h_b/4$, 8d, 150	8
四	$1.5h_b$, 500	$h_b/4$, 8d, 150	6

注：表中 d 为纵向钢筋直径，h_b 为梁截面高度。

4.4.9 混凝土柱纵向钢筋和箍筋配置应符合下列规定：

1 柱全部纵向普通钢筋的配筋率不应小于表 4.4.9-1 的规定，且柱截面每一侧纵向普通钢筋配筋率不应小于 0.20%；当柱的混凝土强度等级为 C60 以上时，应按表中规定值增加 0.10% 采用；当采用 400MPa 级纵向受力钢筋时，应按表中规定值增加 0.05% 采用。

柱纵向受力钢筋最小配筋率（%）　　　　　　　表 4.4.9-1

柱类型	抗震等级			
	一级	二级	三级	四级
中柱、边柱	0.90(1.00)	0.70(0.80)	0.60(0.70)	0.50(0.60)
角柱、框支柱	1.10	0.90	0.80	0.70

注：表中括号内数值用于房屋建筑纯框架结构柱。

2 柱箍筋在规定的范围内应加密，且加密区的箍筋间距和直径应符合下列规定：

1）箍筋加密区的箍筋最大间距和最小直径应按表 4.4.9-2 采用。

柱箍筋加密区的箍筋最大间距和最小直径　　　　　　　　表 4.4.9-2

抗震等级	箍筋最大间距(mm)	箍筋最小直径(mm)
一级	6d 和 100 的较小值	10
二级	8d 和 100 的较小值	8
三级、四级	8d 和 150(柱根 100)的较小值	8

注：表中 d 为柱纵向普通钢筋的直径（mm）；柱根指柱底部嵌固部位的加密区范围。

2）一级框架柱的箍筋直径大于 12mm 且箍筋肢距不大于 150mm 及二级框架柱箍筋直径不小于 10mm 且肢距不大于 200mm 时，除柱根外加密区箍筋最大间距应允许采用 150mm；三级、四级框架柱的截面尺寸不大于 400mm 时，箍筋最小直径应允许采用 6mm。

3）剪跨比不大于 2 的柱，箍筋应全高加密，且箍筋间距不应大于 100mm。

4.4.10 混凝土转换梁设计应符合下列规定：

1 转换梁上、下部纵向钢筋的最小配筋率，特一级、一级和二级分别不应小于 0.60%、0.50%和 0.40%，其他情况不应小于 0.30%。

2 离柱边 1.5 倍梁截面高度范围内的梁箍筋应加密，加密区箍筋直径不应小于 10mm，间距不应大于 100mm。加密区箍筋的最小面积配筋率，特一级、一级和二级分别不应小于 $1.3f_t/f_{yv}$、$1.2f_t/f_{yv}$ 和 $1.1f_t/f_{yv}$，其他情况不应小于 $0.9f_t/f_{yv}$。

3 偏心受拉的转换梁的支座上部纵向钢筋至少应有 50%沿梁全长贯通，下部纵向钢筋应全部直通到柱内；沿梁腹板高度应配置间距不大于 200mm、直径不小于 16mm 的腰筋。

4.4.11 混凝土转换柱设计应符合下列规定：

1 转换柱箍筋应采用复合螺旋箍或井字复合箍，并应沿柱全高加密，箍筋直径不应小于 10mm，箍筋间距不应大于 100mm 和 6 倍纵向钢筋直径的较小值；

2 转换柱的箍筋配箍特征值应比普通框架柱要求的数值增加 0.02 采用，且箍筋体积配箍率不应小于 1.50%。

4.4.12 带加强层高层建筑结构设计应符合下列规定：

1 加强层及其相邻层的框架柱、核心筒剪力墙的抗震等级应提高一级采用，已经为特一级时应允许不再提高；

2 加强层及其相邻层的框架柱，箍筋应全柱段加密配置，轴压比限值应按其他楼层框架柱的数值减小 0.05 采用；

3 加强层及其相邻层核心筒剪力墙应设置约束边缘构件。

4.4.13 房屋建筑错层结构设计应符合下列规定：

1 错层处框架柱的混凝土强度等级不应低于 C30，箍筋应全柱段加密配置；抗震等级应提高一级采用，已经为特一级时应允许不再提高。

2 错层处平面外受力的剪力墙的承载力应适当提高，剪力墙截面厚度不应小于 250mm，混凝土强度等级不应低于 C30，水平和竖向分布钢筋的配筋率不应小于 0.50%。

4.4.14 房屋建筑连接体及与连接体相连的结构构件应符合下列规定:

1 连接体及与连接体相连的结构构件在连接体高度范围及其上、下层,抗震等级应提高一级采用,一级应提高至特一级,已经为特一级时应允许不再提高;

2 与连接体相连的框架柱在连接体高度范围及其上、下层,箍筋应全柱段加密配置,轴压比限值应按其他楼层框架柱的数值减小 0.05 采用;

3 与连接体相连的剪力墙在连接体高度范围及其上、下层应设置约束边缘构件。

5 施工及验收

5.1 一般规定

5.1.1 混凝土结构工程施工应确保实现设计要求,并应符合下列规定:

1 应编制施工组织设计、施工方案并实施;

2 应制定资源节约和环境保护措施并实施;

3 应对已完成的实体进行保护,且作用在已完成实体上的荷载不应超过规定值。

5.1.2 材料、构配件、器具和半成品应进行进场验收,合格后方可使用。

5.1.3 应对隐蔽工程进行验收并做好记录。

5.1.4 模板拆除、预制构件起吊、预应力筋张拉和放张时,同条件养护的混凝土试件应达到规定强度。

5.1.5 混凝土结构的外观质量不应有严重缺陷及影响结构性能和使用功能的尺寸偏差。

5.1.6 应对涉及混凝土结构安全的代表性部位进行实体质量检验。

5.2 模板工程

5.2.1 模板及支架应根据施工过程中的各种控制工况进行设计,并应满足承载力、刚度和整体稳固性要求。

5.2.2 模板及支架应保证混凝土结构和构件各部分形状、尺寸和位置准确。

5.3 钢筋及预应力工程

5.3.1 钢筋机械连接或焊接连接接头试件应从完成的实体中截取,并应按规定进行性能检验。

5.3.2 锚具或连接器进场时,应检验其静载锚固性能。由锚具或连接器、锚垫板和局部加强钢筋组成的锚固系统,在规定的结构实体中,应能可靠传递预加力。

5.3.3 钢筋和预应力筋应安装牢固、位置准确。

5.3.4 预应力筋张拉后应可靠锚固,且不应有断丝或滑丝。

5.3.5 后张预应力孔道灌浆应密实饱满,并应具有规定的强度。

5.4 混凝土工程

5.4.1 混凝土运输、输送、浇筑过程中严禁加水;运输、输送、浇筑过程中散落的混凝土严禁用于结构浇筑。

5.4.2 应对结构混凝土强度等级进行检验评定，试件应在浇筑地点随机抽取。

5.4.3 结构混凝土浇筑应密实，浇筑后应及时进行养护。

5.4.4 大体积混凝土施工应采取混凝土内外温差控制措施。

<h3 style="text-align:center">5.5 装配式结构工程</h3>

5.5.1 预制构件连接应符合设计要求，并应符合下列规定：

1 套筒灌浆连接接头应进行工艺检验和现场平行加工试件性能检验；灌浆应饱满密实。

2 浆锚搭接连接的钢筋搭接长度应符合设计要求，灌浆应饱满密实。

3 螺栓连接应进行工艺检验和安装质量检验。

4 钢筋机械连接应制作平行加工试件，并进行性能检验。

5.5.2 预制叠合构件的接合面、预制构件连接节点的接合面，应按设计要求做好界面处理并清理干净，后浇混凝土应饱满、密实。

<h1 style="text-align:center">6 维护及拆除</h1>

<h2 style="text-align:center">6.1 一般规定</h2>

6.1.1 混凝土结构应根据结构类型、安全性等级及使用环境，建立全寿命周期内的结构使用、维护管理制度。

6.1.2 应对重要混凝土结构建立维护数据库和信息化管理平台。

6.1.3 混凝土结构工程拆除应进行方案设计，并应采取保证拆除过程安全的措施；预应力混凝土结构拆除尚应分析预加力解除程序。

6.1.4 混凝土结构拆除应遵循减量化、资源化和再生利用的原则，并应制定废弃物处置方案。

<h2 style="text-align:center">6.2 结构维护</h2>

6.2.1 混凝土结构日常维护应检查结构外观与荷载变化情况。结构构件外观应重点检查裂缝、挠度、冻融、腐蚀、钢筋锈蚀、保护层脱落、渗漏水、不均匀沉降以及人为开洞、破损等损伤。预应力混凝土构件应重点检查是否有裂缝、锚固端是否松动。对于沿海或酸性环境中的混凝土结构，应检查混凝土表面的中性化和腐蚀状况。

6.2.2 对于严酷环境中的混凝土结构，应制定针对性维护方案。

6.2.3 满足下列条件之一时，应对结构进行检测与鉴定：

1 接近或达到设计工作年限，仍需继续使用的结构；

2 出现危及使用安全迹象的结构；

3 进行结构改造、改变使用性质、承载能力受损或增加荷载的结构；

4 遭受地震、台风、火灾、洪水、爆炸、撞击等灾害事故后出现损伤的结构；

5 受周边施工影响安全的结构；

6 日常检查评估确定应检测的结构。

6.2.4 对硬化混凝土的水泥安定性有异议时，应对水泥中游离氧化钙的潜在危害进行检测。

6.2.5 应对下列混凝土结构的结构性态与安全进行监测：

1 高度 350m 及以上的高层与高耸结构；

2 施工过程导致结构最终位形与设计目标位形存在较大差异的高层与高耸结构；

3 带有隔震体系的高层与高耸或复杂结构；

4 跨度大于 50m 的钢筋混凝土薄壳结构。

6.2.6 监测期间尚应进行巡视检查与系统维护；台风、洪水等特殊情况时，应增加监测频次。

6.2.7 混凝土结构监测应设定监测预警值，监测预警值应满足工程设计及对被监测对象的控制要求。

6.2.8 超过结构设计工作年限或使用期超过 50 年的桥梁结构应进行检测评估，且检测评估周期不应超过 10 年。

6.3 结构处置

6.3.1 出现下列情况之一时，应采取消除安全隐患的措施进行处理：

1 混凝土结构或结构构件的裂缝宽度或挠度超过限值；

2 混凝土结构或构件钢筋出现锈胀；

3 预应力混凝土构件锚固端的封端混凝土出现裂缝、剥落、渗漏、穿孔、预应力锚具暴露；

4 结构混凝土中氯离子含量超标或发现有碱骨料反应迹象。

6.3.2 经检测鉴定，存在安全隐患的结构应采取安全治理措施进行处理。

6.3.3 监测期间有预警的结构，应按照监测预警机制和应急预案进行处理。

6.3.4 遭受地震、洪水、台风、火灾、爆炸、撞击等自然灾害或者突发事件后，结构存在重大险情时，应立即采取安全治理措施。

6.4 拆除

6.4.1 拆除工程的结构分析应符合下列规定：

1 应按短暂设计状况进行结构分析；

2 应考虑拆除过程可能出现的最不利情况；

3 分析应涵盖拆除全过程，应考虑构件约束条件的改变。

6.4.2 拆除作业应符合下列规定：

1 应对周边建筑物、构筑物及地下设施采取保护、防护措施；

2 对危险物质、有害物质应有处置方案和应急措施；

3 拆除过程严禁立体交叉作业；

4 在封闭空间拆除施工时，应有通风和对外沟通的措施；

5 拆除施工时发现不明物体和气体时应立即停止施工，并应采取临时防护措施。

6.4.3 拆除作业应采取减少噪声、粉尘、污水、振动、冲击和环境污染的措施。

6.4.4 机械拆除作业应根据建筑物、构筑物的高度选择拆除机械，严禁超越机械有效作业高度进行作业。拆除机械在楼盖上作业时，应由专业技术人员进行复核分析，并采取保证拆除作业安全的措施。混凝土结构工程采用逆向拆除技术时，应对拆除方案进行专门论证。

6.4.5 混凝土结构采用静态破碎拆除时，应分析确定破碎剂注入孔的尺寸并合理布置孔的位置。

6.4.6 混凝土结构采用爆破拆除时，应合理布置爆破点位置及施药量，并应采取保证周边环境安全的措施。

6.4.7 拆除物的处置应符合下列规定：

1 对可重复利用构件，应考虑其使用寿命和维护方法；

2 对切割的块体，应进行重复利用或再生利用；

3 对破碎的混凝土，应拟定再生利用计划；

4 对拆除的钢筋，应回收再生利用；

5 对多种材料的混合拆除物，应在取得建筑垃圾排放许可后再行处置。

第4章 《施工脚手架通用规范》GB 55023—2022

【要点1】规范的思路与基本架构

了解规范的思路与基本架构，是全面、深入学习规范的基础。《施工脚手架通用规范》GB 55023—2022 共计6章77条，包括：

第1章 总则（4条）

第2章 基本规定（6条）

第3章 材料与构配件（5条）

第4章 设计（33条）

    4.1 一般规定（4）

    4.2 荷载（7）

    4.3 结构设计（6）

    4.4 构造要求（16）

第5章 搭设、使用与拆除（24条）

    5.1 个人防护（4）

    5.2 搭设（4）

    5.3 使用（11）

    5.4 拆除（5）

第6章 检查与验收（5条）

规范关键章节是第4、5、6三章，工程建设从业人员应了解第4章的前3节关于计算的理论部分，重点掌握第4章第4节及第5、6两章的全部内容。同时需要注意，公告部分的相应现行规范的废止条款，建议视为普通条款继续使用，否则将影响原有规范的完整性和系统性。

【要点2】脚手架的性能要求

【规范条文】

> 2.0.1 脚手架性能应符合下列规定：
>
> 1 应满足承载力设计要求；
>
> 2 不应发生影响正常使用的变形；
>
> 3 应满足使用要求，并应具有安全防护功能；

> 4 附着或支撑在工程结构上的脚手架，不应使所附着的工程结构或支撑脚手架的工程结构受到损害。

【要点解析】

1. 设计理论

搭设完成可以投入使用的脚手架是一个稳定的结构，其受力符合弹性理论基础的极限状态设计，即承载能力极限状态和正常使用极限状态。上述条文中 1 是指符合承载能力极限状态设计，所谓承载能力极限状态是指结构或构件达到最大承载能力，或达到不适于继续承载的变形的极限状态，包括以下 5 种类型：

1）整个结构或结构的一部分作为刚体失去平衡（如倾覆等）。

2）结构构件或连接因超过材料强度而破坏（包括疲劳破坏），或因过度变形而不适于继续承载。

3）结构转变为机动体系（可变体系）。

4）结构或结构构件丧失稳定（如压屈等）。

5）地基丧失承载能力而破坏（如失稳等）。

条文第 2 点指符合正常使用极限状态设计，所谓正常使用极限状态是指结构或构件达到正常使用或耐久性能中某项规定限度的状态，包括以下 4 种类型：

1）影响正常使用或外观的变形（超过允许挠度）。

2）影响正常使用或耐久性能的局部损坏（包括裂缝）。

3）影响正常使用的振动。

4）影响正常使用的其他特定状态。

2. 功能要求

脚手架作为施工过程中的工具，按使用功能分为支撑脚手架和作业脚手架，两种类型的脚手架的设计荷载、用途、使用部位完全不同，因此设计之初就应确定其使用需求。同时，无论属于何种类型的脚手架，都兼有确保正常施工和作业人员安全的作用，尤其在防止人员高坠和物体打击方面。

3. 确保工程结构安全

当脚手架的竖向荷载（含自重及外力作用）由主体结构承担时，需要验算支座处工程结构自身的承载能力和变形要求，确保脚手架作业这一临时荷载作用不会影响结构安全。

【要点 3】脚手架方案编制与技术交底的相关要求

【规范条文】

> 2.0.3 脚手架搭设和拆除作业以前，应根据工程特点编制脚手架专项施工方案，并应经审批后实施。脚手架专项施工方案应包括下列主要内容：

1　工程概况和编制依据；

2　脚手架类型选择；

3　所用材料、构配件类型及规格；

4　结构与构造设计施工图；

5　结构设计计算书；

6　搭设、拆除施工计划；

7　搭设、拆除技术要求；

8　质量控制措施；

9　安全控制措施；

10　应急预案。

2.0.4　脚手架搭设和拆除作业前，应将脚手架专项施工方案向施工现场管理人员及作业人员进行安全技术交底。

2.0.6　当脚手架专项施工方案需要修改时，修改后的方案应经审批后实施。

【要点解析】

（一）脚手架方案编制的基本要求

1. 支撑脚手架方案编制

支撑脚手架通常称为模板支撑体系，工程概况中应明确支撑脚手架使用的区域及梁板结构概况、支撑体系区域的结构平面图及剖面图、搭设及拆除条件等。编制依据应包括相关法律、法规、规范性文件、标准、规范、施工合同、勘察文件、施工图纸、施工组织设计等。脚手架类型选择应参考住房城乡建设部及项目所在地建设主管部门发布的有关规定，如住房城乡建设部官网发布的《关于〈房屋市政工程禁止和限制使用技术目录〉（2022 年版）》。结构设计、构造设计应包含支撑架构配件的力学特性及几何参数、荷载组合、模板支撑体系的强度、刚度及稳定性的计算，支撑体系基础承载力、变形计算等，还需附相关图纸：支撑体系平面布置、立（剖）面图（含剪刀撑布置），梁模板支撑节点详图与结构拉结节点图，支撑体系监测平面布置图等。应急预案应包括应急处置领导小组组成与职责，包括抢险、安保、后勤、医救、善后、应急救援工作流程、联系方式，以及应急事件（重大隐患和事故）及其应急措施。救援医院信息（名称、电话、救援线路）及应急物资准备。

2. 作业脚手架方案编制

工程概况应明确搭设区域及高度、使用脚手架区域的结构平面、立（剖）面图，塔机及施工升降机布置图、施工地的气候特征和季节性天气。编制依据应包括相关法律、法规、规范性文件、标准、规范、施工合同、勘察文件、施工图纸、施工组织设计等。脚手架类型选择应综合考虑施工现场条件、施工总进度计划、施工顺序。结构设计、构造设计应包含脚手架计算书，落地脚手架计算书包含：受弯构件的强度和连接扣件的抗滑移、立杆稳定性、连墙件的强度、稳定性和连接强度、落地架立杆地基承载力、悬挑架钢梁挠度；附着式脚手架计算书包含：架体结构的稳定计算（厂家提供）、支撑结构穿墙螺栓及螺栓孔混凝土局部承压计算、连接节点计算；吊篮计算书包含：吊篮基础支撑结构承载力核算、抗倾覆验算、加高支架稳定性验算、吊篮平面布置、全剖面图、非标吊篮节点图（包括非标支腿、支腿固定稳定措施、钢丝绳非正常固定措施）、施工升降机及其他特殊部位（电梯间、高低跨、流水段）布置及构造图等。应急预案应包括应急处置领导小组组成与职责，包括抢险、安保、后勤、医救、善后、应急救援工作流程、联系方式，以及应急事件（重大隐患和事故）及其应急措施、救援医院信息（名称、电话、救援线路）及应急物资准备。

3. 脚手架工程危大工程❶及超危大工程❷范围

根据《危险性较大的分部分项工程安全管理规定》（住房和城乡建设部令第 37 号）及《危险性较大的分部分项工程安全管理规定》（建办质〔2018〕31 号）的规定，涉及脚手架的部分有：

1）危大工程范围为：

（1）混凝土模板支撑：搭设高度 5m 及以上，或搭设跨度 10m 及以上，或施工总荷载（荷载效应基本组合的设计值，以下简称设计值）$10kN/m^2$ 及以上，或集中线荷载（设计值）15kN/m 及以上，或高度大于支撑水平投影宽度且相对独立无联系构件的混凝土模板支撑工程。

（2）承重支撑体系：用于钢结构安装等满堂支撑体系。

（3）搭设高度 24m 及以上的落地式钢管脚手架工程（包括采光井、电梯井脚手架）。

（4）附着式升降脚手架工程。

（5）悬挑式脚手架工程。

（6）高处作业吊篮。

（7）卸料平台、操作平台工程。

（8）异型脚手架工程。

2）超危大工程范围为：

（1）混凝土模板支撑工程：搭设高度 8m 及以上，或搭设跨度 18m 及以上，或施工总荷载（设计值）$15kN/m^2$ 及以上，或集中线荷载（设计值）20kN/m 及以上。

（2）用于钢结构安装等满堂支撑体系，承受单点集中荷载 7kN 及以上。

（3）搭设高度 50m 及以上的落地式钢管脚手架工程。

（4）提升高度在 150m 及以上的附着式升降脚手架工程或附着式升降操作平台工程。

（5）分段架体搭设高度 20m 及以上的悬挑式脚手架工程。

4. 涉及脚手架的危大、超危大分部分项方案编制需注意

1）实行施工总承包的，施工方案应当由施工总承包单位组织编制。危大工程实行分包的，专项施工方案可以由专业分包单位组织编制。

2）专项施工方案应当由施工单位技术负责人审核签字、加盖单位公章，并由总监理工程师审查签字、加盖执业印章后方可实施。

---

❶ 指危险性较大的分部分项工程。
❷ 指超过一定规模的危大工程。

3）危大工程实行分包并由分包单位编制专项施工方案的，专项施工方案应当由总承包单位技术负责人及分包单位技术负责人共同审核签字并加盖单位公章。

4）对于超过一定规模的危大工程，施工单位应当组织召开专家论证会对专项施工方案进行论证。实行施工总承包的，由施工总承包单位组织召开专家论证会。专家论证前专项施工方案应当通过施工单位审核和总监理工程师审查。

5. 监理细则编制注意事项

1）应针对脚手架危大工程单独编制监理实施细则。

2）监理细则编制应结合本工程特点，要在充分掌握图纸、施工组织设计、专项施工方案、施工进度计划、季节性因素、相应现行规范及通规要求后编制，且过程需不断修订和完善。

（二）脚手架技术交底的相关要求

1. 交底对象

1）由组织编制脚手架方案的项目技术负责人向施工现场的管理人员进行方案交底。

2）由施工现场的管理人员向作业人员进行安全技术交底。

2. 交底内容

1）向现场管理人员交底主要内容为：脚手架/模板支撑体系的选择、施工工艺、材料、设备、施工条件、安全技术措施、应急处理措施等。

2）向作业人员进行交底的主要内容为：脚手架搭设具体参数要求（步距、立杆间距等）、架体构造措施、安全作业注意事项等。

（三）脚手架施工方案的"权威性"

脚手架方案经过审批或论证通过后，现场搭设及使用过程中，施工方不得擅自改变其结构体系：如撤除局部立杆、横杆、连墙件、使用不配套的连接件等，易造成局部结构受力失稳，导致安全事故发生。因现场施工工况或环境改变确需调整时，应先修改施工方案，并重新进行受力计算，形成新的计算书，经审批后方可实行。脚手架方案的"权威性"体现在《危险性较大的分部分项工程安全管理规定》第三十四条："施工单位有下列行为之一的，责令限期改正，处 1 万元以上 3 万元以下的罚款，并暂扣安全生产许可证 30 日；对直接负责的主管人员和其他直接责任人员处 1000 元以上 5000 元以下的罚款：（一）、（二）略；（三）未严格按照专项施工方案组织施工，或者擅自修改专项施工方案的"。

【要点 4】材料与构配件的相关要求

【规范条文】

3.0.2 脚手架材料与构配件应有产品质量合格证明文件。

3.0.3 脚手架所用杆件和构配件应配套使用，并应满足组架方式及构造要求。

【要点解析】

材料与构配件的相关强制性规定包括：

1）对附着式脚手架还应有产品使用说明书。

2）周转性材料、构配件，可提供复印件，但要加盖复印单位公章，并注明原件存放处。

3）当前，不同类型脚手架材料、构配件混用的现象较为普遍，由于不同类型脚手架杆件和构配件的型号、强度、使用范围等要素皆存在差异，其传力途径和承载能力也不相同，因此不同脚手架体系材料、构配件应严禁混用，以防止出现薄弱部位，导致整体失稳。

【要点 5】脚手架设计的荷载组成

【规范条文】

> 4.2.1 脚手架承受的荷载应包括永久荷载和可变荷载。
>
> 4.2.2 脚手架的永久荷载应包括下列内容：
>
> 1 脚手架结构件自重；
>
> 2 脚手板、安全网、栏杆等附件的自重；
>
> 3 支撑脚手架所支撑的物体自重；
>
> 4 其他永久荷载。
>
> 4.2.3 脚手架的可变荷载应包括下列内容：
>
> 1 施工荷载；
>
> 2 风荷载；
>
> 3 其他可变荷载。

【要点解析】

1. 永久荷载

根据《建筑结构荷载规范》GB 50009—2012 定义，永久荷载（又称恒荷载）是指在结构使用期间，其值不随时间变化，或变化与平均值相比可忽略不计，或其变化是单调的趋于限值的荷载。结合上述定义，可以看出脚手架构件自重、脚手板、安全网、栏杆等附件的自重属于不随时间变化的；支撑脚手架所支撑的物体自重包括了建筑材料及堆放物的自重。

2. 可变荷载

可变荷载（又称活荷载）是指在结构使用期间，其值随时间变化，且其值变化与平均值相比不可忽略的荷载。施工荷载的取值要根据实际情况确定，对于支撑脚手架，其值与施工方法有关，移动的设备、工具等物品均按自重计入可变荷载。在《建筑结构荷载规范》GB 50009—2012 中，风荷载被归类为可变荷载，作业脚手架设计时应考虑风荷载作用，对应设置拉结点，以抵抗风荷载作用；其他可变荷载包括雪荷载、振动作用、布料机等，需根据使用环境确定。

脚手架设计时，应按荷载的最不利组合工况进行设计，以保证其安全储备。

【要点 6】脚手架设计的施工荷载取值

【规范条文】

4.2.4　脚手架可变荷载标准值的取值应符合下列规定（详见后附规范）。

4.2.5　在计算水平风荷载标准值时，高耸塔式结构、悬臂结构等特殊脚手架结构应计入风荷载的脉动增大效应。

4.2.6　对于脚手架上的动力荷载，应将振动、冲击物体的自重乘以动力系数1.35 后计入可变荷载标准值。

4.2.7　脚手架设计时，荷载应按承载能力极限状态和正常使用极限状态计算的需要分别进行组合，并应根据正常搭设、使用或拆除过程中在脚手架上可能同时出现的荷载，取最不利的荷载组合。

【要点解析】

1. 施工荷载取值

关于施工荷载标准值的取值规定，应区分实际情况，其标准值因分部分项工程不同而不同，此处应注意，主体结构工程作业脚手架的荷载标准值取值与以往规范不同，通规规定的取值有所降低，因过往发生的砌筑作业脚手架坍塌事故较为突出，故通规中仅有砌筑工程作业的施工荷载标准值取 3.0kN/m^2。

2. 风荷载及其他可变荷载取值

作用在脚手架上的风荷载大小主要与三个系数有关，即风荷载体型系数、风压高度变化系数、风振系数，对于一般常规脚手架，不需要考虑风振系数，仅根据《建筑结构荷载规范》GB 50009—2012 查阅对应的风压高度变化系数和风荷载体型系数即可计算风荷载标准值；对于特殊脚手架结构如高耸塔式结构、悬臂结构等，则需要考虑风振系数影响。

【要点 7】脚手架结构设计计算要点

【规范条文】

4.3.1　脚手架设计计算应根据工程实际施工工况进行，结果应满足对脚手架强度、刚度、稳定性的要求。

4.3.2　脚手架结构设计计算应依据施工工况选择具有代表性的最不利杆件及构配件，以其最不利截面和最不利工况作为计算条件，计算单元的选取应符合下列规定：

1 应选取受力最大的杆件、构配件；

2 应选取跨距、间距变化和几何形状、承力特性改变部位的杆件、构配件；

3 应选取架体构造变化处或薄弱处的杆件、构配件；

4 当脚手架上有集中荷载作用时，尚应选取集中荷载作用范围内受力最大的杆件、构配件。

4.3.3 脚手架杆件和构配件强度应按净截面计算；杆件和构配件的稳定性、变形应按毛截面计算。

4.3.4 当脚手架按承载能力极限设计时，应采用荷载基本组合和材料强度设计值计算。当脚手架按正常使用极限状态设计时，应采用荷载标准组合和变形限值计算。

【要点解析】

1. 结构设计的基本要求

脚手架设计计算应根据实际使用工况进行，计算结果应满足强度、刚度和稳定性的要求。强度指构件抵抗破坏的能力，刚度指构件抵抗变形的能力，稳定性指构件保持平衡状态的能力。一般来说，对于脚手架计算应包括以下内容：

1）受弯构件的强度和扣件的抗滑移承载能力。

2）立杆的压杆稳定。

3）连墙件的强度、稳定性和连接强度。

4）立杆地基承载力，含支撑立杆的主体结构的承载力与变形。

2. 工况选择

所谓工况是指工作状态，脚手架受力计算，应在明确荷载传递路径的基础上，按最不利荷载组合，对架体进行受力分析，再选择具有代表性的最不利杆件或配件作为计算单元进行计算，即先运用结构力学对架体进行受力计算，再利用材料力学理论对杆件、构配件进行计算，以此来校核脚手架搭设的主要参数的合理性。本要点列明了脚手架最不利工况对应的计算单元。

3. 杆件、构配件受力计算截面的说明

杆件和构配件强度计算按净截面计算，净截面即毛截面扣除孔洞以后的实际接触面积；稳定性和变形计算按毛截面计算，其截面的弹性模量与截面的形心轴有关。

4. 不同极限状态下荷载组合值的选择

根据《建筑结构荷载规范》GB 50009—2012 规定，荷载组合是指按极限状态设计时，为保证结构的可靠性而对同时出现的各种荷载设计值的规定，荷载基本组合是指永久荷载和可变荷载的组合，荷载的标准组合是指采用标准值为荷载代表值的组合，也就是基于可靠性设计原理，将不同荷载的标准值分别乘以不同的组合值系数，对于承载能力极限状态，应按荷载的基本组合计算荷载的效应设计值；对于正常使用的极限状态，应根据不同的设计要求，采用荷载的标准组合或准永久组合。

【要点 8】脚手架受弯构件容许挠度的规定

【规范条文】

> 4.3.5 脚手架受弯构件容许挠度应符合表 4.3.5 的规定（详见后附规范）

【要点解析】

容许挠度指受弯杆件截面形心在垂直于轴线方向的线位移的容许值，属于正常使用极限状态设计，是受弯杆件变形计算的依据。本条款所有参数参照现行行业标准《建筑施工碗扣式钢管脚手架安全技术规范》JGJ 166—2016，及《建筑施工扣件式钢管脚手架安全技术规范》JGJ 130—2011 两本规范规定确定，是试验数据。

【要点 9】脚手架作业层的构造要求

【规范条文】

> 4.4.4 脚手架作业层应采取安全防护措施，并应符合下列规定：
> 1 作业脚手架、满堂支撑脚手架、附着式升降脚手架作业层应满铺脚手板，并应满足稳固可靠的要求。当作业层边缘与结构外表面的距离大于 150mm 时，应采取防护措施。
> ……
> 6 沿所施工建筑物每 3 层或不大于 10m 处应设置一层水平防护。
> 7 作业层外侧应采用安全网封闭。当采用密目安全网封闭时，密目安全网应满足阻燃要求。
> ……

【要点解析】

本条是对 2.0.1 中"并应具有安全防护功能"的脚手架性能的具体要求，以往高坠事故表明，绝大多数在脚手架上作业的工人坠落导致伤亡的原因是由于作业层防护不到位，因此本条强调了作业层脚手板应满铺，且应满足稳固可靠的要求，防止踩踏过程造成失稳。当作业层外边缘与结构外表面的距离大于 150mm 且没有任何防坠落措施时，因工作疏忽导致的高坠事故并不少见。"每 3 层或不大于 10m 处应设置一层水平防护"的规定，是为了设置多道防护措施，以确保不因某道防护失效导致高坠发生。作业层外侧采用安全网封闭，安全网的防火要求出自现行国家标准《建设工程施工现场消防安全技术规范》GB 50720—2011。

【要点 10】作业脚手架连墙件设计和构造要求

【规范条文】

> 4.4.6 作业脚手架应按设计计算和构造要求设置连墙件，并应符合下列要求：
>
> 1 连墙件应采用能承受压力和拉力的刚性构件，并应与工程结构和架体连接牢固；
>
> 2 连墙点的水平间距不得超过 3 跨，竖向间距不得超过 3 步，连墙点之上架体的悬臂高度不应超过 2 步；
>
> 3 在架体的转角处、开口型作业脚手架端部应增设连墙件，连墙件竖向间距不应大于建筑物层高，且不应大于 4m。

【要点解析】

从以往的脚手架安全事故中发现，作业脚手架安全事故对于作业人员带来的意外伤害主要是物体打击和高处坠落，所以通规构造要求对"红线"定义很细，基本提炼于《建筑施工脚手架安全技术统一标准》GB 51210—2016、《建筑施工扣件式钢管脚手架安全技术规范》JGJ 130—2011 和《建筑施工安全检查标准》JGJ 59—2011 等规范标准。部分条款源于工程事故，如"连墙件应采用能承受压力和拉力的刚性构件，并应与工程结构和架体连接牢固"，因为其受力情况较复杂多变，呈现拉压随机变化，大多数脚手架整体坍塌的安全事故都与连墙件失效有直接关系。连墙件作为脚手架与主体结构的连接点，其承受的外力作用存在受拉和受压两种情况，如当受风荷载作用时，迎风面架体连墙件受压，而背风面架体连墙件则可能受拉，连墙件必须是刚性构件，确保不因其过大变形导致架体发生平面外倾覆。大量试验数据表明，连墙件布置稀疏，即间距大于 3 步（跨）时，发生失稳时所能承受的极限荷载较小。考虑到施工安全防护和架体悬臂时的受力状态，连墙件以上架体悬臂高度不超过 2 步。设计时，连墙件的位置、数量要考虑架体高度、工程结构形状、楼层高度、荷载或作用等因素，确保作业脚手架竖向受力下的整体稳定和水平受力下的安全可靠。架体转角处、开口型作业脚手架端部是架体的薄弱点，应适当增加连墙件设置，以增加安全储备。

【要点 11】作业脚手架竖向剪刀撑设置要求

【规范条文】

> 4.4.7 作业脚手架的纵向外侧立面上应设置竖向剪刀撑，并应符合下列规定：
>
> 1 每道剪刀撑的宽度应为 4 跨～6 跨，且不应小于 6m，也不应大于 9m；剪刀撑斜杆与水平面的倾角应在 45°～60°之间；

2 当搭设高度在 24m 以下时，应在架体两端、转角及中间每隔不超过 15m 各设置一道剪刀撑，并应由底至顶连续设置；当搭设高度在 24m 及以上时，应在全外侧立面上由底至顶连续设置；

3 悬挑脚手架、附着式升降脚手架应在全外侧立面上由底至顶连续设置。

【要点解析】

剪刀撑是对脚手架起着纵向稳定，加强纵向刚性的重要杆件，可以增强脚手架平面内的整体受力性能。剪刀撑的设置规定属于构造要求，其自身并不参与受力计算，为保证脚手架整体结构不变形，根据施工经验，高度在 24m 以下的单双排脚手架，均必须在外侧立面的两端设置一道剪刀撑，并应由底至顶连续设置，中间各道剪刀撑之间的净距不应大于 15m。24m 以上的双排脚手架应在外侧立面整个长度和高度上设置剪刀撑。纵向必须设置剪刀撑，十字盖宽度不得超过 7 根（6 跨）立杆，与水平夹角应为 45°～60°。剪刀撑的里侧一根与交叉处立杆用转扣胀牢，外侧一根与小横杆伸出部分胀牢。剪刀撑斜杆的接长应采用搭接或对接，当采用搭接时，搭接长度不应小于 1m，并应采用不少于 2 个旋转扣件固定。对于悬挑式脚手架、附着式升降脚手架，因其离地搭设或使用，施工复杂性加大，规范要求竖向剪刀撑必须由底到顶连续设置。

【要点 12】附着式脚手架的构造要求

【规范条文】

4.4.9 附着式升降脚手架应符合下列规定：

1 竖向主框架、水平支承桁架应采用桁架或刚架结构，杆件应采用焊接或螺栓连接；

2 应设有防倾、防坠、停层、荷载、同步升降控制装置，各类装置应灵敏可靠；

3 在竖向主框架所覆盖的每个楼层均应设置一道附墙支座；每道附墙支座应能承担竖向主框架的全部荷载；

4 当采用电动升降设备时，电动升降设备连续升降距离应大于一个楼层高度，并应有制动和定位功能。

【要点解析】

附着式升降脚手架由竖向主框架、水平支撑桁架、架体构架、附着支撑结构、防倾装置、防坠装置组成。

1) 竖向主框架是附着式升降脚手架重要的承力和稳定构件，架体所有荷载均由其传递给附着支承结构，竖向主框架要求设计为具有足够强度和支撑刚度的空间几何不变体系的稳定结构。

2）由于每一竖向主框架均承受架体荷载，故在升降工况下，每个竖向主框架处必须设置升降动力设备；在升降工况下，架体所有荷载全部由升降动力设备和固定处的建筑结构承受，所以安全可靠的设备、连接、结构必不可少。

3）附墙支座是承受架体所有荷载并将其传递给在建建筑结构的构件，应于竖向主框架所覆盖的每一楼层处设置一道附墙支座，在主框架所覆盖的每个楼层处都应设置附墙支座，它既是支撑主框架的水平支座，又是架体上的荷载传递到附着建筑物的传力点。需要注意的是，每一楼层是指已浇灌混凝土且混凝土强度已达到设计要求的楼层，要保证主框架的荷载能直接有效的传递给附墙支座，附墙支座还应具有防倾覆和升降导向的功能。

4）附着式升降脚手架使用、升降工况都是依靠自身的升降设备，可随工程结构施工逐层爬升、固定、下降，因此附着式升降脚手架必须配置可靠的防倾覆、防坠落和同步升降控制等安全防护装置，以确保附着式升降脚手架在各种工况下都能具有不倾翻、不坠落的安全可靠性。

【要点 13】支撑脚手架的构造要求

【规范条文】

> 4.4.12　支撑脚手架独立架体高宽比不应大于 3.0。
>
> 4.4.13　支撑脚手架应设置竖向和水平剪刀撑，并应符合下列规定：
>
> 1　剪刀撑的设置应均匀、对称；
>
> 2　每道竖向剪刀撑的宽度应为 6～9m，剪刀撑斜杆的倾角应在 45°～60°之间。
>
> 4.4.15　脚手架可调底座和可调托撑调节螺杆插入脚手架立杆内的长度不应小于 150mm，且调节螺杆伸出长度应经计算确定，并应符合下列规定：
>
> 1　当插入的立杆钢管直径为 42mm 时，伸出长度不应大于 200mm；
>
> 2　当插入的立杆钢管直径为 48.3mm 及以上时，伸出长度不应大于 500mm。
>
> 4.4.16　可调底座和可调托撑螺杆插入脚手架立杆钢管内的间隙不应大于 2.5mm。

【要点解析】

通规构造要求基本提炼于《建筑施工脚手架安全技术统一标准》GB 51210—2016、《建筑施工扣件式钢管脚手架安全技术规范》JGJ 130—2011 和《建筑施工安全检查标准》JGJ 59—2011 等规范标准。部分条款源于试验数据，如"支撑脚手架独立架体高宽比不应大于 3.0"，这里所谓的"独立架体"是指与主体结构无任何拉结措施的架体，也就意味着架体侧向稳定只依靠自身刚度来维系，试验证明，当独立架体高宽比控制在 3.0 以内时，独立架体的竖向承载力无明显变化，当高宽比大于 5～6 时，架体的竖向承载能力仅为高宽比为 2～3 时的 40%。又如"可调底座和可调托撑螺杆插入脚手架立杆钢管内的间隙不应大于 2.5mm"，主要是考虑到材料的制造误差，此项规定是确保立杆插入脚手架后保证垂直度，防止产生偏心受压失稳。关于支撑脚手架竖向和水平剪刀撑的设置相应条款，试验表明，剪刀撑或斜撑杆的设置疏密程度，直接影响脚手架的整体承载力，在立杆间距和水平杆步距不变的情况下，加密剪刀撑、斜撑杆的布置可以显著提高架体承载力，有效防止因局部超载引起的失稳发生。

值得注意的是 4.4.15 条，当审核专项施工方案时，应尤其注意计算书对应内容，即调节螺杆的伸出长度，要取计算值和规范限定值两者中的小值。

【要点 14】脚手架的搭设顺序

【规范条文】

> 5.2.1 脚手架应按顺序搭设，并应符合下列规定：
>
> 1 落地作业脚手架、悬挑脚手架的搭设应与主体结构工程施工同步，一次搭设高度不应超过最上层连墙件 2 步，且自由高度不应大于 4m；
>
> 2 剪刀撑、斜撑杆等加固杆件应随架体同步搭设；
>
> 3 构件组装类脚手架的搭设应自一端向另一端延伸，应自下而上按步逐层搭设；并应逐层改变搭设方向；
>
> 4 每搭设完一步距架体后，应及时校正立杆间距、步距、垂直度及水平杆的水平度。
>
> 5.2.4 脚手架安全防护网和防护栏杆等防护设施应随架体搭设同步安装到位。

【要点解析】

规范第 5.2.1 第 3、4 两款是为了防止脚手架搭设的累计误差过大，造成潜在安全隐患。"构件组装类脚手架"常见如门式脚手架，其组装应自一端延伸向另一端，自下而上按步架设，并逐层改变搭设方向，从而减少误差积累，不可自两端相向搭设或相间进行，否则易造成结合处错位，难于连接，强行连接又会产生次生应力，影响力的传递效果。

值得注意的是，2021 年 12 月 14 日住房城乡建设部官网正式发布《房屋建筑和市政基础设施工程危及生产安全施工工艺、设备和材料淘汰目录（第一批）》（以下简称《淘汰目录》）的公告，明确将全面禁用、限制使用第一批《淘汰目录》中的 22 种施工工艺、设备和材料，其中门式钢管支撑架被限制用于满堂承重支撑架体系，即仅能作为作业架使用，且门式架很少作为外防护脚手架使用。

【要点 15】作业脚手架连墙件安装要求

【规范条文】

> 5.2.2 作业脚手架连墙件安装应符合下列规定：

1 连墙件的安装应随作业脚手架搭设同步进行；

2 当作业脚手架操作层高出相邻连墙件 2 个步距及以上时，在上层连墙件安装完毕前，应采取临时拉结措施。

【要点解析】

连墙件是保证架体稳定的重要构件，可有效防止风荷载、侧向冲击荷载等平面外荷载的不利影响。5.2.2 条规定连墙件必须随架体搭设进度同步安装，是确保架体与主体结构连接的时效性，避免偶然出现的平面外荷载危及架体稳定。当作业层高出相邻连墙件以上 2 个步距（含 2 个步距）时，架体悬臂长度过大，在水平荷载作用下产生的倾覆力矩，在风荷载的作用下，架体的晃动频率过大，容易造成连接点松动，危及架体安全。

【要点 16】脚手架在使用过程中的检查记录要求

【规范条文】

5.3.4 脚手架在使用过程中，应定期进行检查并形成记录，脚手架工作状态应符合下列规定：

1 主要受力杆件、剪刀撑等加固杆件和连墙件应无缺失、无松动，架体应无明显变形；

2 场地应无积水，立杆底端应无松动、无悬空；

3 安全防护设施应齐全、有效，应无损坏缺失；

4 附着式升降脚手架支座应稳固，防倾、防坠、停层、荷载、同步升降控制装置应处于良好工作状态，架体升降应正常平稳；

5 悬挑脚手架的悬挑支承结构应稳固。

5.3.5 当遇到下列情况之一时，应对脚手架进行检查并应形成记录，确认安全后方可继续使用：

1 承受偶然荷载后；

2 遇有 6 级及以上强风后；

3 大雨及以上降水后；

4 冻结的地基土解冻后；

5 停用超过 1 个月；

6 架体部分拆除；

7 其他特殊情况。

【要点解析】

规范第 5.3.4 和 5.3.5 条分别规定了脚手架在使用过程中应检查其工作状态，并做好记录。脚手架使用过程中的安全巡视是及时有效消除安全隐患的重要保障。当架体受力环境（气候、温度、停工）或受力特性（部分拆除、承受偶然荷载）发生较大变化时，就要对其进行检查，确认安全后方可继续使用。针对不同类型的脚手架，可结合《建筑施工安全检查标准》JGJ 59—2011 中的相关规定进行检查。

【要点 17】脚手架的安全隐患处置

【规范条文】

> 5.3.6　脚手架在使用过程中出现安全隐患时，应及时排除；当出现下列状态之一时，应立即撤离作业人员，并应及时组织检查处置：
> 1　杆件、连接件因超过材料强度破坏，或因连接节点产生滑移，或因过度变形而不适于继续承载；
> 2　脚手架部分结构失去平衡；
> 3　脚手架结构杆件发生失稳；
> 4　脚手架发生整体倾斜；
> 5　地基部分失去继续承载的能力。
> 5.3.9　脚手架使用期间，严禁在脚手架立杆基础下方及附近实施挖掘作业。
> 5.3.10　附着式升降脚手架在使用过程中不得拆除防倾、防坠、停层、荷载、同步升降控制装置。

【要点解析】

以上条款对脚手架的安全使用作出了明确规定。悬挂起重设备、固定架设泵管等可能会引起架体超载，泵送混凝土或砂浆产生的冲击荷载易引起架体累积变形和连接件松动，从而引发坍塌事故。

第 5.3.6 条明确规定当出现 5 种架体失稳征兆的时候，要立即撤离作业人员，这是源于 2019 年山东德州一起支撑脚手架整体坍塌事故"血"的教训的总结出的经验，浇筑混凝土时严禁支撑体系下面有加固人员，安全管理人员应把管控关键点放在支撑体系搭设与验收环节，不能因赶工等不正当理由盲目安排作业人员边加固架体边浇筑混凝土，因为作业人员对支撑体系失稳的敏感度远远低于专业的安全技术管理人员。

此外要注意，遇突发极端天气或局部架体拆除或改动阶段（方案已重新审核），在施工现场恢复作业前，安全管理人员要对架体进行检查并形成检查记录。

【要点 18】脚手架的拆除规定

【规范条文】

> 5.4.2　脚手架的拆除作业应符合下列规定：

1 架体拆除应按自上而下的顺序按步逐层进行，不应上下同时作业。

2 同层杆件和构配件应按先外后内的顺序拆除；剪刀撑、斜撑杆等加固杆件应在拆卸至该部位杆件时拆除。

3 作业脚手架连墙件应随架体逐层、同步拆除，不应先将连墙件整层或数层拆除后再拆架体。

4 作业脚手架拆除作业过程中，当架体悬臂段高度超过 2 步时，应加设临时拉结。

5.4.3 作业脚手架分段拆除时，应先对未拆除部分采取加固处理措施后再进行架体拆除

5.4.4 架体拆除作业应统一组织，并应设专人指挥，不得交叉作业。

5.4.5 严禁高空抛掷拆除后的脚手架材料与构配件。

【要点解析】

拆除作业应由安全管理人员统一指挥，有序施工，先搭设的后拆，后搭设的先拆，剪刀撑和斜撑杆等维系脚手架整体稳定的构件必须在拆卸相同部位杆件时同步拆除。在脚手架分立面、分段拆除作业时，易出现开口型架体，俗称"片架"，是架体稳定的"薄弱"环节，需先对不拆除的部分进行加固，即按规范标准要求增加必要的连墙件或斜撑杆等。

【要点 19】脚手架的检查与验收

【规范条文】

6.0.4 脚手架搭设过程中，应在下列阶段进行检查，检查合格后方可使用；不合格应进行整改，整改合格后方可使用：

1 基础完工后及脚手架搭设前；

2 首层水平杆搭设后；

3 作业脚手架每搭设一个楼层高度；

4 附着式升降脚手架支座、悬挑脚手架悬挑结构搭设固定后；

5 附着式升降脚手架在每次提升前、提升就位后，以及每次下降前、下降就位后；

6 外挂防护架在首次安装完毕、每次提升前、提升就位后；

7 搭设支撑脚手架，高度每 2 步～4 步或不大于 6m。

6.0.5 脚手架搭设达到设计高度或安装就位后，应进行验收，验收不合格的，不得使用。脚手架的验收应包括下列内容：

1 材料与构配件质量；

2 搭设场地、支承结构件的固定；

3 架体搭设质量；

4 专项施工方案、产品合格证、使用说明及检测报告、检查记录、测试记录等技术资料。

【要点解析】

脚手架搭设过程中要按阶段进行检查，需要按通规规定的施工节点进行巡视检查，并做好检查记录，检查记录要有发现的问题和整改结果。

第 6.0.5 条规定了验收相关内容，针对不同类型的脚手架，可结合相应规范中的规定进行验收，其中第 4 项对应通规第 3.0.5 条"对于无法通过结构分析、外观检查和测量检查确定性能的材料与构配件，应通过试验确定其受力性能"。

附录：《施工脚手架通用规范》GB 55023—2022 节选
（引自住房和城乡建设部官网）

目　次

1 总则

1.0.1 为保障施工脚手架安全、适用，制定本规范。

1.0.2 施工脚手架的材料与构配件选用、设计、搭设、使用、拆除、检查与验收必须执行本规范。

1.0.3 脚手架应稳固可靠，保证工程建设的顺利实施与安全，并应遵循下列原则：

1 符合国家资源节约利用、环保、防灾减灾、应急管理等政策；

2 保障人身、财产和公共安全；

3 鼓励脚手架的技术创新和管理创新。

1.0.4 工程建设所采用的技术方法和措施是否符合本规范要求，由相关责任主体判定。其中，创新性的技术方法和措施，应进行论证并符合本规范中有关性能的要求。

2 基本规定

2.0.1 脚手架性能应符合下列规定：

1 应满足承载力设计要求；

2 不应发生影响正常使用的变形；

3 应满足使用要求，并应具有安全防护功能；

4 附着或支承在工程结构上的脚手架，不应使所附着的工程结构或支承脚手架的工程结构受到损害。

2.0.2 脚手架应根据使用功能和环境进行设计。

2.0.3 脚手架搭设和拆除作业以前，应根据工程特点编制脚手架专项施工方案，并应经审批后实施。脚手架专项施工方案应包括下列主要内容：

1 工程概况和编制依据；

2 脚手架类型选择；

3 所用材料、构配件类型及规格；

4 结构与构造设计施工图；

5 结构设计计算书；

6 搭设、拆除施工计划；

7 搭设、拆除技术要求；

8 质量控制措施；

9 安全控制措施；

10 应急预案。

2.0.4 脚手架搭设和拆除作业前，应将脚手架专项施工方案向施工现场管理人员及作业人员进行安全技术交底。

2.0.5 脚手架使用过程中，不应改变其结构体系。

2.0.6 当脚手架专项施工方案需要修改时，修改后的方案应经审批后实施。

3 材料与构配件

3.0.1 脚手架材料与构配件的性能指标应满足脚手架使用的需要，质量应符合国家现行相关标准的规定。

3.0.2 脚手架材料与构配件应有产品质量合格证明文件。

3.0.3 脚手架所用杆件和构配件应配套使用，并应满足组架方式及构造要求。

3.0.4 脚手架材料与构配件在使用周期内，应及时检查、分类、维护、保养，对不合格品应及时报废，并应形成文件记录。

3.0.5 对于无法通过结构分析、外观检查和测量检查确定性能的材料与构配件，应通过试验确定其受力性能。

4 设计

4.1 一般规定

4.1.1 脚手架设计应采用以概率理论为基础的极限状态设计方法，并应以分项系数设计表达式进行计算。

4.1.2 脚手架结构应按承载能力极限状态和正常使用极限状态进行设计。

4.1.3 脚手架地基应符合下列规定

1 应平整坚实，应满足承载力和变形要求；

2 应设置排水措施，搭设场地不应积水；

3 冬期施工应采取防冻胀措施。

4.1.4 应对支撑脚手架的工程结构和脚手架所附着的工程结构进行强度和变形验算，当验算不能满足安全承载要求时，应根据验算结果采取相应的加固措施。

4.2 荷载

4.2.1 脚手架承受的荷载应包括永久荷载和可变荷载。

4.2.2 脚手架的永久荷载应包括下列内容：

1 脚手架结构件自重；

2 脚手板、安全网、栏杆等附件的自重；

3 支撑脚手架所支撑的物体自重；

4 其他永久荷载。

4.2.3 脚手架的可变荷载应包括下列内容：

1 施工荷载；

2 风荷载；

3 其他可变荷载

4.2.4 脚手架可变荷载标准值的取值应符合下列规定：

1 应根据实际情况确定作业脚手架上的施工荷载标准值，且不应低于表 4.2.4-1 的规定；

作业脚手架施工荷载标准值　　　　　　　　　　表 4.2.4-1

序号	作业脚手架用途	施工荷载标准值（kN/m²）
1	砌筑工程作业	3.0
2	其他主体结构工程作业	2.0
3	装饰装修作业	2.0
4	防护	1.0

2　当作业脚手架上存在 2 个及以上作业层同时作业时，在同一跨距内各操作层的施工荷载标准值总和取值不应小于 5.0kN/m²；

3　应根据实际情况确定支撑脚手架上的施工荷载标准值，且不应低于表 4.2.4-2 的规定；

支撑脚手架施工荷载标准值　　　　　　　　　　表 4.2.4-2

类别		施工荷载标准值（kN/m²）
混凝土结构模板支撑脚手架	一般	2.5
	有水平泵管设置	4.0
钢结构安装支撑脚手架	轻钢结构、轻钢空间网架结构	2.0
	普通钢结构	3.0
	重型钢结构	3.5

4　支撑脚手架上移动的设备、工具等物品应按其自重计算可变荷载标准值。

4.2.5　在计算水平风荷载标准值时，高耸塔式结构、悬臂结构等特殊脚手架结构应计入风荷载的脉动增大效应。

4.2.6　对于脚手架上的动力荷载，应将振动、冲击物体的自重乘以动力系数 1.35 后计入可变荷载标准值。

4.2.7　脚手架设计时，荷载应按承载能力极限状态和正常使用极限状态计算的需要分别进行组合，并应根据正常搭设、使用或拆除过程中在脚手架上可能同时出现的荷载，取最不利的荷载组合。

4.3　结构设计

4.3.1　脚手架设计计算应根据工程实际施工工况进行，结果应满足对脚手架强度、刚度、稳定性的要求。

4.3.2　脚手架结构设计计算应依据施工工况选择具有代表性的最不利杆件及构配件，以其最不利截面和最不利工况作为计算条件，计算单元的选取应符合下列规定：

1　应选取受力最大的杆件、构配件；

2　应选取跨距、间距变化和几何形状、承力特性改变部位的杆件、构配件；

3　应选取架体构造变化处或薄弱处的杆件、构配件；

4　当脚手架上有集中荷载作用时，尚应选取集中荷载作用范围内受力最大的杆件、构配件。

4.3.3　脚手架杆件和构配件强度应按净截面计算；杆件和构配件的稳定性、变形应按毛截面计算。

4.3.4 当脚手架按承载能力极限设计时，应采用荷载基本组合和材料强度设计值计算。当脚手架按正常使用极限状态设计时，应采用荷载标准组合和变形限值计算。

4.3.5 脚手架受弯构件允许挠度应符合表 4.3.5 的规定

脚手架受弯构件容许挠度

表 4.3.5

构件类别	容许挠度(mm)
脚手板、水平杆件	$l/150$ 与 10 取较小值
作业脚手架悬挑受弯杆件	$l/400$
模板支撑脚手架受弯杆件	$l/400$

注：l 为受弯构件的计算跨度，对悬挑物件为悬伸长度的 2 倍。

4.3.6 模板支撑脚手架应根据施工工况对连续支撑进行设计计算，并应按最不利的工况计算确定支撑层数。

4.4 构造要求

4.4.1 脚手架构造措施应合理、齐全、完整，并应保证架体传力清晰、受力均匀。

4.4.2 脚手架杆件连接节点应具备足够强度和转动刚度，架体在使用期内节点应无松动。

4.4.3 脚手架立杆间距、步距应通过设计确定。

4.4.4 脚手架作业层应采取安全防护措施，并应符合下列规定：

1 作业脚手架、满堂支撑脚手架、附着式升降脚手架作业层应满铺脚手板，并应满足稳固可靠的要求。当作业层边缘与结构外表面的距离大于 150mm 时，应采取防护措施。

2 采用挂钩连接的钢板脚手架，应带有自锁装置且与作业层水平杆锁紧。

3 木脚手板、竹串片脚手板、竹芭脚手板应有可靠的水平支撑，并应绑扎稳固。

4 脚手板作业层外边缘应设置防护栏杆和挡脚板。

5 脚手架底层脚手板应采取封闭措施。

6 沿所施工建筑物每 3 层或不大于 10m 处应设置一层水平防护。

7 作业层外侧应采用安全网封闭。当采用密目安全网封闭时，密目安全网应满足阻燃要求。

8 脚手板伸出横向水平杆以外的部分不应大于 200mm。

4.4.5 脚手架底部立杆应设置纵向和横向扫地杆，扫地杆应与相邻立杆连接稳固。

4.4.6 作业脚手架应按设计计算和构造要求设置连墙件，并应符合下列要求：

1 连墙件应采用能承受压力和拉力的刚性构件，并应与工程结构和架体连接牢固；

2 连墙点的水平间距不得超过 3 跨，竖向间距不得超过 3 步，连墙点之上架体的悬臂高度不应超过 2 步；

3 在架体的转角处、开口型作业脚手架端部应增设连墙件，连墙件竖向间距不应大于建筑物层高，且不应大于 4m。

4.4.7 作业脚手架的纵向外侧立面上应设置竖向剪刀撑，并应符合下列规定：

1 每道剪刀撑的宽度应为 4 跨~6 跨，且不应小于 6m，也不应大于 9m；剪刀撑斜杆与水平面的倾角应在 45°～60°之间；

　　2　当搭设高度在 24m 以下时，应在架体两端、转角及中间每隔不超过 15m 各设置一道剪刀撑，并应由底至顶连续设置；当搭设高度在 24m 及以上时，应在全外侧立面上由底至顶连续设置；

　　3　悬挑脚手架、附着式升降脚手架应在全外侧立面上由底至顶连续设置。

　　4.4.8　悬挑脚手架立杆底部应与悬挑支承结构可靠连接；应在立杆底部设置纵向扫地杆，并应间断设置水平剪刀撑或水平斜撑杆。

　　4.4.9　附着式升降脚手架应符合下列规定：

　　1　竖向主框架、水平支承桁架应采用桁架或刚架结构，杆件应采用焊接或螺栓连接；

　　2　应设有防倾、防坠、停层、荷载、同步升降控制装置，各类装置应灵敏可靠；

　　3　在竖向主框架所覆盖的每个楼层均应设置一道附墙支座；每道附墙支座应能承担竖向主框架的全部荷载；

　　4　当采用电动升降设备时，电动升降设备连续升降距离应大于一个楼层高度，并应有制动和定位功能。

　　4.4.10　应对下列部位的脚手架采取可靠的构造加强措施：

　　1　附着式、支撑于工程结构的连接处；

　　2　平面布置的转角处；

　　3　塔式起重机、施工升降机、物料平台等设施断开或开洞处；

　　4　楼面高度大于连墙件设置大于竖向高度的部位；

　　5　工程结构突出物影响架体正常布置处。

　　4.4.11　临街作业脚手架的外侧立面、转角处应采取有效硬防护措施。

　　4.4.12　支撑脚手架独立架体高宽比不应大于 3.0。

　　4.4.13　支撑脚手架应设置竖向和水平剪刀撑，并应符合下列规定：

　　1　剪刀撑的设置应均匀、对称；

　　2　每道竖向剪刀撑的宽度应为 6m～9m，剪刀撑斜杆的倾角应在 45°～60°之间。

　　4.4.14　支撑脚手架的水平杆应按步距沿纵向和横向通长连续设置，且应与相邻立杆连接稳固。

　　4.4.15　脚手架可调底座和可调托撑调节螺杆插入脚手架立杆内的长度不应小于 150mm，且调节螺杆伸出长度应经计算确定，并应符合下列规定：

　　1　当插入的立杆钢管直径为 42mm 时，伸出长度不应大于 200mm；

　　2　当插入的立杆钢管直径为 48.3mm 及以上时，伸出长度不应大于 500mm。

　　4.4.16　可调底座和可调托撑螺杆插入脚手架立杆钢管内的间隙不应大于 2.5mm。

5　搭设、使用与拆除

5.1　个人防护

　　5.1.1　搭设和拆除脚手架作业应有相应的安全措施，操作人员应佩戴个人防护用品，应穿防滑鞋。

5.1.2 在搭设和拆除脚手架作业时，应设置安全警戒线、警戒标志，并应由专人监护，严禁非作业人员入内。

5.1.3 当在脚手架上架设临时施工用电线路时，应有绝缘措施，操作人员应穿绝缘防滑鞋；脚手架与架空输电线路之间应设有安全距离，并应设置接地、防雷设施。

5.1.4 当在狭小空间或空气不流通空间进行搭设、使用和拆除脚手架作业时，应采取保证足够的氧气供应措施，并应防止有毒有害、易燃易爆物质积聚。

5.2 搭设

5.2.1 脚手架应按顺序搭设，并应符合下列规定：

1 落地作业脚手架、悬挑脚手架的搭设应与主体结构工程施工同步，一次搭设高度不应超过最上层连墙件2步，且自由高度不应大于4m；

2 剪刀撑、斜撑杆等加固杆件应随架体同步搭设；

3 构件组装类脚手架的搭设应自一端向另一端延伸，应自下而上按步逐层搭设；并应逐层改变搭设方向；

4 每搭设完一步距架体后，应及时校正立杆间距、步距、垂直度及水平杆的水平度。

5.2.2 作业脚手架连墙件安装应符合下列规定：

1 连墙件的安装应随作业脚手架搭设同步进行；

2 当作业脚手架操作层高出相邻连墙件2个步距及以上时，在上层连墙件安装完毕前，应采取临时拉结措施。

5.2.3 悬挑脚手架、附着式升降脚手架在搭设时，悬挑支承结构、附着支座的锚固应稳固可靠。

5.2.4 脚手架安全防护网和防护栏杆等防护设施应随架体搭设同步安装到位。

5.3 使用

5.3.1 脚手架作业层上的荷载不得超过荷载设计值。

5.3.2 雷雨天气、6级及以上大风天气应停止架上作业；雨、雪、雾天气应停止脚手架的搭设和拆除作业，雨、雪、霜后上架作业应采取有效的防滑措施，雪天应清除积雪。

5.3.3 严禁将支撑脚手架、缆风绳、混凝土输送泵管、卸料平台及大型设备的支承件等固定在作业脚手架上。严禁在作业脚手架上悬挂起重设备。

5.3.4 脚手架在使用过程中，应定期进行检查并形成记录，脚手架工作状态应符合下列规定：

1 主要受力杆件、剪刀撑等加固杆件和连墙件应无缺失、无松动，架体应无明显变形；

2 场地应无积水，立杆底端应无松动、无悬空；

3 安全防护设施应齐全、有效，应无损坏缺失；

4 附着式升降脚手架支座应稳固，防倾、防坠、停层、荷载、同步升降控制装置应处于良好工作状态，架体升降应正常平稳；

5 悬挑脚手架的悬挑支承结构应稳固。

5.3.5 当遇到下列情况之一时，应对脚手架进行检查并应形成记录，确认安全后方可继续使用：

1 承受偶然荷载后；

2 遇有 6 级及以上强风后；

3 大雨及以上降水后；

4 冻结的地基土解冻后；

5 停用超过 1 个月；

6 架体部分拆除；

7 其他特殊情况。

5.3.6 脚手架在使用过程中出现安全隐患时，应及时排除；当出现下列状态之一时，应立即撤离作业人员，并应及时组织检查处置：

1 杆件、连接件因超过材料强度破坏，或因连接节点产生滑移，或因过度变形而不适于继续承载；

2 脚手架部分结构失去平衡；

3 脚手架结构杆件发生失稳；

4 脚手架发生整体倾斜；

5 地基部分失去继续承载的能力。

5.3.7 支撑脚手架在浇筑混凝土、工程结构件安装等施加荷载的过程中，架体下严禁有人。

5.3.8 在脚手架内进行焊接、气焊和其他动火作业时，应在动火申请批准后进行作业，并应采取设置接火斗、配置灭火器、移开易燃物等防火措施，同时应设专人监护。

5.3.9 脚手架使用期间，严禁在脚手架立杆基础下方及附近实施挖掘作业。

5.3.10 附着式升降脚手架在使用过程中不得拆除防倾、防坠、停层、荷载、同步升降控制装置。

5.3.11 当附着式升降脚手架在升降作业时或外挂防护架在提升作业时，架体上严禁有人，架体下方不得进行交叉作业。

5.4 拆除

5.4.1 脚手架拆除前，应清除作业层上的堆放物。

5.4.2 脚手架的拆除作业应符合下列规定：

1 架体拆除应按自上而下的顺序按步逐层进行，不应上下同时作业。

2 同层杆件和构配件应按先外后内的顺序拆除；剪刀撑、斜撑杆等加固杆件应在拆卸至该部位杆件时拆除。

3 作业脚手架连墙件应随架体逐层、同步拆除，不应先将连墙件整层或数层拆除后再拆架体。

4 作业脚手架拆除作业过程中，当架体悬臂段高度超过 2 步时，应加设临时拉结。

5.4.3 作业脚手架分段拆除时，应先对未拆除部分采取加固处理措施后再进行架体拆除。

5.4.4 架体拆除作业应统一组织，并应设专人指挥，不得交叉作业。

5.4.5 严禁高空抛掷拆除后的脚手架材料与构配件。

6 检查与验收

6.0.1 对搭设脚手架的材料、构配件质量，应按进场批次分品种、规格进行检验，检验合格后方可使用。

6.0.2 脚手架材料、构配件质量现场检验应采用随机抽样的方法进行外观质量、实测实量检验。

6.0.3 附着式升降脚手架支座及防倾、防坠、荷载控制装置、悬挑脚手架悬挑结构件等涉及架体使用安全的构配件应全数检验。

6.0.4 脚手架搭设过程中，应在下列阶段进行检查，检查合格后方可使用；不合格应进行整改，整改合格后方可使用：

  1 基础完工后及脚手架搭设前；

  2 首层水平杆搭设后；

  3 作业脚手架每搭设一个楼层高度；

  4 附着式升降脚手架支座、悬挑脚手架悬挑结构搭设固定后；

  5 附着式升降脚手架在每次提升前、提升就位后，以及每次下降前、下降就位后；

  6 外挂防护架在首次安装完毕、每次提升前、提升就位后；

  7 搭设支撑脚手架，高度每 2 步～4 步或不大于 6m。

6.0.5 脚手架搭设达到设计高度或安装就位后，应进行验收，验收不合格的，不得使用。脚手架的验收应包括下列内容：

  1 材料与构配件质量；

  2 搭设场地、支承结构件的固定；

  3 架体搭设质量；

  4 专项施工方案、产品合格证、使用说明及检测报告、检查记录、测试记录等技术资料。

第5章 《建筑与市政施工现场安全卫生与职业健康通用规范》GB 55034—2022

【要点1】规范的思路与基本架构

《建筑与市政施工现场安全卫生与职业健康通用规范》GB 55034—2022（以下简称规范）共计6章129条，包括：

1 总则（4条）

2 基本规定（8条）

3 安全管理（83条）

包括：一般规定（4条）高处坠落（6条）物体打击（5条）起重伤害（7条）坍塌（14条）机械伤害（6条）冒顶片帮（4条）车辆伤害（5条）中毒和窒息（4条）触电（6条）爆炸（8条）爆破作业（5条）透水（3条）淹溺（3条）灼烫（3条）

4 环境管理（9条）

5 卫生管理（12条）

6 职业健康管理（13条）

由以上内容可知，通用规范的基本架构是根据施工安全管理的需要，依次给出了"基本规定""安全管理""环境管理""卫生管理"和"职业健康管理"等内容。

施工现场安全管理包括施工现场涉及的14种安全管理，是按照《企业职工伤亡事故分类》GB/T 6441—1986中的事故类别划分的，通规中未提及的防火安全管理可查找《建筑防火通用规范》GB 55037—2022第11章"建筑施工"相关内容。

环境管理包括场地硬化、垃圾清运、污水排放、危险废物、噪声、临时休息等方面的管理；卫生管理包括临时饮水、工地食堂、厕所、办公区、生活区、医疗等方面的管理；职业健康管理包括建立健康监护档案、劳动防护用品配备等方面的管理。

【要点2】安全技术文件的基本要求

【规范条文】

2.0.1 工程项目专项施工方案和应急预案应根据工程类型、环境地质条件和工程实践制定。

2.0.2 工程项目应根据工程特点及环境条件进行安全分析、危险源辨识和风险评价，编制重大危险源清单并制定相应的预防和控制措施。

【要点解析】

1. 安全技术文件的基本要求

安全生产管理要遵循一定的程序。安全技术文件是履行安全管理职责的指导和记录文件，需要及时准确、针对性强、可操作。

工程项目专项施工方案和应急预案是指针对施工过程中涉及安全、卫生、环保、职业健康等方面的方案和预案；应根据工程类型、地质条件和工程实践制定，内容主要包括施工工艺安全操作技术规程、对周边环境的影响及应对措施等，确保施工作业在安全和卫生的环境下进行。

工程施工由于作业环境复杂，工种多、工序多、机械设备多，而且随着新工艺、新技术、新材料、新设备的不断应用，在施工生产活动过程中危险因素也相应地多而繁杂，施工单位应充分辨识工程各个施工阶段、部位和场所需控制的危险源和环境因素，列出清单，并采取适当措施，评价危险源和环境因素对施工现场场界内外的影响，将其中导致事故发生的可能性较大且事故发生后会造成严重后果的危险源确定为施工现场重大危险源，以此为依据做好防控措施。重大风险危险源要采取一定的制度措施进行防控，动态更新，是施工现场安全管理的重要内容。

2. 安全管理资料

应重视安全资料的形成、归档工作，建设单位、监理单位和施工单位应负责各自的安全管理资料管理工作。实行施工总承包的，总承包单位应当负责承包范围内的施工现场安全资料的编制、收集和整理，并督促检查分包单位施工现场安全资料。分包单位应编制、收集和整理其分包范围内施工现场的安全资料，并向总承包单位报送。

建设单位应负责本单位施工现场安全管理资料的管理工作，并监督施工、监理单位施工现场安全管理资料的管理。

建设单位应向施工单位提供施工现场供电、供水、排水、供气、供热、通信、广播电视等地上、地下管线资料，气象水文地质资料，毗邻建筑物、构筑物和相关的地下工程等资料。

监理单位应负责施工现场监理安全管理资料的管理工作，在工程项目监理规划、监理安全实施细则中，明确安全监理资料的组成及责任人。监理安全管理资料应随监理工作同步形成，并及时进行整理组卷。

施工单位应负责施工现场施工安全管理资料的管理工作，在施工组织设计中列出安全管理资料的管理方案，按规定列出各阶段安全管理资料的清单。施工单位应指定施工现场安全管理资料责任人，负责安全管理资料的收集、整理和组卷。现场安全管理资料应随工程建设进度形成，保证资料的真实性、有效性和完整性。

建设单位、监理单位和施工单位的安全管理资料应按各地方主管部门或资料管理规程的要求收集、整理、归档。

【要点3】施工现场安全管理基本要求

【规范条文】

> 2.0.3 施工现场规划、设计应根据场地情况、入住队伍和人员数量、功能需求、

工程所在地气候特点和地方管理要求等各项条件，采取满足施工生产、安全防护、消防、卫生防疫、环境保护、防范自然灾害和规范化管理等要求的措施。

2.0.4 施工现场生活区应符合下列规定：

1 围挡应采用可循环、可拆卸、标准化的定型材料，且高度不得低于1.8m。

2 应设置门卫室、宿舍、厕所等临建房屋，配备满足人员管理和生活需要的场所和设施；场地应进行硬化和绿化，并应设置有效的排水设施。

3 出入大门处应有专职门卫，并应实行封闭式管理。

4 应制定法定传染病、食物中毒、急性职业中毒等突发疾病应急预案。

2.0.5 应根据各工种的作业条件和劳动环境等为作业人员配备安全有效的劳动防护用品，并应及时开展劳动防护用品使用培训。

2.0.8 停缓建工程项目应做好停工期间的安全保障工作，复工前应进行检查，排除安全隐患。

【要点解析】

1. 生活区的要求

根据《施工现场临时建筑物技术规范》JGJ/T 188—2009 规定，生活区不应建造在易发生滑坡、坍塌、泥石流、山洪等危险地段和低洼积水区域，应避开水源保护区、水库泄洪区、濒险水库下游地段、强风口和危房影响范围，且应避免有害气体、强噪声等对临时建筑使用人员的影响。不应占压原有的地下管线；不应影响文物和历史文化遗产的保护与修复。办公区、生活区和施工作业区应分区设置，且应采取相应的隔离措施，并应设置导向、警示、定位、宣传等标识。办公区、生活区宜位于建筑物的坠落半径和塔吊等机械作业半径之外。生活用房宜集中建设、成组布置，并宜设置室外活动区域。

根据《关于落实建设工程安全生产监理责任的若干意见》（建市〔2006〕248 号）相关规定，施工准备阶段监理单位应检查施工总平面布置图是否符合安全生产的要求，办公、宿舍、食堂、道路等临时设施设置以及排水、防火措施是否符合强制性标准要求；施工现场临时建筑应符合《施工现场临时建筑物技术规范》JGJ/T 188—2009 的相关规定。

依据《住房和城乡建设部等部门关于加快培育新时代建筑产业工人队伍的指导意见》（建市〔2020〕105 号）的相关要求，施工现场生活区规划、设计、选址应根据场地情况、入住队伍和人员数量、功能需求、工程所在地气候特点和地方管理要求等各项条件，满足施工生产、安全防护、消防、卫生防疫、环境保护、防范自然灾害和规范化管理等要求。

2. 劳动防护的要求

按照《建筑施工人员个人劳动保护用品使用管理暂行规定》（建质〔2007〕255 号）相关规定，企业应加强对施工作业人员的教育培训，保证施工作业人员能正确使用劳动保护用品。工程项目部应有教育培训的记录，有培训人员和被培训人员的签名和时间。

企业应加强对施工作业人员劳动保护用品使用情况的检查，并对施工作业人员劳动保护用品的质量和正确使用负责。

施工作业人员有接受安全教育培训的权利，有按照工作岗位规定使用合格的劳动保护用品的权利；有拒绝违章指挥、拒绝使用不合格劳动保护用品的权利。同时，也负有正确使用劳动保护用品的义务。

监理单位要加强对施工现场劳动保护用品的监督检查。发现有不使用，或使用不符合要求的劳动保护用品，应责令相关企业立即改正。对拒不改正的，应当向建设行政主管部门报告。

建设单位应当及时、足额向施工企业支付安全措施专项经费，并督促施工企业落实安全防护措施，使用符合相关国家产品质量要求的劳动保护用品。

不同工种因作业环境不同，危害职业健康的因素也不尽相同，应根据具体情况为施工作业人员提供劳动防护用品并进行防护用品使用方法培训。《建筑施工作业劳动防护用品配备及使用标准》JGJ 184—2009标准中对施工现场内各工种的劳动防护用品的配备及使用也有明确规定。

3. 材料、设备、设施的要求

通规所指的材料，是指用于工程的所有材料，包含工程实体材料和安全方面使用的材料。材料质量不过关，可能会造成结构缺陷，也可能发生安全事故。我国大多现行技术规范中都有关于材料品种、属性的规定，例如钢材、混凝土、水泥等，因工程材料较多，本条不再针对具体材料给出具体指标要求，而是从整体上对所有工程材料给出统一规定。

施工现场发生机械事故一般分为两种，一种是人为操作不当，另一种则是设施、机械及设备本身存在质量缺陷。例如设计缺陷，采用的材料低劣、质量差，采用的零部件不合格，这样必然存在安全隐患，有可能导致重大安全事故；为了保证各类设施、机械、设备等为正规厂家出产的合格产品，应严格控制其质量。

4. 停缓建工程的要求

停缓建工程出现安全事故时有发生，2019年某市拆迁安置小区一停工工地，擅自进行基坑作业时发生局部坍塌，造成5人死亡、1人受伤。故应对工地停工期间的安全保障和复工前的安全隐患进行排查。

【要点4】施工现场安全管理一般规定

【规范条文】

> 3.1.1 工程项目应根据工程特点制定各项安全生产管理制度，建立健全安全生产管理体系。
>
> 3.1.2 施工现场应合理设置安全生产宣传标语和标牌，标牌设置应牢固可靠。应在主要施工部位、作业层面、危险区域以及主要通道口设置安全警示标识。
>
> 3.1.4 不得在外电架空线路正下方施工、吊装、搭设作业棚、建造生活设施或堆放构件、架具、材料及其他杂物等。

【要点解析】

1. 安全管理体系和管理制度

安全管理体系和安全管理制度是施工现场实施安全生产管理的总纲，建立完善的安全管理体系，拥有健全的安全生产管理制度，是现代企业管理的必备素质。项目部要根据项目特点建立安全管理体系，制定完备的管理制度，确保项目的安全运行。

安全管理体系的核心问题是安全管理人员和安全设备设施的配置，尤其安全管理人员数量不足，管理技术水平不高是现场经常出现的问题，要引起足够重视。

施工单位应按照《建筑施工企业安全生产管理机构设置及专职安全生产管理人员配备方法》（建质〔2008〕91号）配置人员：

"第十三条 总承包单位配备项目专职安全生产管理人员应当满足下列要求：

（一）建筑工程、装修工程按照建筑面积配备：

（1）1万平方米以下的工程不少于1人；

（2）1万～5万平方米的工程不少于2人；

（3）5万平方米及以上的工程不少于3人，且按专业配备专职安全生产管理人员。

（二）土木工程、线路管道、设备安装工程按照工程合同价配备：

（1）5000万元以下的工程不少于1人；

（2）5000万～1亿元的工程不少于2人；

（3）1亿元及以上的工程不少于3人，且按专业配备专职安全生产管理人员。

第十四条 分包单位配备项目专职安全生产管理人员应当满足下列要求：

（一）专业承包单位应当配置至少1人，并根据所承担的分部分项工程的工程量和施工危险程度增加。

（二）劳务分包单位施工人员在50人以下的，应当配备1名专职安全生产管理人员；50人—200人的，应当配备2名专职安全生产管理人员；200人及以上的，应当配备3名及以上专职安全生产管理人员，并根据所承担的分部分项工程施工危险实际情况增加，不得少于工程施工人员总人数的5‰。"

2. 防护措施及安全警示标识

安全防护设施是指在施工高处作业中，为将危险、有害因素控制在安全范围以及减少、预防和消除危害所配置的设备和采取的措施，包括防护栏杆、防护棚、安全网等。

《安全标志及其使用导则》GB 2894—2008 及《电气安全标志》GB/T 29481—2013 将安全警示标志划分为禁止、警告、指令、提示四类标志，在施工组织设计的施工平面布置图中明确安全标志的种类和使用位置。这一点常被忽略，有些项目安全标志严重缺失，隐患较大。

《建筑与市政工程施工现场临时用电安全技术标准》JGJ/T—2024 中 8.1.1 条也规定："在建工程外电架空线路正下方不得有人作业、建造生活设施或堆放建筑材料、周转材料及其他杂物等。"此条规定是关于电气隔离防护的原则，是防止由于外电架空线路与施工现场安全距离不足，导致施工人员在架空线路下方施工作业、搭设作业棚等过程中可能发生直接接触触电的隐患。

【要点5】高处坠落安全管理

【规范条文】

3.2.1 在坠落高度基准面上方 2m 及以上进行高空或高处作业时，应设置安全防护设施并采取防滑措施，高处作业人员应正确佩戴安全帽、安全带等劳动防护用品。

3.2.3 在建工程的预留洞口、通道口、楼梯口、电梯井口等孔洞以及无围护设施或围护设施高度低于1.2m的楼层周边、楼梯侧边、平台或阳台边、屋面周边和沟、坑、槽等边沿应采取安全防护措施，并严禁随意拆除。

3.2.5 各类操作平台、载人装置应安全可靠，周边应设置临边防护，并应具有足够的强度、刚度和稳定性，施工作业荷载严禁超过其设计荷载。

【要点解析】

1. 高处作业的防护用品

高处作业个人劳动防护用品主要是安全带和安全帽。安全帽应按照使用环境进行选用，而不是千篇一律使用同一种安全帽。详见《头部防护 安全帽选用规范》GB/T 30041—2013。高处作业防坠落，要使用坠落悬挂用安全带，即五点式安全带，详见《坠落防护 安全带》GB 6095—2021。

2. 高处作业的防坠落设施

高处作业安全防护设施，主要是临边、洞口、操作平台、交叉作业等防护设施，涵盖安全网、水平网、防护栏杆、硬防护等设施，要按照规范规定及时设置，并设专人维护，确保安全可靠。

《建筑施工易发事故防治安全标准》JGJ/T 429—2018将高处坠落列为常见易发事故，按基本建设施工顺序依次对易发生坠落的分部分项进行分别阐述，规定了预防高处坠落应采取的防护措施，需遵照执行以预防事故的发生。

施工现场需加强对临边防护栏杆、洞口防护盖板、高处作业平台等设施的日常检查和管理。

【要点6】物体打击的安全管理

【规范条文】

3.3.1 在高处安装构件、部件、设施时，应采取可靠的临时固定措施或防坠措施。

3.3.2 在高处拆除或拆卸作业时，严禁上下同时进行。拆卸的施工材料、机具、构件、配件等，应运至地面，严禁抛掷。

3.3.4 安全通道上方应搭设防护设施，防护设施应具备抗高处坠物穿透的性能。

【要点解析】

1. 物体打击的预防措施

《建筑施工易发事故防治安全标准》JGJ/T 429—2018将物体打击列为常见易发事故，

提出了相应的防范规定。施工现场内预防物体打击的措施大致如下：

1）个人防护用品和现场防护设施必须配备齐全；进入施工现场的人员必须正确佩戴安全帽。

2）应防止高空坠物，施工过程中工具、小件物品应采取可靠的临时固定措施或防坠措施。

3）交叉作业时，下层作业位置应处于上层作业的坠落半径之外，在坠落半径内时，必须设置安全防护棚或其他防护隔离措施。

4）短边边长小于或等于 500mm 的洞口，应采取硬质封堵措施，大于 500mm 的洞口周边设置临边防护栏杆，洞口并满挂水平安全网。

5）外脚手架与结构临边缝隙应挂设水平网，架体作业层脚手板下应用安全平网双层兜底，以下每隔 10m 应用安全平网封闭。

6）在电梯井道施工作业，井道内应每隔 2 层且不大于 10m 加设一道安全平网。

7）施工现场人员不得在起重机覆盖范围内和有可能坠物的区域停留。

2. 安全防护棚

安全防护棚用于现场交叉施工处于坠落半径之内部分。安全防护棚宜采用型钢或钢板搭设或用双层木质脚手板搭设，并能承受高空坠物的冲击。防护棚的覆盖范围应大于上方施工可能坠落物件的影响范围。防护棚常在包括有进出现场的安全通道、处于起重机臂回转半径内的施工作业、上下垂直部位交叉作业等区域搭设。《建筑施工高处作业安全技术规范》JGJ 80—2016 第 7 章规定了防护棚的相关要求。

【要点 7】起重伤害的安全管理

【规范条文】

3.4.1 吊装作业前应设置安全保护区域及警示标识，吊装作业时应安排专人监护，防止无关人员进入，严禁任何人在吊物或起重臂下停留或通过。

3.4.2 使用吊具和索具应符合下列规定：

1 吊具和索具的性能、规格应满足吊运要求，并与环境条件相适应；

2 作业前应对吊具与索具进行检查，确认完好后方可投入使用；

3 承载时不得超过额定荷载。

3.4.4 物料提升机严禁使用摩擦式卷扬机。

3.4.6 吊装作业时，对未形成稳定体系的部分，应采取临时固定措施。对临时固定的构件，应在安装固定完成并经检查确认无误后，方可解除临时固定措施。

【要点解析】

1. 建筑起重机械的分类

根据原国家质检总局 2014 年修订的《特种设备目录》，起重机械是指用于垂直升降或者垂直升降并水平移动重物的机电设备，其范围规定为额定起重量大于或者等于 0.5t 的升降机；额定起重量大于或者等于 3t（或额定起重力矩大于或者等于 40t·m 的塔式起重机，或生产率大于或者等于 300t/h 的装卸桥），且提升高度大于或者等于 2m 的起重机；层数大于或者等于 2 层的机械式停车设备。

起重机械有多种分类方法，根据 2014 年原国家质检总局《特种设备目录》，被纳入特种设备中的起重机械类主要有：桥式起重机（通用桥式起重机、防爆桥式起重机、绝缘桥式起重机、冶金桥式起重机、电动单梁起重机、电动葫芦桥式起重机）、门式起重机（通用门式起重机、防爆门式起重机、轨道式集装箱门式起重机、轮胎式集装箱门式起重机、岸边集装箱起重机、造船门式起重机、电动葫芦门式起重机、装卸桥、架桥机）、塔式起重机（普通塔式起重机、电站塔式起重机）、流动式起重机（轮胎起重机、履带起重机、集装箱正面吊运起重机、铁路起重机）、门座式起重机（门座起重机、固定式起重机）、升降机（施工升降机、简易升降机）、缆索式起重机、桅杆式起重机、机械式停车设备。

施工现场常用的汽车起重机未列入 2014 版《特种设备目录》，不应按照起重机械进行管理，应按照机械设备进行管理。

2. 起重机械的安全管理

《建筑起重机械安全监督管理规定》（建设部令第 166 号）规定了各参建单位履行起重机械安全管理的相关职责：

"第十二条　安装单位应当履行下列安全职责：

（一）按照安全技术标准及建筑起重机械性能要求，编制建筑起重机械安装、拆卸工程专项施工方案，并由本单位技术负责人签字；

（二）按照安全技术标准及安装使用说明书等检查建筑起重机械及现场施工条件；

（三）组织安全施工技术交底并签字确认；

（四）制定建筑起重机械安装、拆卸工程生产安全事故应急救援预案；

（五）将建筑起重机械安装、拆卸工程专项施工方案，安装、拆卸人员名单，安装、拆卸时间等材料报施工总承包单位和监理单位审核后，告知工程所在地县级以上地方人民政府建设主管部门。

第十八条　使用单位应当履行下列安全职责：

（一）根据不同施工阶段、周围环境以及季节、气候的变化，对建筑起重机械采取相应的安全防护措施；

（二）制定建筑起重机械生产安全事故应急救援预案；

（三）在建筑起重机械活动范围内设置明显的安全警示标志，对集中作业区做好安全防护；

（四）设置相应的设备管理机构或者配备专职的设备管理人员；

（五）指定专职设备管理人员、专职安全生产管理人员进行现场监督检查；

（六）建筑起重机械出现故障或者发生异常情况的，立即停止使用，消除故障和事故隐患后，方可重新投入使用。

第二十一条　施工总承包单位应当履行下列安全职责：

（一）向安装单位提供拟安装设备位置的基础施工资料，确保建筑起重机械进场安装、拆卸所需的施工条件；

（二）审核建筑起重机械的特种设备制造许可证、产品合格证、制造监督检验证明、备案证明等文件；

（三）审核安装单位、使用单位的资质证书、安全生产许可证和特种作业人员的特种作业操作资格证书；

（四）审核安装单位制定的建筑起重机械安装、拆卸工程专项施工方案和生产安全事故应急救援预案；

（五）审核使用单位制定的建筑起重机械生产安全事故应急救援预案；

（六）指定专职安全生产管理人员监督检查建筑起重机械安装、拆卸、使用情况；

（七）施工现场有多台塔式起重机作业时，应当组织制定并实施防止塔式起重机相互碰撞的安全措施。

第二十二条　监理单位应当履行下列安全职责：

（一）审核建筑起重机械特种设备制造许可证、产品合格证、制造监督检验证明、备案证明等文件；

（二）审核建筑起重机械安装单位、使用单位的资质证书、安全生产许可证和特种作业人员的特种作业操作资格证书；

（三）审核建筑起重机械安装、拆卸工程专项施工方案；

（四）监督安装单位执行建筑起重机械安装、拆卸工程专项施工方案情况；

（五）监督检查建筑起重机械的使用情况；

（六）发现存在生产安全事故隐患的，应当要求安装单位、使用单位限期整改，对安装单位、使用单位拒不整改的，及时向建设单位报告。"

3. 吊装的安全管理

施工现场常见的吊装作业，包括日常材料构配件的吊装、装配式构件的吊装、机电设备的吊装、钢结构吊装等。

《建筑施工起重吊装工程安全技术规范》JGJ 276—2012 规定了起重吊装的相关安全要求。

起重吊装作业前，施工单位要编制吊装作业的专项施工方案，对方案进行安全技术措施交底；作业中不得随意更改。起重机司机、起重信号工、司索工等特种作业人员具备特种作业资格证书且人证合一。严禁非起重机驾驶人员驾驶、操作起重机。可以应用人脸识别等数字化技术避免非持证人员操作。起重吊装作业前，施工单位检查所使用的机械、滑轮、吊具和地锚等，必须符合安全要求。起重作业人员必须穿防滑鞋、戴安全帽，高处作业应佩挂安全带，并应系挂可靠，高挂低用。起重吊装相关管理规定较多，应组织相关人员学习，在施工过程中严格执行，并随时检查。

【要点 8】坍塌的安全管理

【规范条文】

> 3.5.1　土方开挖的顺序、方法应与设计工况相一致，严禁超挖。
>
> 3.5.2　边坡坡顶、基坑顶部及底部应采取截水或排水措施。

3.5.3 边坡及基坑周边堆放材料、停放设备设施或使用机械设备等荷载严禁超过设计要求的地面荷载限值。

3.5.4 边坡及基坑开挖作业过程中，应根据设计和施工方案进行监测。

3.5.5 当基坑出现下列现象时，应及时采取处理措施，处理后方可继续施工。

1 支护结构或周边建筑物变形值超过设计变形控制值；

2 基坑侧壁出现大量漏水、流土，或基坑底部出现管涌；

3 桩间土流失孔洞深度超过桩径。

3.5.7 基坑回填应在具有挡土功能的结构强度达到设计要求后进行。

3.5.9 模板及支架应根据施工工况进行设计，并应满足承载力、刚度和稳定性要求。

3.5.10 混凝土强度应达到规定要求后，方可拆除模板和支架。

3.5.12 临时支撑结构安装、使用时应符合下列规定：

1 严禁与起重机械设备、施工脚手架等连接；

2 临时支撑结构作业层上的施工荷载不得超过设计允许荷载；

3 使用过程中，严禁拆除构配件。

3.5.14 拆除作业应符合下列规定：

1 拆除作业应从上至下逐层拆除，并应分段进行，不得垂直交叉作业。

2 人工拆除作业时，作业人员应在稳定的结构或专用设备上操作，水平构件上严禁人员聚集或物料集中堆放；拆除建筑墙体时，严禁采用底部掏掘或推倒的方法。

3 拆除建筑时应先拆除非承重结构，再拆除承重结构。

4 上部结构拆除过程中应保证剩余结构的稳定。

【要点解析】

（一）土方开挖前的准备工作

1. 地下管线及障碍物排查

在建设单位提供地下管线及障碍物图纸的前提下，需要施工单位进行相应排查以确定图纸的准确性。一般勘察单位会提供管线勘探图，也需要核实，根据管线类别联系相关产权单位，对影响施工的管线进行迁移。

2. 施工平面布置

在土方阶段，施工平面布置既要规划土方开挖和运输的路径，也要做好安全文明施工、临时设施等的施工布置，施工平面的合理化布置能够满足各项目的安全文明施工要求，有序推进项目开展。

（二）确保边坡稳定的措施

1. 不超载

《建筑深基坑工程施工安全技术规范》JGJ 311—2013 规定，基坑周边使用荷载不应超过设计限值。其条文说明规定，基坑周边 1.5m 范围内不宜堆载，3m 以内限制堆载，坑边严禁重型车辆通行。当支护设计中已计入堆载和车辆运行时，基坑使用中严禁超载。这是确保边坡安全的首要条件。

2. 不超挖

基坑开挖的工况，要与设计工况保持一致，这一点需要设计进行充分的交底，在开挖过程中随时监测开挖尺寸，确保不超挖。

3. 信息化施工，加强监测

依据《建筑基坑支护技术规程》JGJ 120—2012 规定，基坑支护设计应根据支护结构类型和地下水控制方法，按下表 5-1 选择基坑监测项目，并应根据支护结构构件、基坑周边环境的重要性及地质条件的复杂性确定监测点部位及数量。选用的监测项目及其监测部位应能够反映支护结构的安全状态和基坑周边环境受影响的程度。

基坑监测项目选择 表 5-1

监测项目	支护结构的安全等级		
	一级	二级	三级
支护结构顶部水平位移	应测	应测	应测
基坑周边建(构)筑物、地下管线、道路沉降	应测	应测	应测
坑边地面沉降	应测	应测	宜测
支护结构深部水平位移	应测	应测	选测
锚杆拉力	应测	应测	选测
支撑轴力	应测	宜测	选测
挡土构件内力	应测	宜测	选测
支撑立柱沉降	应测	宜测	选测
支护结构沉降	应测	宜测	选测
地下水位	应测	应测	选测
土压力	宜测	选测	选测
孔隙水压力	宜测	选测	选测

（三）拆除作业的安全管理

项目有拆除作业时，施工单位应编制拆除工程施工方案和事故应急预案，如果项目拆除工程属于《危险性较大的分部分项工程安全管理规定》（建办质〔2018〕31 号）中规定的可能影响行人、交通、电力设施、通信设施或其他建筑物、构筑物安全的拆除工程，施工单位应编制危险性较大的拆除工程专项施工方案。如果涉及码头、桥梁、高架、烟囱、水塔或拆除中容易引起有毒有害气（液）体或粉尘扩散、易燃易爆事故发生的特殊建、构筑物的拆除工程或者文物保护建筑、优秀历史建筑或历史文化风貌区影响范围内的拆除工程，施工单位应按相关规定组织超过一定规模的危险性较大的分部分项工程专家论证。

在拆除施工前，施工单位应对拆除作业人员做好安全教育和技术交底，拆除作业区域要拉设警戒线，无关人员不得进入。拆除过程中，施工单位配备的专职安全生产管理人员应到场进行监督检查，拆除作业顺序、拆除方法应符合有关规范和拆除方案的要求。拆除工程具体的安全管理要求，可参照《建筑拆除工程安全技术规范》JGJ 147—2016 执行。

【要点9】机械伤害的安全管理

【规范条文】

> 3.6.1　机械操作人员应按机械使用说明书规定的技术性能、承载能力和使用条件正确操作、合理使用机械，严禁超载、超速作业或扩大使用范围。
>
> 3.6.3　机械上的各种安全防护装置、保险装置、报警装置应齐全有效，不得随意更换、调整或拆除。
>
> 3.6.4　机械作业应设置安全区域，严禁非作业人员在作业区停留、通过、维修或保养机械。当进行清洁、保养、维修机械时，应设置警示标识，待切断电源、机械停稳后，方可进行操作。
>
> 3.6.6　塔式起重机安全监控系统应具有数据存储功能，其监视内容应包含起重量、起重力矩、起升高度、幅度、回转角度、运行行程等信息。塔式起重机有运行危险趋势时，控制回路电源应能自动切断。

【要点解析】

1. 现场常见的施工机械和设备

建筑施工机械和设备种类繁多，不同现场使用的机械不尽相同。《建筑施工机械与设备　术语和定义》GB/T 18576—2001 将建筑施工中使用的机械和设备分为五类，包括沉拔桩设备、混凝土和灰浆的制备输送捣实设备及钢筋加工设备和模板、骨料加工机械和设备、装修和维护用的设备、施工工作中常用的机械和设备。《施工现场机械设备检查技术规范》JGJ 160—2016 和《建筑机械使用安全技术规程》JGJ 33—2012，提出了日常使用和检查的安全要求。

2. 对工程结构临时使用的要求

现场临时使用工程结构的阶段较多，每层的模板搭设、设备设施的临时占用等都需要临时使用工程结构，有些使用荷载较大，受力工况与设计不一致。不管哪一种，使用前应要求施工单位编制施工方案，与设计单位进行沟通，方案中要对结构承载力、变形等进行验算，经过设计同意后方可使用，且不应擅自改变使用工况。若结构承载力不满足设计要求，征得设计同意，可采用卸荷、回顶等措施。

【要点10】暗挖作业安全管理

【规范条文】

> 3.7.1　暗挖施工应合理规划开挖顺序，严禁超挖，并应根据围岩情况、施工方法及时采取有效支护，当发现支护变形超限或损坏时，应立即整修和加固。

3.7.2 盾构作业时，掘进速度应与地表控制的隆陷值、进出土量及同步注浆等相协调。

3.7.3 盾构掘进中遇有下列情况之一时，应停止掘进，分析原因并采取措施：

1 盾构前方地层发生坍塌或遇有障碍；

2 盾构自转角度超出允许范围；

3 盾构位置偏离超出允许范围；

4 盾构推力增大超出预计范围；

5 管片防水、运输及注浆等过程发生故障。

3.7.4 顶进作业前，应对施工范围内的既有线路进行加固。顶进施工时应对既有线路、顶力体系和后背实时进行观测、记录、分析和控制，发现变形和位移超限时，应立即进行调整。

【要点解析】

依据《危险性较大的分部分项工程安全管理规定》（建办质〔2018〕31 号），采用矿山法、盾构法、顶管法施工的隧道、洞室暗挖工程属于危险性较大的分部分项工程。针对暗挖危险性较大的分部分项工程，应做好以下工作：

1）施工单位应配备专职安全生产管理人员，建立安全生产组织保证体系、安全生产责任体系、安全生产管理制度体系、应急救援体系，构建安全风险分级管控和隐患排查治理双重预防机制。

2）编审专项施工方案，对于超过一定规模的危大工程，应组织专家论证。方案审批通过后，施工单位进行方案交底。

3）编审应急预案，施工单位应当根据建设工程施工的特点、范围，对施工现场易发生重大事故的部位、环节进行监控，制定施工现场生产安全事故应急救援预案。总承包单位统一组织编制建设工程生产安全事故应急救援预案，总承包单位和分包单位按照应急救援预案，各自建立应急救援组织或者配备应急救援人员，配备救援器材、设备，并定期组织演练。

4）监理单位编写暗挖工程监理实施细则，对暗挖工程施工进行专项巡视检查。

5）电工、焊工、架子工等特种作业人员应持证上岗，证件在有效期内。

6）涉及有限空间作业的，应符合当地有限空间的管理规定。

7）组织对暗挖工程的临时设施、安全防护设施、起重吊装设备、临时用电安装等按规定进行检查、验收，合格后方可使用或进行后续作业。

【要点 11】车辆伤害的安全管理

【规范条文】

3.8.1 施工车辆运输危险物品时应悬挂警示牌。

> 3.8.2 施工现场车辆行驶道路应平整坚实，在特殊路段应设置反光柱、爆闪灯、转角灯等设施，车辆行驶应遵守施工现场限速要求。
>
> 3.8.4 夜间施工时，施工现场应保障充足的照明，施工车辆应降低行驶速度。

【要点解析】

施工现场出入车辆种类较多，包括混凝土泵车、平板拖车、挖掘机、推土机、叉车、汽车起重机等。尤其对汽车起重机等重型车辆，需要格外注意行车安全。在施工现场内应低速行驶，车辆应停放在坚硬稳固的地面上，要注意车辆的载重量是否满足停放地面的承载力，所有车辆都应遵守《中华人民共和国道路交通安全法》的规定。

近年来电动车火灾事故频发，引起社会高度关注。施工现场对电动运输车使用率较高，但由于施工现场条件较差、对电动车管理疏忽，使得现场内电动运输车存在一定的事故隐患，电动运输车的充电、运输等安全管理应引起足够重视，施工单位严格执行各地工程电动运输车使用安全管理的相关规定。

【要点 12】中毒和窒息的安全管理

【规范条文】

> 3.9.1 领取和使用有毒物品时，应实行双人双重责任制，作业中途不得擅离职守。
>
> 3.9.3 受限或密闭空间作业前，应按照氧气、可燃性气体、有毒有害气体的顺序进行气体检测。当气体浓度超过安全允许值时，严禁作业。
>
> 3.9.4 室内装修作业时，严禁使用苯、工业苯、石油苯、重质苯及混苯作为稀释剂和溶剂，严禁使用有机溶剂清洗施工用具。建筑外墙清洗时，不得采用强酸强碱清洗剂及有毒有害化学品。

【要点解析】

1. 中毒和窒息的预防

在施工现场，中毒和窒息的发生主要与有限空间作业有关，有限空间作业前，施工单位做好以下防护措施：

1）实施有限空间作业前，应对作业环境及作业过程进行风险评估，分析可能存在的危险有害因素，提出消除、控制危害的措施，制定作业方案，明确作业负责人、监护者、作业者及其安全职责。

2）有限空间作业前，应对实施作业的全体人员进行安全交底，告知作业内容、作业方案、作业现场可能存在的危险有害因素、作业安全要求及应急处置措施等，并履行签字确认手续。

3）作业前，应对安全防护设备、个体防护装备、应急救援设备设施、作业设备和工具的齐备性和安全性进行检查。

4）作业前，应封闭作业区域，并在出入口周边显著位置设置有限空间作业安全告知牌。

5）作业人员应站在有限空间外上风侧开启出入口，进行自然通风，人员应当佩戴相应的呼吸防护用品。

6）对作业现场进行检测，包括氧气、可燃性气体、有毒有害气体、蒸汽。

7）进行机械通风，设置照明设施。

8）有限空间作业监护人应在有限空间外全程持续监护。

2. 有机溶剂的安全管理

《民用建筑工程室内环境污染控制标准》GB 50325—2020 第 5.3 节强制性条文明确规定禁用的有机溶剂，与 3.9.4 条内容一致。

【要点 13】临时用电的管理要点

【规范条文】

3.10.1 施工现场用电的保护接地与防雷接地应符合下列规定：

1 保护接地导体（PE）、接地导体和保护联结导体应确保自身可靠连接；

2 采用剩余电流动作保护电器时应装设保护接地导体（PE）；

3 共用接地装置的电阻值应满足各种接地的最小电阻值的要求。

3.10.3 施工现场配电线路应符合下列规定：

1 线缆敷设应采取有效保护措施，防止对线路的导体造成机械损伤和介质腐蚀。

2 电缆中应包含全部工作芯线、中性导体（N）及保护接地导体（PE）或保护中性导体（PEN）；保护接地导体（PE）及保护中性导体（PEN）外绝缘层应为黄绿双色；中性导体（N）外绝缘层应为淡蓝色；不同功能导体外绝缘色不应混用。

3.10.4 施工现场的特殊场所照明应符合下列规定：

1 手持式灯具应采用供电电压不大于 36V 的安全特低电压（SELV）供电；

2 照明变压器应使用双绕组型安全隔离变压器，严禁采用自耦变压器；

3 安全隔离变压器严禁带入金属容器或金属管道内使用。

3.10.5 电气设备和线路检修应符合下列规定：

1 电气设备检修、线路维修时，严禁带电作业。应切断并隔离相关配电回路及设备的电源，并应检验、确认电源被切除，对应配电间的门、配电箱或切断电源的开关上锁，及应在锁具或其箱门、墙壁等醒目位置设置警示标识牌。

2 电气设备发生故障时，应采用验电器检验，确认断电后方可检修，并在控制开关明显部位悬挂"禁止合闸、有人工作"停电标识牌。停送电必须由专人负责。

3 线路和设备作业严禁预约停送电。

【要点解析】

临时用电贯穿于工程始末，是推进工程顺利开展的重要环节，施工现场要确保临时用电的安全使用，管理要点如下：

1）施工单位建立临时用电管理制度、巡视检查制度，并实施。

2）编审临时用电组织设计。检查是否按规范要求编制并审批施工现场临时用电组织设计，是否具有针对性和可操作性，是否建立并完善施工现场临时用电安全技术档案。

3）施工单位配备临时用电专业管理人员，建筑电工持证上岗，熟悉临时用电标准规范及相关专业知识。

4）临时用电工程安装完成后，经编制、审核、批准部门和使用单位共同验收，保留相关验收记录。

5）施工现场执行三级配电系统、TN-S 接零保护系统和二级漏电保护系统；检查是否存在安全用电保护措施不到位、随意配电、私拉乱接、电线拖地泡水等行为；是否落实外电线路防护相关措施；是否执行潮湿等特殊场所的照明使用安全电压等要求；是否存在使用不符合要求的配电箱、开关箱及电器装置的情况。是否违反本规范及《施工现场临时用电安全技术规范》JGJ 46—2005、《建设工程施工现场供用电安全规范》GB 50194—2014等条文要求。

6）临时用电工程日常使用过程中，施工单位每月对临时用电系统的绝缘电阻、接地电阻及漏电保护器进行测试，并填写相应测试记录。

7）工地生活区需规范临时用电管理，明确责任人员，设置临时用电安全提醒、警示标志；宿舍内使用安全电压，检查是否存在电线私接乱拉以及使用插座、花线、大功率电器等现象；是否按规定配备临时消防用电设施；是否存在私自生火做饭等情况。

【要点 14】爆炸的安全管理

【规范条文】

3.11.1 柴油、汽油、氧气瓶、乙炔气瓶、煤气罐等易燃、易爆液体或气体容器应轻拿轻放，严禁暴力抛掷，并应设置专门的存储场所，严禁存放在住人用房。

3.11.2 严禁利用输送可燃液体、可燃气体或爆炸性气体的金属管道作为电气设备的保护接地导体。

3.11.6 输送臭氧、氧气的管道及附件在安装前应进行除锈、吹扫、脱脂。

3.11.7 压力容器及其附件应合格、完好和有效。严禁使用减压器或其他附件缺损的氧气瓶。严禁使用乙炔专用减压器、回火防止器或其他附件缺损的乙炔气瓶。

3.11.8 对承压作业时的管道、容器或装有剧毒、易燃、易爆物品的容器，严禁进行焊接或切割作业。

【要点解析】

1. 易燃易爆物品安全管理

《建设工程施工现场消防安全技术规范》GB 50720—2011 规定了可燃物及易燃易爆危险品的管理。

施工单位应制定可燃及易燃易爆危险品管理制度。可燃材料及易燃易爆危险品应按计划限量进场。进场后，应单独存放于易燃易爆库房内，并设专人看管，易燃易爆物品出入库房要做好登记，露天存放时，应分类成垛堆放，垛高不应超过 2m，单垛体积不应超过 $50m^3$，垛与垛之间的最小间距不应小于 2m，且应采用不燃或难燃材料覆盖；易燃易爆危险品应分类专库储存，库房内应通风良好，并应设置严禁明火标志。

室内使用油漆及其有机溶剂、乙二胺、冷底子油等易挥发产生易燃气体作业时，应保持良好通风，作业场所严禁明火，并应避免产生静电。

2. 氧气乙炔的安全管理

1）气瓶运输、存放、使用时，应符合下列规定：

气瓶应保持直立状态，并采取防倾倒措施，乙炔瓶严禁横躺卧放。严禁碰撞、敲打、抛掷、滚动气瓶。气瓶应远离火源，与火源的距离不应小于 10m，并应采取避免高温和防止暴晒的措施。燃气储装瓶罐应设置防静电装置。

2）气瓶应分类储存，库房内应通风良好；空瓶和实瓶同库存放时，应分开放置，空瓶和实瓶的间距不应小于 1.5m。

3）气瓶使用时，应符合下列规定：使用前，应检查气瓶及气瓶附件的完好性，检查连接气路的气密性，并采取避免气体泄漏的措施，严禁使用已老化的橡皮气管。氧气瓶与乙炔瓶的工作间距不应小于 5m，气瓶与明火作业点的距离不应小于 10m。冬季使用气瓶，气瓶的瓶阀、减压器等发生冻结时，严禁用火烘烤或用铁器敲击瓶阀，严禁猛拧减压器的调节螺丝。氧气瓶内剩余气体的压力不应小于 0.1MPa。

4）储装气体的罐瓶及其附件应合格、完好和有效；严禁使用减压器及其他附件缺损的氧气瓶，严禁使用乙炔专用减压器、回火防止器及其他附件缺损的乙炔瓶。

3. 动火作业的安全管理

现场应按照法律法规和工程建设强制性标准对施工动火作业情况实施管理，加强动火作业消防安全管理。发现施工动火作业行为存在消防安全隐患的，施工单位应当及时整改；情况严重的应当及时报告建设单位以及建筑产权人或管理使用人。

施工现场用火应符合下列规定：

1）动火作业应办理动火许可证；动火许可证的签发人收到动火申请后，应前往现场查验并确认动火作业的防火措施落实后，再签发动火许可证。

2）动火操作人员应具有相应资格，持证上岗，遵守安全操作规程，落实安全措施。已取得焊接与热切割类特种作业操作资格证书的人员方可从事电焊、气焊动火作业，其他动火作业人员上岗前已完成所在施工单位组织的安全生产教育培训。

3）做到未办理动火作业审批手续不动火，未落实安全措施不动火，动火部位、时间、内容等与动火作业审批手续不一致不动火，动火作业监护人不在场不动火。

4）焊接、切割、烘烤或加热等动火作业前，应对作业现场的可燃物进行清理；作业现场及其附近无法移走的可燃物应采用不燃材料对其覆盖或隔离。

5）施工作业安排时，宜将动火作业安排在使用可燃建筑材料的施工作业前进行。确需在使用可燃建筑材料的施工作业之后进行动火作业时，应采取可靠的防火措施。裸露的可燃材料上严禁直接进行动火作业。

6）出现异常情况或者动火作业监护人提出停止动火作业时，应当立即停止动火作业。动火作业完成后负责现场清理，消除残火，确认无遗留火种方可离开现场。

7）焊接、切割、烘烤或加热等动火作业应配备灭火器材，并应设置动火监护人进行现场监护，每个动火作业点均应设置 1 个监护人。

8）五级（含五级）以上风力时，应停止焊接、切割等室外动火作业；确需动火作业时，应采取可靠的挡风措施。

9）动火作业后，应对现场进行检查，并应在确认无火灾危险后，动火操作人员再离开。

10）具有火灾、爆炸危险的场所严禁明火；施工现场不应采用明火取暖。

11）厨房操作间炉灶使用完毕后，应将炉火熄灭，排油烟机及油烟管道应定期清理油垢。

【要点 15】爆破作业的安全管理

【规范条文】

> 3.12.1 爆破作业前应对爆区周围的自然条件和环境状况进行调查，了解危及安全的不利环境因素，并应采取必要的安全防范措施。
>
> 3.12.2 爆破作业前应确定爆破警戒范围，并应采取相应的警戒措施。应在人员、机械、车辆全部撤离或者采取防护措施后方可起爆。
>
> 3.12.4 露天浅孔、深孔、特种爆破实施后，应等待 5min 后方准许人员进入爆破作业区检查；当无法确认有无盲炮时，应等待 15min 后方准许人员进入爆破作业区检查；地下工程爆破后，经通风除尘排烟确认井下空气合格后，应等待 15min 后方准许人员进入爆破作业区检查。
>
> 3.12.5 有下列情况之一时，严禁进行爆破作业：
>
> 1 爆破可能导致不稳定边坡、滑坡、崩塌等危险；
>
> 2 爆破可能危及建（构）筑物、公共设施或人员的安全；
>
> 3 危险区边界未设警戒的；
>
> 4 恶劣天气条件下。

【要点解析】

1. 爆破作业资质和资格

《爆破作业单位资质条件和管理要求》GA 990—2012 规定，爆破作业单位应向所在地设区的市级公安机关提出申请《爆破作业单位许可证》，营业性爆破作业单位的资质等级分为四级，从业范围分为设计施工、安全评估、安全监理。非营业性爆破作业单位不分级。

非营业性《爆破作业单位许可证》仅在爆破作业许可区域内有效，营业性《爆破作业单位许可证》在全国范围内有效。

爆破作业人员分为爆破工程技术人员、爆破员、安全员和报关员，均应持有《爆破作业人员许可证》，其中，爆破工程技术人员分为高级、中级和初级，对应不同的作业范围。

2. 爆破作业的安全监理

经公安机关审批的爆破作业项目，实施爆破作业时，应由具有相应资质的爆破作业单位进行安全监理。

安全监理应包括下列主要内容：

1）爆破作业单位是否按照设计方案施工。

2）爆破有害效应是否控制在设计范围内。

3）审验爆破作业人员的资格，制止无资格人员从事爆破作业。

4）监督民用爆炸物品领取、清退制度的落实情况。

5）监督爆破作业单位遵守国家有关标准和规范的落实情况，发现违章指挥和违章作业，有权停止其爆破作业，并向委托单位和公安机关报告。

当采用爆破拆除时，爆破震动、空气冲击波、个别飞散物等有害效应的安全允许标准，应按现行国家标准《爆破安全规程》GB 6722—2014 执行。爆破拆除应设置安全警戒，安全警戒的范围应符合设计要求，爆破后应对盲炮、爆堆、爆破拆除效果以及对周围环境的影响等进行检查，发现问题应及时处理。

【要点 16】 透水的预防措施

【规范条文】

3.13.1 地下施工作业穿越富水地层、岩溶发育地质、采空区以及其他可能引发透水事故的施工环境时，应制定相应的防水、排水、降水、堵水及截水措施。

3.13.2 盾构机气压作业前，应通过计算和试验确定开挖仓内气压，确保地层条件满足气体保压的要求。

3.13.3 钢板桩或钢管桩围堰施工前，其锁口应采取止水措施；土石围堰外侧迎水面应采取防冲刷措施，防水应严密；施工过程中应监测水位变化，围堰内外水头差应满足安全要求。

【要点解析】

《建筑施工易发事故防治安全标准》JGJ/T 429—2018 将透水列为其他易发事故，规定了透水的防范措施。

1）当隧道穿越富水地层、岩溶地质、地下采空区等不良地质段时，施工中应制定防止透水事故的安全专项施工方案和事故应急预案，并应在施工前对作业人员进行安全培训和技术交底。

2）隧道施工前应对可能出现透水地段地表上方河流、池塘及地下排水管线、岩溶区、地下采空区等进一步进行详细调查、分析，掌握涌水量、补给方式、分布范围、变化规律及水质成分等，并对地下水对施工的影响进行评价，制定治理措施。

3）隧道工程施工穿越含水层时应根据具体情况适时组织物探、钻探、钎探、监测工作。应观测记录岩层产状、岩性、构造、裂隙、岩溶的发育、钻孔涌水及充填情况，做好预报工作。

4）穿越富水底层的隧道开挖及支护各道工序应紧密衔接，应采用对围岩扰动小的掘进方式，钻爆作业应控制起爆药量和循环进尺，并结合监控量测信息，及时施作二次衬砌。

5）当发生强降雨可能造成地下工程透水补给时，应暂停隧道施工作业，待检查无误后再进洞作业。

6）地下水位以下的基坑、顶管或挖孔桩施工，应根据地质钻探资料和工程实际情况，采取降水或抗渗维护措施。当有地下承压水时，应事先探明承压水头和不透水层的标高和厚度，并对坑底土体进行抗浮托能力计算，当不满足抗浮托要求时，应采取措施降低承压水头。

围堰是为在水域建造永久性设施修建的临时性围护结构。其作用是防止水和土进入建筑物的修建位置，以便在围堰内排水、开挖基坑、修筑建筑物。围堰本身应具有足够的防水和止水性能。

地下工程在施工过程中，要了解地质构造及地下水分布，了解积水区、含水层、岩溶带等。在开挖过程中，坚持"有疑必探，先探后掘"原则，留置防水矿柱。

对存在水害威胁的区域，实施专门的防治水工程。

针对地下水控制，重点检查内容如下：

1）检查施工单位规范配备专职安全生产管理人员，并建立健全安全生产组织保证体系、安全生产责任体系、安全生产管理制度体系、应急救援体系等。

2）暗挖施工需排、降、堵、隔水时，在施工组织设计中应根据工程、水文地质和现场环境情况制定安全技术措施，编制专项施工方案。

3）由工程结构及其止水装置实施堵水时，工程结构应符合相应的抗渗要求，止水装置安装应经隐蔽工程验收合格。

4）遇无法排、降水的地层和难于加固的含水软弱地层时，可采用冻结等方法固结土壤进行施工。施工中应严格按工艺要求操作，履行隐蔽工程验收手续，并要求施工单位对施工全过程进行监测，发现异常立即处理。

5）排、降水施工结束后应清理恢复地貌，地面遗留的孔洞应及时用砂石等材料回填密实。

【要点 17】淹溺的防范措施

【规范条文】

> 3.14.1 当场地内开挖的槽、坑、沟、池等积水深度超过 0.5m 时，应采取安全防护措施。

3.14.2 水上或水下作业人员，应正确佩戴救生设施。

3.14.3 水上作业时，操作平台或操作面周边应采取安全防护措施。

【要点解析】

现场应建立健全安全生产责任制，安全生产目标考核制度、治安保卫制度卫生管理制度、培训教育制度等各项安全管理制度，并保证各项制度都能落实到位，在开展建筑工地防溺水问题专项治理工作过程中，突出以人为本的要求，落实好工地人员管理、安全预防管理、工地值班管理等各方面的管理内容，确保防溺水工作落实到位。

施工场地的坑洞在雨季容易积水，为防止溺水等次生灾害的发生，施工现场出入口冲洗设备沉淀池、坑洞周边应做好安全防护措施，并在周围设置防溺水警告标志等。

在水上、水下以及水源相对丰富的区域作业时，应采取必要的防护措施。

加强施工现场水池、水坑的管理，及时回填危险水池水坑。

做好建筑管理人员的宣传工作。加大对建设方、施工方和监理方的宣传力度，使项目管理人员充分认识防溺水工作的重要意义。

建立健全门卫制度，防止非施工人员特别是未成年人进入施工现场。

建立巡查制度，加强对围挡的检查，防止因强降水、大风等恶劣天气引发的自然灾害造成围挡倒塌伤人事故发生，及时抽排基坑、沟槽积水，避免因积水造成溺水事故发生。

雨季防汛工作检查重点如下：

1）雨季前应检查施工生产、生活设施、抗洪防汛物资情况，确认齐全合格，发现建筑有渗漏或防水层破损应要求施工单位及时修复，并经检查、验收合格。

2）雨季前对施工现场的地形和原有排水系统的排洪能力进行检查，结合现场具体情况，要求施工单位编制排水方案和竖井、工作坑、隧（通）道出入口的防汛措施与相应的安全技术措施。

3）下雨期间，加强雨期防汛措施落实情况和现况排水系统的检查，确认措施符合要求，排水系统畅通。

4）竖井口和隧（管）道范围的地面暗挖施工影响区、临河等重点部位要求施工单位设专人巡视，发现险情应及时采取安全技术措施。

【要点 18】灼烫的预防措施

【规范条文】

3.15.1 高温条件下，作业人员应正确佩戴个人防护用品。

3.15.2 带电作业时，作业人员应采取防灼烫的安全措施。

3.15.3 具有腐蚀性的酸、碱、盐、有机物等应妥善储存、保管和使用，使用场所应有防止人员受到伤害的安全措施。

【要点解析】

灼烫包括火焰烧伤、高温物体烫伤、化学灼伤（酸、碱、盐、有机物引起的灼伤）、物理灼伤（光、放射性物质引起的灼伤）、电灼伤等。

施工作业前应对灼烫危险源进行识别，采取必要的措施确保施工作业符合安全要求；熟悉所用物料的化学和物理性能，采取可靠的防护措施，防止化学灼伤和物理灼伤；易燃易爆物品应有针对性地采取防火防爆措施。

在高温工器具、有灼烫风险的作业场所旁要设置安全警示标识和防止烫伤的风险告知牌。

从事切割、焊接及可能接触高温工器具等作业人员，作业前要接受安全技术交底和安全教育，正确穿戴和使用防烫工作服、耐高温长手套、隔热鞋等个人防护用品。

作业时严格按操作规程执行。施工单位应对存在灼烫风险的作业制定施工方案或合理化的应对及安全预防措施，在作业过程中，并设有专人监督检查。

【要点 19】环境管理

【规范条文】

4.0.1　主要通道、进出道路、材料加工区及办公生活区地面应全部进行硬化处理；施工现场内裸露的场地和集中堆放的土方应采取覆盖、固化或绿化等防尘措施。易产生扬尘的物料应全部篷盖。

4.0.2　施工现场出口应设冲洗池和沉淀池，运输车辆底盘和车轮全部冲洗干净后方可驶离施工现场。施工场地、道路应采取定期洒水抑尘措施。

4.0.3　建筑垃圾应分类存放、按时处置。收集、储存、运输或装卸建筑垃圾时应采取封闭措施或其他防护措施。

4.0.5　严禁将有毒物质、易燃易爆物品、油类、酸碱类物质向城市排水管道或地表水体排放。

4.0.6　施工现场应设置排水沟及沉淀池，施工污水应经沉淀处理后，方可排入市政污水管网。

4.0.8　施工现场应编制噪声污染防治工作方案并积极落实，并应采用有效的隔声降噪设备、设施或施工工艺等，减少噪声排放，降低噪声影响。

【要点解析】

1. 施工现场环境管理的相关规定

1）建设工程施工总承包单位应对施工现场的环境与卫生负总责，分包单位应服从总承包单位的管理。参建单位及现场人员应有维护施工现场环境与卫生的责任和义务。

2）施工现场应建立环境管理制度，落实管理责任，应定期检查并记录。

3）建立应急管理体系，制订相应的应急预案并组织演练。

4）施工现场临时设施、临时道路的设置应科学合理，并应符合安全、消防、节能、环保等有关规定。

5）施工现场应实行封闭管理，并应采用硬质围挡。

6）施工单位应采取有效的安全防护措施，必须为施工人员提供必备的劳动防护用品，施工人员应正确使用劳动防护用品。

7）有毒有害作业场所应在醒目位置设置安全警示标识。

8）施工单位应根据季节气候特点，做好施工人员的饮食卫生和防暑降温、防寒保暖、防中毒、卫生防疫等工作。

2. 施工现场环境管理要点

1）施工现场应设置封闭式大门。施工现场的围挡和大门表面应平整和清洁，不得利用围挡设置户外商业广告。

2）市政基础设施工程的施工现场围挡可连续设置，也可按工程进度分段设置。特殊情况不能进行围挡的，应设置安全警告标志，并在工程危险部位采取隔离措施。

3）距离交通路口 20m 范围内占据道路施工设置的围挡，其 0.8m 以上部分应采用通透性围挡，不得影响交通路口行车视距，并应采取交通疏导和警示措施。

4）建设工程施工现场应采取围挡、易产生扬尘的物料堆放覆盖、土方开挖湿法作业、主要道路路面硬化、出入车辆冲洗、渣土车辆密闭运输等措施。

5）施工现场出入口应设置冲洗车辆的设施或安装专业化洗车设备，出场时应将车辆清理干净。

6）施工现场扬尘视频监控应符合现行地方标准的规定。

7）施工现场应采取排水措施。施工现场出入口、操作场地、材料堆场、生活区、场内道路应采取硬化措施，对其他场地进行覆盖或者临时绿化。

8）裸露场地采取覆盖、绿化、抑尘剂固化等抑尘措施。施工现场土方应集中堆放并采取覆盖、绿化、抑尘剂固化等抑尘措施。

9）施工现场应悬挂安全生产宣传标语和警示牌，主要施工部位、作业面和危险区域以及主要通道口应悬挂醒目的安全警示牌。

10）施工现场不得搅拌混凝土，现场砂石料存放应符合环境保护要求，散落灰、废砂浆、混凝土应及时清理。

11）材料应分类码放整齐，悬挂统一制作的标牌，标明名称、品种、规格、数量、检（试）验状态等。材料的存放场地应平整夯实，有排水措施。

【要点 20】卫生管理

【规范条文】

5.0.1 施工现场应根据工人数量合理设置临时饮水点。施工现场生活饮用水应符合卫生标准。

5.0.4 食堂应有餐饮服务许可证和卫生许可证，炊事人员应持有身体健康证。

5.0.6 施工现场应根据施工人员数量设置厕所，厕所应定期清扫、消毒，厕所粪便严禁直接排入雨水管网、河道或水沟内。

5.0.8 施工现场生活区宿舍、休息室应根据人数合理确定使用面积、布置空间格局，且应设置足够的通风、采光、照明设施。

5.0.10 办公区和生活区应定期消毒，当遇突发疫情时，应及时上报，并应按卫生防疫部门相关规定进行处理。

5.0.11 办公区和生活区应设置封闭的生活垃圾箱，生活垃圾应分类投放，收集的垃圾应及时清运。

5.0.12 施工现场应配备充足有效的医疗和急救用品，且应保障在需要时方便取用。

【要点解析】

1. 生活区的卫生与防疫管理

1）施工总承包单位应严格按照卫生防疫管理相关规定，建立爱国卫生运动专职机构，编制生活区卫生管理制度、疫情防控管理制度，制定食物中毒、传染病等突发疾病应急预案。

2）施工总承包单位负责开展爱国卫生运动工作，设置卫生健康管理室，储备智能测温计、防护服、消毒用品等物资及必备急救药品。

3）施工总承包单位应配备专职环境卫生消毒员，负责生活区卫生防疫、环境整治等相关工作。

4）厨师、配菜、采购、服务、保洁、保安等工作人员应按工种分别安排居住。

5）生活区应保持清洁卫生，建立"周扫除"制度，按防疫要求安排专人对宿舍、食堂、淋浴间、卫生间等重点场所开展通风和环境消毒作业，每天不少于2次，每次作业时间不少于30min，并填写通风和消毒记录。

6）生活区应配置灭鼠、蚊、蝇、蟑螂等设施。

7）食堂应取得《食品经营许可证》，食堂从业人员应取得健康证，证件应在制作间明显处公示。

8）食堂从业人员上岗期间应穿戴洁净、统一的工作服、工作帽和口罩，并保持个人卫生。非食堂从业人员不得进入食堂制作间。

9）不同种类、类型的食品在加工制作过程中应分开存放，盛放容器和加工制作工具应分类管理、使用。炊具、餐具应及时进行清洗和消毒。

10）食堂应建立食品留样制度，设专人负责食品留样，留样时间不得小于48小时，并做好登记。

11）存放食品原料的储藏间或库房应有通风、防潮、防虫、防鼠、防蚊蝇等措施，不得兼做它用。

2. 施工现场卫生管理

1）建设单位、施工单位应根据建筑垃圾减排处理和绿色施工有关规定，采取措施减少建筑垃圾的产生，应对施工工地的建筑垃圾实施集中分类管理；具备条件的，对工程施工中产生的建筑垃圾进行综合利用。

2）建设工程施工现场应配套建设生活垃圾、建筑垃圾分类设施，建设工程施工组织设计（方案）应包括配套生活垃圾、建筑垃圾分类设施的用地平面图并标明用地面积、位置和功能。

3）建筑垃圾应分类收集、储存于密闭式垃圾站，并应及时清运、消纳。清运时应采取降尘措施，运至符合要求的建筑垃圾消纳场所进行处置。

4）危险废物不得在施工现场长时间存放，临时存放时应单库存放并应符合现行国家标准《危险废物贮存污染控制标准》GB 18597—2023 的规定。

5）施工现场不得焚烧各类废弃物。

6）施工区域、办公区域和生活区域应明确划分，设标志牌，明确卫生负责人。施工现场办公区域和生活区域应根据实际条件进行绿化、美化。

7）施工现场应合理设置卫生设施，设置水冲式厕所或移动式厕所。

8）施工现场应制定卫生急救措施，配备卫生监督员和药箱、常用药品及急救器材。

9）施工单位应定期对从事有毒有害作业、高温作业、粉尘作业人员进行职业健康培训和体检，配备有效的职业健康防护设备和个人劳动防护用品，并指导作业人员正确使用。职业健康监护应符合现行国家标准《职业健康监护技术规范》GBZ 188—2014 的规定。

10）高温作业应采取有效措施，配备和发放防暑降温用品，合理安排作息时间，作息时间应符合现行地方标准的规定。冬季作业应采取防火、防滑、防冻、防风、防中毒等安全措施，配备和发放取暖用品。

针对施工现场的环境卫生管理，按照《建设工程施工现场环境与卫生标准》JGJ 146—2013 有关条文规定执行。

【要点 21】职业健康管理

【规范条文】

> 6.0.1　应为从事放射性、高毒、高危粉尘等方面工作的作业人员，建立、健全职业卫生档案和健康监护档案，定期提供医疗咨询服务。

【要点解析】

1. 职业健康管理的重要性

用人单位应当加强职业病防治工作，为劳动者提供符合法律、法规、规章、国家职业卫生标准和卫生要求的工作环境和条件，并采取有效措施保障劳动者的职业健康，是保障劳动者权益的有力举措。《工作场所职业卫生管理规定》（国家卫生健康委员会令第 5 号）规定了用人单位职业病防治的主体责任。针对建筑施工作业人员的劳动防护用品的配备和使用，可参考《建筑施工作业劳动防护用品配备及使用标准》JGJ 184—2009 中条文规定。

2. 员工的职业健康管理

1）要制定员工职业健康管理制度，加强员工职业健康教育和培训，切实做好退休返聘员工、女工等健康保护工作，制定公司危险源辨识和职业健康防范清单。做好员工的劳动保护用品的发放和管理工作。

2）建立员工的职业健康档案，每年组织员工体检，及时发现健康状况异常，及时处理。做好项目防暑降温工作，重视员工的劳动时间和劳动强度管理，避免员工过度疲劳，合理安排工作和休息时间，做到劳逸结合。

3）项目部要充分识别本项目的危险源辨识和风险评价，提高员工职业健康安全防护意识和安全相关法律法规知识，防止员工工作中的伤害。项目部应将有关职业健康安全法律法规，项目部高风险危险源及管理方案及时宣贯，并定期更新项目部职业健康安全法律法规清单、危险源清单及其管理方案。

4）做好员工用餐食堂的监督、查验工作。项目部与施工单位沟通，查验食堂卫生许可证、炊事员身体健康证和卫生知识培训证和食品卫生管理制度。操作间相对固定、封闭并具备清洗消毒条件和杜绝传染疾病的措施。

5）做好员工安全用电的管理，组织消防和安全用电知识讲座，提高消防意识；做好员工生活区安全检查。

6）做好员工交通安全的宣传教育工作，确保上下班交通安全。

7）员工应当享有保证安全健康的劳动环境和条件，享受职业健康及劳动保护权利，对于强令员工冒险作业的行为，员工有权抵制、投诉和检举。

附录：《建筑与市政施工现场安全卫生与职业健康通用规范》GB 55034—2022
节选
（引自住房和城乡建设部官网）

目　次

1 总则

1.0.1 为在建筑与市政工程施工中保障人身健康和生命财产安全、生态环境安全，满足经济社会管理基本需要，制定本规范。

1.0.2 建筑与市政工程施工现场安全、环境、卫生与职业健康管理必须执行本规范。

1.0.3 建筑与市政工程施工应符合国家施工现场安全、环保、防灾减灾、应急管理、卫生及职业健康等方面的政策，实现人身健康和生命财产安全、生态环境安全。

1.0.4 工程建设所采用的技术方法和措施是否符合本规范要求，由相关责任主体判定。其中，创新性的技术方法和措施，应进行论证并符合本规范中有关性能的要求。

2 基本规定

2.0.1 工程项目专项施工方案和应急预案应根据工程类型、环境地质条件和工程实践制定。

2.0.2 工程项目应根据工程特点及环境条件进行安全分析、危险源辨识和风险评价，编制重大危险源清单并制定相应的预防和控制措施。

2.0.3 施工现场规划、设计应根据场地情况、入住队伍和人员数量、功能需求、工程所在地气候特点和地方管理要求等各项条件，采取满足施工生产、安全防护、消防、卫生防疫、环境保护、防范自然灾害和规范化管理等要求的措施。

2.0.4 施工现场生活区应符合下列规定：

1 围挡应采用可循环、可拆卸、标准化的定型材料，且高度不得低于1.8m。

2 应设置门卫室、宿舍、厕所等临建房屋，配备满足人员管理和生活需要的场所和设施；场地应进行硬化和绿化，并应设置有效的排水设施。

3 出入大门处应有专职门卫，并应实行封闭式管理。

4 应制定法定传染病、食物中毒、急性职业中毒等突发疾病应急预案。

2.0.5 应根据各工种的作业条件和劳动环境等为作业人员配备安全有效的劳动防护用品，并应及时开展劳动防护用品使用培训。

2.0.6 进场材料应具备质量证明文件，其品种、规格、性能等应满足使用及安全卫生要求。

2.0.7 各类设施、设备应具备制造许可证或其他质量证明文件。

2.0.8 停缓建工程项目应做好停工期间的安全保障工作，复工前应进行检查，排除安全隐患。

3 安全管理

3.1 一般规定

3.1.1 工程项目应根据工程特点制定各项安全生产管理制度，建立健全安全生产管理体系。

3.1.2 施工现场应合理设置安全生产宣传标语和标牌，标牌设置应牢固可靠。应在主要施工部位、作业层面、危险区域以及主要通道口设置安全警示标识。

3.1.3 施工现场应根据安全事故类型采取防护措施。对存在的安全问题和隐患，应定人、定时间，定措施组织整改。

3.1.4 不得在外电架空线路正下方施工、吊装、搭设作业棚、建造生活设施或堆放构件、架具、材料及其他杂物等。

3.2 高处坠落

3.2.1 在坠落高度基准面上方2m及以上进行高空或高处作业时，应设置安全防护设施并采取防滑措施，高处作业人员应正确佩戴安全帽、安全带等劳动防护用品。

3.2.2 高处作业应制定合理的作业顺序。多工种垂直交叉作业存在安全风险时，应在上下层之间设置安全防护设施。严禁无防护措施进行多层垂直作业。

3.2.3 在建工程的预留洞口、通道口、楼梯口、电梯井口等孔洞以及无围护设施或围护设施高度低于1.2m的楼层周边、楼梯侧边、平台或阳台边、屋面周边和沟、坑、槽等边沿应采取安全防护措施，并严禁随意拆除。

3.2.4 严禁在未固定、无防护设施的构件及管道上进行作业或通行。

3.2.5 各类操作平台、载人装置应安全可靠，周边应设置临边防护，并应具有足够的强度、刚度和稳定性，施工作业荷载严禁超过其设计荷载。

3.2.6 遇雷雨、大雪、浓雾或作业场所5级以上大风等恶劣天气时，应停止高处作业。

3.3 物体打击

3.3.1 在高处安装构件、部件、设施时，应采取可靠的临时固定措施或防坠措施。

3.3.2 在高处拆除或拆卸作业时，严禁上下同时进行。拆卸的施工材料、机具、构件、配件等，应运至地面，严禁抛掷。

3.3.3 施工作业平台物料堆放重量不应超过平台的容许承载力，物料堆放高度应满足稳定性要求。

3.3.4 安全通道上方应搭设防护设施，防护设施应具备抗高处坠物穿透的性能。

3.3.5 预应力结构张拉、拆除时，预应力端头应采取防护措施，且轴线方向不应有施工作业人员。无粘结预应力结构拆除时，应先解除预应力，再拆除相应结构。

3.4 起重伤害

3.4.1 吊装作业前应设置安全保护区域及警示标识，吊装作业时应安排专人监护，防止无关人员进入，严禁任何人在吊物或起重臂下停留或通过。

3.4.2 使用吊具和索具应符合下列规定：

1 吊具和索具的性能、规格应满足吊运要求，并与环境条件相适应；

2 作业前应对吊具与索具进行检查，确认完好后方可投入使用；

3 承载时不得超过额定荷载。

3.4.3 吊装重量不应超过起重设备的额定起重量。吊装作业严禁超载、斜拉或起吊不明重量的物体。

3.4.4 物料提升机严禁使用摩擦式卷扬机。

3.4.5 施工升降设备的行程限位开关严禁作为停止运行的控制开关。

3.4.6 吊装作业时，对未形成稳定体系的部分，应采取临时固定措施。对临时固定的构件，应在安装固定完成并经检查确认无误后，方可解除临时固定措施。

3.4.7 大型起重机械严禁在雨、雪、雾、霾、沙尘等低能见度天气时进行安装拆卸作业；起重机械最高处的风速超过 9.0m/s 时，应停止起重机安装拆卸作业。

3.5 坍塌

3.5.1 土方开挖的顺序、方法应与设计工况相一致，严禁超挖。

3.5.2 边坡坡顶、基坑顶部及底部应采取截水或排水措施。

3.5.3 边坡及基坑周边堆放材料、停放设备设施或使用机械设备等荷载严禁超过设计要求的地面荷载限值。

3.5.4 边坡及基坑开挖作业过程中，应根据设计和施工方案进行监测。

3.5.5 当基坑出现下列现象时，应及时采取处理措施，处理后方可继续施工。

1 支护结构或周边建筑物变形值超过设计变形控制值；

2 基坑侧壁出现大量漏水、流土，或基坑底部出现管涌；

3 桩间土流失孔洞深度超过桩径。

3.5.6 当桩基成孔施工中发现斜孔、弯孔、缩孔、塌孔或沿护筒周围冒浆及地面沉陷等现象时，应及时采取处理措施。

3.5.7 基坑回填应在具有挡土功能的结构强度达到设计要求后进行。

3.5.8 回填土应控制土料含水率及分层压实厚度等参数，严禁使用淤泥、沼泽土、泥炭土、冻土、有机土或含生活垃圾的土。

3.5.9 模板及支架应根据施工工况进行设计，并应满足承载力、刚度和稳定性要求。

3.5.10 混凝土强度应达到规定要求后，方可拆除模板和支架。

3.5.11 施工现场物料、物品等应整齐堆放，并应根据具体情况采取相应的固定措施。

3.5.12 临时支撑结构安装、使用时应符合下列规定：

1 严禁与起重机械设备、施工脚手架等连接；

2 临时支撑结构作业层上的施工荷载不得超过设计允许荷载；

3 使用过程中，严禁拆除构配件。

3.5.13 建筑施工临时结构应进行安全技术分析，并应保证在设计使用工况下保持整体稳定性。

3.5.14 拆除作业应符合下列规定：

1 拆除作业应从上至下逐层拆除，并应分段进行，不得垂直交叉作业。

2 人工拆除作业时，作业人员应在稳定的结构或专用设备上操作，水平构件上严禁人员聚集或物料集中堆放；拆除建筑墙体时，严禁采用底部掏掘或推倒的方法。

3 拆除建筑时应先拆除非承重结构，再拆除承重结构。

4　上部结构拆除过程中应保证剩余结构的稳定。

3.6　机械伤害

3.6.1　机械操作人员应按机械使用说明书规定的技术性能、承载能力和使用条件正确操作、合理使用机械，严禁超载、超速作业或扩大使用范围。

3.6.2　机械操作装置应灵敏，各种仪表功能应完好，指示装置应醒目、直观、清晰。

3.6.3　机械上的各种安全防护装置、保险装置、报警装置应齐全有效，不得随意更换、调整或拆除。

3.6.4　机械作业应设置安全区域，严禁非作业人员在作业区停留、通过、维修或保养机械。当进行清洁、保养、维修机械时，应设置警示标识，待切断电源、机械停稳后，方可进行操作。

3.6.5　工程结构上搭设脚手架、施工作业平台，以及安装塔式起重机、施工升降机等机具设备时，应进行工程结构承载力、变形等验算，并应在工程结构性能达到要求后进行搭设、安装。

3.6.6　塔式起重机安全监控系统应具有数据存储功能，其监视内容应包含起重量、起重力矩、起升高度、幅度、回转角度、运行行程等信息。塔式起重机有运行危险趋势时，控制回路电源应能自动切断。

3.7　冒顶片帮

3.7.1　暗挖施工应合理规划开挖顺序，严禁超挖，并应根据围岩情况、施工方法及时采取有效支护，当发现支护变形超限或损坏时，应立即整修和加固。

3.7.2　盾构作业时，掘进速度应与地表控制的隆陷值、进出土量及同步注浆等相协调。

3.7.3　盾构掘进中遇有下列情况之一时，应停止掘进，分析原因并采取措施：

1　盾构前方地层发生坍塌或遇有障碍；

2　盾构自转角度超出允许范围；

3　盾构位置偏离超出允许范围；

4　盾构推力增大超出预计范围；

5　管片防水、运输及注浆等过程发生故障。

3.7.4　顶进作业前，应对施工范围内的既有线路进行加固。顶进施工时应对既有线路、顶力体系和后背实时进行观测、记录、分析和控制，发现变形和位移超限时，应立即进行调整。

3.8　车辆伤害

3.8.1　施工车辆运输危险物品时应悬挂警示牌。

3.8.2　施工现场车辆行驶道路应平整坚实，在特殊路段应设置反光柱、爆闪灯、转角灯等设施，车辆行驶应遵守施工现场限速要求。

3.8.3　车辆行驶过程中，严禁人员上下。

3.8.4　夜间施工时，施工现场应保障充足的照明，施工车辆应降低行驶速度。

3.8.5 施工车辆应定期进行检查、维护和保养。

3.9 中毒和窒息

3.9.1 领取和使用有毒物品时，应实行双人双重责任制，作业中途不得擅离职守。

3.9.2 施工单位应根据施工环境设置通风、换气和照明等设备。

3.9.3 受限或密闭空间作业前，应按照氧气、可燃性气体、有毒有害气体的顺序进行气体检测。当气体浓度超过安全允许值时，严禁作业。

3.9.4 室内装修作业时，严禁使用苯、工业苯、石油苯、重质苯及混苯作为稀释剂和溶剂，严禁使用有机溶剂清洗施工用具。建筑外墙清洗时，不得采用强酸强碱清洗剂及有毒有害化学品。

3.10 触电

3.10.1 施工现场用电的保护接地与防雷接地应符合下列规定：

1 保护接地导体（PE）、接地导体和保护联结导体应确保自身可靠连接；

2 采用剩余电流动作保护电器时应装设保护接地导体（PE）；

3 共用接地装置的电阻值应满足各种接地的最小电阻值的要求。

3.10.2 施工用电的发电机组电源应与其他电源互相闭锁，严禁并列运行。

3.10.3 施工现场配电线路应符合下列规定：

1 线缆敷设应采取有效保护措施，防止对线路的导体造成机械损伤和介质腐蚀。

2 电缆中应包含全部工作芯线、中性导体（N）及保护接地导体（PE）或保护中性导体（PEN）；保护接地导体（PE）及保护中性导体（PEN）外绝缘层应为黄绿双色；中性导体（N）外绝缘层应为淡蓝色；不同功能导体外绝缘色不应混用。

3.10.4 施工现场的特殊场所照明应符合下列规定：

1 手持式灯具应采用供电电压不大于 36V 的安全特低电压（SELV）供电；

2 照明变压器应使用双绕组型安全隔离变压器，严禁采用自耦变压器；

3 安全隔离变压器严禁带入金属容器或金属管道内使用。

3.10.5 电气设备和线路检修应符合下列规定：

1 电气设备检修、线路维修时，严禁带电作业。应切断并隔离相关配电回路及设备的电源，并应检验、确认电源被切除，对应配电间的门、配电箱或切断电源的开关上锁，及应在锁具或其箱门、墙壁等醒目位置设置警示标识牌。

2 电气设备发生故障时，应采用验电器检验，确认断电后方可检修，并在控制开关明显部位悬挂"禁止合闸、有人工作"停电标识牌。停送电必须由专人负责。

3 线路和设备作业严禁预约停送电。

3.10.6 管道、容器内进行焊接作业时，应采取可靠的绝缘或接地措施，并应保障通风。

3.11 爆炸

3.11.1 柴油、汽油、氧气瓶、乙炔气瓶、煤气罐等易燃、易爆液体或气体容器应轻拿轻放，严禁暴力抛掷，并应设置专门的存储场所，严禁存放在住人用房。

3.11.2 严禁利用输送可燃液体、可燃气体或爆炸性气体的金属管道作为电气设备的保护接地导体。

3.11.3 输送管道进行强度和严密性试验时，严禁使用可燃气体和氧气进行试验。

3.11.4 当管道强度试验和严密性试验中发现缺陷时，应待试验压力降至大气压后进行处理，处理合格后应重新进行试验。

3.11.5 设备、管道内部涂装和衬里作业时，应采用防爆型电气设备和照明器具，并应采取防静电保护措施。可燃性气体、蒸汽和粉尘浓度应控制在可燃烧极限和爆炸下限的10%以下。

3.11.6 输送臭氧、氧气的管道及附件在安装前应进行除锈、吹扫、脱脂。

3.11.7 压力容器及其附件应合格、完好和有效。严禁使用减压器或其他附件缺损的氧气瓶。严禁使用乙炔专用减压器、回火防止器或其他附件缺损的乙炔气瓶。

3.11.8 对承压作业时的管道、容器或装有剧毒、易燃、易爆物品的容器，严禁进行焊接或切割作业。

3.12 爆破作业

3.12.1 爆破作业前应对爆区周围的自然条件和环境状况进行调查，了解危及安全的不利环境因素，并应采取必要的安全防范措施。

3.12.2 爆破作业前应确定爆破警戒范围，并应采取相应的警戒措施。应在人员、机械、车辆全部撤离或者采取防护措施后方可起爆。

3.12.3 爆破作业人员应按设计药量进行装药，网路敷设后应进行起爆网路检查，起爆信号发出后现场指挥应再次确认达到安全起爆条件，然后下令起爆。

3.12.4 露天浅孔、深孔、特种爆破实施后，应等待 5min 后方准许人员进入爆破作业区检查；当无法确认有无盲炮时，应等待 15min 后方准许人员进入爆破作业区检查；地下工程爆破后，经通风除尘排烟确认井下空气合格后，应等待 15min 后方准许人员进入爆破作业区检查。

3.12.5 有下列情况之一时，严禁进行爆破作业：

1 爆破可能导致不稳定边坡、滑坡、崩塌等危险；

2 爆破可能危及建（构）筑物、公共设施或人员的安全；

3 危险区边界未设警戒的；

4 恶劣天气条件下。

3.13 透水

3.13.1 地下施工作业穿越富水地层、岩溶发育地质、采空区以及其他可能引发透水事故的施工环境时，应制定相应的防水、排水、降水、堵水及截水措施。

3.13.2 盾构机气压作业前，应通过计算和试验确定开挖仓内气压，确保地层条件满足气体保压的要求。

3.13.3 钢板桩或钢管桩围堰施工前，其锁口应采取止水措施；土石围堰外侧迎水面应采取防冲刷措施，防水应严密；施工过程中应监测水位变化，围堰内外水头差应满足安全要求。

3.14 淹溺

3.14.1 当场地内开挖的槽、坑、沟、池等积水深度超过 0.5m 时，应采取安全防护措施。

3.14.2 水上或水下作业人员，应正确佩戴救生设施。

3.14.3 水上作业时，操作平台或操作面周边应采取安全防护措施。

3.15 灼烫

3.15.1 高温条件下，作业人员应正确佩戴个人防护用品。

3.15.2 带电作业时，作业人员应采取防灼烫的安全措施。

3.15.3 具有腐蚀性的酸、碱、盐、有机物等应妥善储存、保管和使用，使用场所应有防止人员受到伤害的安全措施。

4 环境管理

4.0.1 主要通道、进出道路、材料加工区及办公生活区地面应全部进行硬化处理；施工现场内裸露的场地和集中堆放的土方应采取覆盖、固化或绿化等防尘措施。易产生扬尘的物料应全部篷盖。

4.0.2 施工现场出口应设冲洗池和沉淀池，运输车辆底盘和车轮全部冲洗干净后方可驶离施工现场。施工场地、道路应采取定期洒水抑尘措施。

4.0.3 建筑垃圾应分类存放、按时处置。收集、储存、运输或装卸建筑垃圾时应采取封闭措施或其他防护措施。

4.0.4 施工现场严禁熔融沥青及焚烧各类废弃物。

4.0.5 严禁将有毒物质、易燃易爆物品、油类、酸碱类物质向城市排水管道或地表水体排放。

4.0.6 施工现场应设置排水沟及沉淀池，施工污水应经沉淀处理后，方可排入市政污水管网。

4.0.7 严禁将危险废物纳入建筑垃圾回填点、建筑垃圾填埋场，或送入建筑垃圾资源化处理厂处理。

4.0.8 施工现场应编制噪声污染防治工作方案并积极落实，并应采用有效的隔声降噪设备、设施或施工工艺等，减少噪声排放，降低噪声影响。

4.0.9 施工现场应在安全位置设置临时休息点。施工区域禁止吸烟。

5 卫生管理

5.0.1 施工现场应根据工人数量合理设置临时饮水点。施工现场生活饮用水应符合卫生标准。

5.0.2 饮用水系统与非饮用水系统之间不得存在直接或间接连接。

5.0.3 施工现场食堂应设置独立的制作间、储藏间，配备必要的排风和冷藏设施；

应制定食品留样制度并严格执行。

5.0.4　食堂应有餐饮服务许可证和卫生许可证，炊事人员应持有身体健康证。

5.0.5　施工现场应选择满足安全卫生标准的食品，且食品加工、准备、处理、清洗和储存过程应无污染、无毒害。

5.0.6　施工现场应根据施工人员数量设置厕所，厕所应定期清扫、消毒，厕所粪便严禁直接排入雨水管网、河道或水沟内。

5.0.7　施工现场和生活区应设置保障施工人员个人卫生需要的设施。

5.0.8　施工现场生活区宿舍、休息室应根据人数合理确定使用面积、布置空间格局，且应设置足够的通风、采光、照明设施。

5.0.9　办公区和生活区应采取灭鼠、灭蚊蝇、灭蟑螂及灭其他害虫的措施。

5.0.10　办公区和生活区应定期消毒，当遇突发疫情时，应及时上报，并应按卫生防疫部门相关规定进行处理。

5.0.11　办公区和生活区应设置封闭的生活垃圾箱，生活垃圾应分类投放，收集的垃圾应及时清运。

5.0.12　施工现场应配备充足有效的医疗和急救用品，且应保障在需要时方便取用。

6　职业健康管理

6.0.1　应为从事放射性、高毒、高危粉尘等方面工作的作业人员，建立、健全职业卫生档案和健康监护档案，定期提供医疗咨询服务。

6.0.2　架子工、起重吊装工、信号指挥工配备劳动防护用品应符合下列规定：

1　架子工、塔式起重机操作人员、起重吊装工应配备灵便紧口的工作服、系带防滑鞋和工作手套；

2　信号指挥工应配备专用标识服装，在强光环境条件作业时，应配备有色防护眼镜。

6.0.3　电工配备劳动防护用品应符合下列规定：

1　维修电工应配备绝缘鞋、绝缘手套和灵便紧口的工作服；

2　安装电工应配备手套和防护眼镜

3　高压电气作业时，应配备相应等级的绝缘鞋、绝缘手套和有色防护眼镜。

6.0.4　电焊工、气割工配备劳动防护用品应符合下列规定：

1　电焊工、气割工应配备阻燃防护服、绝缘鞋、鞋盖、电焊手套和焊接防护面罩；高处作业时，应配备安全帽与面罩连接式焊接防护面罩和阻燃安全带；

2　进行清除焊渣作业时，应配备防护眼镜；

3　进行磨削钨极作业时，应配备手套、防尘口罩和防护眼镜；

4　进行酸碱等腐蚀性作业时，应配备防腐蚀性工作服、耐酸碱胶鞋、耐酸碱手套、防护口罩和防护眼镜；

5　在密闭环境或通风不良的情况下，应配备送风式防护面罩。

6.0.5　锅炉、压力容器及管道安装工配备劳动防护用品应符合下列规定：

1　锅炉、压力容器安装工及管道安装工应配备紧口工作服和保护足趾安全鞋；在强光环境条件作业时，应配备有色防护眼镜；

2 在地下或潮湿场所作业时，应配备紧口工作服、绝缘鞋和绝缘手套。

6.0.6 油漆工在进行涂刷、喷漆作业时，应配备防静电工作服、防静电鞋、防静电手套、防毒口罩和防护眼镜；进行砂纸打磨作业时，应配备防尘口罩和密闭式防护眼镜。

6.0.7 普通工进行淋灰、筛灰作业时，应配备高腰工作鞋、鞋盖、手套和防尘口罩，并应配备防护眼镜；进行抬、扛物料作业时，应配备垫肩；进行人工挖扩桩孔井下作业时，应配备雨靴、手套和安全绳；进行拆除工程作业时，应配备保护足趾安全鞋和手套。

6.0.8 磨石工应配备紧口工作服、绝缘胶靴、绝缘手套和防尘口罩。

6.0.9 防水工配备劳动防护用品应符合下列规定：

1 进行涂刷作业时，应配备防静电工作服、防静电鞋和鞋盖、防护手套、防毒口罩和防护眼镜；

2 进行沥青熔化、运送作业时，应配备防烫工作服、高腰布面胶底防滑鞋和鞋盖、工作帽、耐高温长手套、防毒口罩和防护眼镜。

6.0.10 钳工、铆工、通风工配备劳动防护用品应符合下列规定：

1 使用锉刀、刮刀、錾子、扁铲等工具进行作业时，应配备紧口工作服和防护眼镜；

2 进行剔凿作业时，应配备手套和防护眼镜；进行搬抬作业时，应配备保护足趾安全鞋和手套；

3 进行石棉、玻璃棉等含尘毒材料作业时，应配备防异物工作服、防尘口罩、风帽、风镜和薄膜手套。

6.0.11 电梯、起重机械安装拆卸工进行安装、拆卸和维修作业时，应配备紧口工作服、保护足趾安全鞋和手套。

6.0.12 进行电钻、砂轮等手持电动工具作业时，应配备绝缘鞋、绝缘手套和防护眼镜；进行可能飞溅渣屑的机械设备作业时，应配备防护眼镜。

6.0.13 其他特殊环境作业的人员配备劳动防护用品应符合下列规定：

1 在噪声环境下工作的人员应配备耳塞、耳罩或防噪声帽等；

2 进行地下管道、井、池等检查、检修作业时，应配备防毒面具、防滑鞋和手套；

3 在有毒、有害环境中工作的人员应配备防毒面罩或面具；

4 冬期施工期间或作业环境温度较低时，应为作业人员配备防寒类防护用品；

5 雨期施工期间，应为室外作业人员配备雨衣、雨鞋等个人防护用品。

第6章 《建筑与市政工程防水通用规范》
GB 55030—2022

【要点1】《建筑与市政工程防水通用规范》GB 55030—2022 的基本架构

了解规范的思路与基本架构，是全面、深入学习规范的基础。《建筑与市政工程防水通用规范》GB 55030—2022（以下简称规范）共计7章163条，包括：

第1章　总则（3条）

第2章　基本规定（7条）

第3章　材料工程要求（25条）

包括：一般规定（3条），防水混凝土（3条），防水卷材和防水涂料（12条），水泥基防水材料（3条），密封材料（2条），其他材料（2条）。

第4章　设计（56条）

包括：一般规定（8条），明挖法地下工程（8条），暗挖法地下工程（6条），建筑屋面工程（9条），建筑外墙工程（7条），建筑室内工程（8条），道桥工程（5条），蓄水类工程（5条）。

第5章　施工（46条）

包括：一般规定（15条），明挖法地下工程（6条），暗挖法地下工程（6条），建筑屋面工程（5条），建筑外墙工程（4条），建筑室内工程（3条），道桥工程（3条），蓄水类工程（4条）。

第6章　验收（13条）

第7章　运行维护（13条）

包括：一般规定（4条），管理（5条），维护（4条）。

由以上可知，规范的基本架构是根据施工质量控制的需要，依次给出了"基本规定""材料""设计""施工""验收"和"运行维护"等内容。这些内容及其章节架构均是按照质量控制的基本理论和专业类别划分确定的，层次清晰，相互关联且内容全面。

【要点2】工程防水设计和施工的基本原则

【规范条文】

> 2.0.1　工程防水应遵循因地制宜、以防为主、防排结合、综合治理的原则。

【要点解析】

对于工程防水设计和施工的基本原则，在规范 2.0.1 条做出了规定，即"因地制宜、以防为主、防排结合、综合治理"。

（一）因地制宜

我国地域辽阔，不同情况不能作相同的设防。东南西北各地的降雨量、基本风压、地下水位位置、工程地质条件和气候温差相差极大，东南沿海多雨，雨季长，潮湿，多台风，气温高；内陆地区干旱，雨量集中，干燥，寒冷；西北东北严寒地区的极端气温低，冬季积雪后、积水成冰，容易产生冻胀现象。如北京市属暖温带半湿润半干旱季风气候，多年平均降水约 600mm，降水年内分配不均和年际变化很大，6～9 月是汛期，雨量约占全年降水量的85%，而且近几年受南水北调、生态补水等影响，地下水位有逐年升高的趋势，这些气候条件和环境因素的变化更容易造成建筑屋面、外墙和地下室的渗漏水。因此各地工程防水设防的条件的差异，决定了工程防水必须因地制宜。另外，我国各地区间的经济发展差异较大，施工工艺习惯、防水材料生产和产品供应、施工技术力量等也都存在很大不同，因此，在工程防水设计、设防要求、构造做法和防水材料选用等诸多方面都应因地制宜。

（二）以防为主、防排结合

防是指采用致密的材料堵塞防水主体的孔和缝，或在防水主体表面独立设置隔离层，阻止水的通过；排是指以最少时间和最短流程排除来水。"防"和"排"都是防水的有效手段，但受工程环境、工程自身条件和工程使用要求等因素限制，工程防水应根据不同工程部位的具体情况，采取"以防为主、防排结合"的设防原则进行防水设计。

1. 以防为主

建筑的平屋面、建筑室内和地下室、地铁隧道等地下工程，首先考虑的是要有可靠的防水设防，不得渗漏，所以首先考虑的是"防"，常采取防水主体自身密实（自防水）和外设防水层相结合，结构自防水、构造防水和材料防水相结合，刚性防水和柔性防水相结合，多道设防和多种材料复合使用等方法；同时，建筑地下室、地铁隧道等地下工程因为防水设防的难度较大，为保证防水设防的可靠性，往往在地下工程内部设置备用排水系统，防止防水失败带来的生产生活的不便，就是也应考虑"排"。但为降低因工程防水失败而被迫设置永久性引流排水系统对生态环境和资源耗费造成的不利影响，在地下水资源匮乏的地区或城市地下工程的防水工程中，更强调"以防为主"的原则。

2. 防排结合

防水和排水是一个问题的两个方面，排水是最节省的防水方式，考虑防水的同时应考虑排水，先让水迅速排走、不积水，以减轻防水层的压力。平屋面防水设防是以防为主，以排为辅，首先要有可靠的防水设防，不得渗漏；但将雨水在一定时间内迅速排走，就要求屋面有一定的排水坡度。地下工程若具备自然排水条件时，应考虑排水的可能，利用地形高差将水导入排水管网，以及设置滤水层、排水沟、盲沟，尽量将水排除，从而使防水的难度降低。室内也要有合理的排水坡度和方向，使水迅速排除。因此，防排结合是最优的防水策略，是提高防水能力，减少渗漏的保证。

（三）综合治理

防水工程是一个系统工程，涉及合理的防水设计、优质的防水材料、精心的施工组织、到位的工程管理，以及使用过程中完善的维护保养等诸多方面。防水设计包括对工程防水重要程度的确定，工程防水使用环境的调查，标准、规范和图集的运用，设计方案的审核，构造和节点设计，设计图纸会审等多方面的工作；防水材料包括材料的品种、规格、性能要求与设计的一致性，材料性能与工程使用环境的适应性，材料的耐久性与工程防水设计工作年限的匹配性等；防水施工涉及施工环境条件、基层条件、技术条件的确认，材料进场验收，施工工艺选择，施工顺序确定，防水施工队伍的专业性，操作工人的技术水平，防水工程质量检验等各种因素。因此工程防水应以政策为先导、以材料为基础、以设计为前提、以施工为关键、以加强管理维护为保障，对防水工程进行综合治理。

另外，现行国家标准《地下工程防水技术规范》GB 50108—2008 第 1.0.3 条规定，地下工程防水的设计和施工应遵循"防、排、截、堵相结合，刚柔相济，因地制宜，综合治理"的原则，上述规定与规范规定的"因地制宜、以防为主、防排结合、综合治理"的原则不矛盾，且未被规范公告废止，所以在地下工程防水设计和施工中仍应遵循。

【要点3】工程防水的设计工作年限

【规范条文】

> 2.0.2 工程防水设计工作年限应符合下列规定：
> 1 地下工程防水设计工作年限不应低于工程结构设计工作年限；
> 2 屋面工程防水设计工作年限不应低于 20 年；
> 3 室内工程防水设计工作年限不应低于 25 年；
> 4 桥梁工程桥面防水设计工作年限不应低于桥面铺装设计工作年限；
> 5 非侵蚀性介质蓄水类工程内壁防水层设计工作年限不应低于 10 年。

【要点解析】

工程防水设计工作年限是指工程防水系统在不需进行大修即可按预定目的使用的年限，是工程防水设计的重要参数和性能目标，影响着防水材料选用和工程防水做法。按照原城乡建设环境保护部于 1985 年 1 月试行的《房屋修缮范围和标准》的规定，按照房屋完损状况，其修缮工程分类为：翻修、大修、中修、小修和综合维修。其中，大修工程判定标准中有两项比较关键：一是凡需牵动或拆换部分主体构件，但不需全部拆除的工程为大修工程；二是大修工程一次费用在该建筑物同类结构新建造价的 25% 以上。在以往的国家标准中，没有系统明确写出防水工程设计工作年限。

1）地下室防水是建筑防水工程的难点，也是质量问题的高发区，一旦发生渗漏，维修困难、成本高昂，所以规范要求做到地下工程防水设计工作年限直接与工程结构设计工作年限至少同寿命。现行国家通用规范《工程结构通用规范》GB 55001—2021 的起草说明中设计工作年限的定义：设计规定的结构或结构构件不需进行大修即可按预定目的使用的年限。并规定结构设计时，应根据工程的使用功能、建造和使用维护成本以及环境影响等因素规定设计工作年限，其中：临时性建筑结构为 5 年，普通房屋和构筑物为 50 年，特别重要的建筑结构为 100 年。

2）屋面防水是建筑使用功能的重要保障，以往只有"保修 5 年"的规定约束，造成部分建筑屋面防水系统整体耐久性较差，渗漏情况时有发生，甚至每隔几年就需要整体返修。随着国内防水材料性能及应用技术的发展，已具备提高屋面工程防水设计工作年限的客观条件，因此规范将屋面工程防水设计工作年限设定为不应低于 20 年，以满足人们对提高屋面使用功能要求的需求。

3）厨卫间等室内防水工程渗漏，影响人民群众居住品质，为保障人民群众利益，结合建筑室内工程装饰装修周期及国际相关规范的规定，规范规定室内工程防水设计工作年限不应低于 25 年。

4）桥面防水层如先于铺装面层失效，将严重影响铺装系统功能，因此本规范要求桥面防水设计工作年限不应低于相应的桥面铺装设计工作年限。例如现行行业标准《公路钢桥面铺装设计与施工技术规范》JTG/T 3364—02—2019 规定公路钢桥面铺装设计使用年限一般不小于 15 年，那么其防水层设计工作年限也不应小于 15 年。

5）非侵蚀性介质环境下，规范根据实际工程应用情况和检修条件，规定在蓄水类工程内壁防水层设计工作年限不应低于 10 年。

另外，国务院《建设工程质量管理条例》（中华人民共和国国务院令第 279 号）中规定在正常使用条件下，防水工程的最低保修期限是 5 年。但需要注意的是，保修期与设计工作年限是两个不同的概念，不能混为一谈。根据《房屋建筑工程质量保修办法》（建设部令第 80 号）规定，保修是指对房屋建筑工程竣工验收后在保修期限内出现的质量缺陷，予以修复。与绝大多数产品一样，工程防水的保修期是大大低于设计工作年限的。

【要点 4】工程防水等级

【规范条文】

2.0.6 工程防水等级应依据工程类别和工程防水使用环境类别分为一级、二级、三级。暗挖法地下工程防水等级应根据工程类别、工程地质条件和施工条件等因素确定，其他工程防水等级不应低于下列规定：

1 一级防水：Ⅰ类、Ⅱ类防水使用环境下的甲类工程；Ⅰ类防水使用环境下的乙类工程。

2 二级防水：Ⅲ类防水使用环境下的甲类工程；Ⅱ类防水使用环境下的乙类工程；Ⅰ类防水使用环境下的丙类工程。

3 三级防水：Ⅲ类防水使用环境下的乙类工程；Ⅱ类、Ⅲ类防水使用环境下的丙类工程。

【要点解析】

工程防水等级是采取防水措施的重要指标，其实质是防水功能的有效性，对应的设防措施主要包括设防道数、防水层厚度等。规范将防水等级分为三级，一级防水所对应的防水等级最高，二级防水次之，三级防水最低。工程防水等级由工程防水类别和工程防水使用环境类别共同确定，以建筑工程为例，具体划分如表 6-1～表 6-4。

需要注意的是，规范公告中明确废止的工程建设标准相关强制性条文中，有现行国家标准《地下工程防水技术规范》GB 50108—2008 第 3.2.1、3.2.2 条，其内容是"3.2.1 地下工程的防水等级应分为四级，各等级防水标准应符合表 3.2.1 的规定。""3.2.2 地下工程不同防水等级的适用范围，应根据工程的重要性和使用中对防水的要求按表 3.2.2 选定。"可以看出，地下工程防水等级由原来的四级变为三级，且各防水等级由原来给定不同防水等级的适用范围后按允许的渗漏程度判定，变为依据工程类别和工程防水使用环境类别直接划分。

地下工程防水等级划分表 表 6-1

使用环境类别		工程防水类别		
		甲类	乙类	丙类
		有人员活动的民用建筑地下室，对渗漏敏感的建筑地下工程	除甲类和丙类以外的建筑地下工程	对渗漏不敏感的物品、设备使用或贮存场所，不影响正常使用的建筑地下工程
I 类	抗浮设防水位标高与地下结构板底标高高差 $H \geqslant 0$m	一级	一级	二级
II 类	抗浮设防水位标高与地下结构板底标高高差 $H < 0$m	一级	二级	三级
III 类	—	二级	三级	三级

屋面工程防水等级划分表 表 6-2

使用环境类别		工程防水类别		
		甲类	乙类	丙类
		民用建筑和对渗漏敏感的工业建筑屋面	除甲类和丙类以外的建筑屋面	对渗漏不敏感的工业建筑屋面
I 类	年降水量 $P \geqslant 1300$mm	一级	一级	二级
II 类	400mm≤年降水量 $P < 1300$mm	一级	二级	三级
III 类	年降水量 $P < 400$mm	二级	三级	三级

外墙工程防水等级划分表 表 6-3

使用环境类别		工程防水类别		
		甲类	乙类	丙类
		民用建筑和对渗漏敏感的工业建筑外墙	渗漏不影响正常使用的工业建筑外墙	—
I 类	年降水量 $P \geqslant 1300$mm	一级	一级	二级
II 类	400mm≤年降水量 $P < 1300$mm	一级	二级	三级
III 类	年降水量 $P < 400$mm	二级	三级	三级

需要注意的是，规范公告中明确废止的工程建设标准相关强制性条文中，有现行国家标准《屋面工程技术规范》GB 50345—2012 第 3.0.5 条，涉及的内容是"屋面防水工程应根据建筑物的类别、重要程度、使用功能要求确定防水等级"，且将屋面防水工程分为

"Ⅰ类、Ⅱ类"。可以看出，屋面工程防水等级由原来的两级变为三级，且各防水等级由原来笼统规定根据建筑物的类别、重要程度、使用功能要求确定防水等级，变为依据工程类别和工程防水使用环境类别直接划分。

需要注意的是，外墙工程防水等级在现行行业标准《建筑外墙防水工程技术规程》JGJ/T 235—2011等其他国家和行业标准中没有具体规定，是规范首次提出。

室内工程防水等级划分表   表6-4

使用环境类别		工程防水类别		
		甲类	乙类	丙类
		民用建筑和对渗漏敏感的工业建筑室内楼地面和墙面	—	—
Ⅰ类	频繁遇水场合，或长期相对湿度RH≥90%	一级	一级	二级
Ⅱ类	间歇遇水场合	一级	二级	三级
Ⅲ类	偶发渗漏水可能造成明显损失的场合	二级	三级	三级

需要注意的是，室内工程防水等级在现行行业标准《住宅室内防水工程技术规范》JGJ 298—2013等其他国家和行业标准中没有具体规定，是规范首次提出的。

【要点5】工程防水分类

【规范条文】

2.0.3 工程按其防水功能重要程度分为甲类、乙类和丙类，具体划分应符合表2.0.3的规定。

工程防水类别   表2.0.3

工程类型		工程防水类别		
		甲类	乙类	丙类
建筑工程	地下工程	有人员活动的民用建筑地下室，对渗漏敏感的建筑地下工程	除甲类和丙类以外的建筑地下工程	对渗漏不敏感的物品、设备使用或贮存场所，不影响正常使用的建筑地下工程
	屋面工程	民用建筑和对渗漏敏感的工业建筑屋面	除甲类和丙类以外的建筑屋面	对渗漏不敏感的工业建筑屋面
	外墙工程	民用建筑和对渗漏敏感的工业建筑外墙	渗漏不影响正常使用的工业建筑外墙	—
	室内工程	民用建筑和对渗漏敏感的工业建筑室内楼地面和墙面	—	—

续表

工程类型		工程防水类别		
		甲类	乙类	丙类
市政工程	地下工程	对渗漏敏感的市政地下工程	除甲类和丙类以外的市政地下工程	对渗漏不敏感的物品、设备使用或贮存场所,不影响正常使用的市政地下工程
	道桥工程	特大桥、大桥,城市快速路、主干路上的桥梁;交通量较大的城市次干路上的桥梁;钢桥面板桥梁	除甲类以外的城市桥梁工程;道路隧道工程	—
	蓄水类工程	建筑室内水池、对渗漏水敏感的室外游泳池和戏水池。市政给水池和污水池、侵蚀性介质贮液池等工程	除甲类和丙类以外的蓄水类工程	对渗漏水无严格要求的蓄水类工程

【要点解析】

工程防水类别是确定工程防水等级的两大依据之一,规范根据工程防水功能重要程度将工程防水类别划分为甲、乙、丙三类,其中甲类的防水功能重要程度最高,乙类次之,丙类最低。每一类均结合不同工程类型给出了相应的工程特征或工程要求描述。

1) 建筑工程分地下工程、屋面工程、外墙工程和室内工程四类工程部位,划分为不同的防水类别;市政工程分地下工程、道桥工程和蓄水类三种工程类型,划分为不同的防水类别。

2) 对于建筑工程,注意区分民用建筑和工业建筑。根据现行国家标准《民用建筑设计统一标准》GB 50352—2019 术语 2.0.1 条,民用建筑是供人们居住和进行公共活动的建筑的总称;民用建筑一般包括居住建筑、办公建筑、旅馆酒店建筑、商业建筑、居民服务建筑、文化建筑、教育建筑、体育建筑、科研建筑、卫生建筑、交通建筑、广播电影电视建筑、物流项目内非生产性建筑等类别。根据现行国家标准《工业建筑节能设计统一标准》GB 51245—2017 术语 2.0.1 条,工业建筑是由生产厂房和生产辅助用房组成,其中生产辅助用房包括仓库及公用辅助用房等。

3) 关于"对渗漏敏感""对渗漏不敏感"的判定,主要考虑渗漏对社会、经济和环境的影响,具体包括对使用者身心健康的影响,对工程内部仪器、设备、物资等财产的影响,对工程正常使用状态、结构耐久性、结构安全等的影响,工程维修成本及维修难易程度等,具体由设计单位再根据相关规定和设计经验设定。

另外,关于工程防水类别在其他国家和行业标准中没有具体规定,是规范首次提出的。

【要点6】工程防水使用环境类别划分

【规范条文】

2.0.4 工程防水使用环境类别划分应符合表2.0.4的规定。

工程防水使用环境类别划分 表2.0.4

工程类型		工程防水使用环境类别		
		Ⅰ类	Ⅱ类	Ⅲ类
建筑工程	地下工程	抗浮设防水位标高与地下结构板底标高高差 H ≥0m	抗浮设防水位标高与地下结构板底标高高差 H <0m	—
	屋面工程	年降水量 P≥1300mm	400mm≤年降水量 P <1300mm	年降水量 P<400mm
	外墙工程	年降水量 P≥1300mm	400mm≤年降水量 P <1300mm	年降水量 P<400mm
	室内工程	频繁遇水场合，或长期相对湿度 RH≥90%	间歇遇水场合	偶发渗漏水可能造成明显损失的场合
市政工程	地下工程①	抗浮设防水位标高与地下结构板底标高高差 H ≥0m	抗浮设防水位标高与地下结构板底标高高差 H <0m	—
	道桥工程	严寒地区，使用化冰盐地区，酸雨、盐雾等不良气候地区的使用环境	除Ⅰ类环境外的其他使用环境	—
	蓄水类工程	冻融环境，海洋、除冰盐氯化物环境，化学腐蚀环境	除Ⅰ类环境外，干湿交替环境	除Ⅰ类环境外，长期浸水、长期湿润环境，非干湿交替的环境

注：①仅适用于明挖法地下工程。

2.0.5 工程防水使用环境类别为Ⅱ类的明挖法地下工程，当该工程所在地年降水量大于400mm时，应按Ⅰ类防水使用环境选用。

【要点解析】

工程防水使用环境类别是工程防水类别以外，另一个确定工程防水等级的两大依据之一。防水工程的使用要求和耐久性受到使用环境的极大影响，对使用环境类别进行了区分有利于进行工程防水等级的科学划分。

1）地下工程主要受地下水、地表水、土壤毛细吸水等的影响，防水使用环境主要与降水量、土壤类型、土壤含水率、地下水位高度与基础底面高差、腐蚀性介质等环境条件有关，为便于划分，规范采用抗浮设防水位标高与地下结构板底标高高差作为地下工程防水使用环境类别判定条件。其中，抗浮设防水位根据现行行业标准《建筑工程抗浮技术标准》JGJ 476—2019 第 2.1.12 条规定，是指建筑工程在施工期和使用期内满足抗浮设防标准时可能遭遇的地下水最高水位，或建筑工程在施工期和使用期内满足抗浮设防标准最不利工况组合时地下结构底板底面上可能受到的最大浮力按静态折算的地下水水位。

2）屋面和外墙工程防水使用环境影响因素包括年降水量、极值温度、温差、阳光辐照、风荷载、种植荷载等，为便于使用，规范采用年降水量作为判定条件。根据国际通行的气候区干湿程度划分方法，干、湿气候分区一般以 400mm 年降水量为分界线，1300mm 年降水量为湿润和高湿区分界线，规范以 1300mm 和 400mm 年降水量为界，将建筑屋面、外墙工程防水使用环境类别分为三类：Ⅰ类、Ⅱ类、Ⅲ类。如京津冀地区，年降水量都在 400mm～1300mm 之间，属于Ⅱ类环境。当标准中没有相应降水量指标时，或工程所在地的年相关数据降水量发生明显变化时，可参考国家、地方气象中心的相关数据。

3）室内工程防水使用环境的影响因素主要是遇水的频率和接触的空气湿度。Ⅰ类为频繁遇水场合或长期相对湿度 $RH \geqslant 90\%$ 的场合，包括需要经常用水的房间或长期湿度很大的房间，如卫生间、厨房、洗衣房、淋浴间，清洗、清洁或需要大量用水的加工场所等；Ⅱ类为间歇遇水的场合，如需要用水清洗的地面等；Ⅲ类为偶发渗漏水可能造成明显损失的场合，如可能存在设备管道渗漏的场合等。

4）道桥工程防水使用环境的影响因素主要是冻融、化冰盐、酸雨、盐雾等。

5）蓄水类工程防水使用环境的影响因素主要是冻融环境、海洋氯化物环境、除冰盐等其他氯化物环境、化学腐蚀环境及干湿交替环境，当同时存在几类环境作用时，按较高等级执行。

另外，关于工程防水使用环境类别在其他国家和行业标准中没有具体规定，是规范首次提出的。

【要点7】工程防水材料的选用要求

【规范条文】

2.0.7 工程使用的防水材料应满足耐久性要求，卷材防水层应满足接缝剥离强度和搭接缝不透水性要求。

3.1.1 防水材料的耐久性应与工程防水设计工作年限相适应。

3.1.2 防水材料选用应符合下列规定：

1 材料性能应与工程使用环境条件相适应；

2 每道防水层厚度应满足防水设防的最小厚度要求；

3 防水材料影响环境的物质和有害物质限量应满足要求。

3.1.3 外露使用防水材料的燃烧性能等级不应低于 B_2 级。

【要点解析】

工程防水材料的选用至少应符合五方面要求：一是耐久性；二是环境适应性；三是每

道防水层最小厚度；四是环境影响；五是防火性能。

1）防水材料的耐久性是实现工程防水设计工作年限的基础，规范第3.1.1条规定"防水材料的耐久性应与工程防水设计工作年限相适应"是对第2.0.7条"工程使用的防水材料应满足耐久性要求"规定的细化。以普通房屋和构筑物的地下工程防水为例，由于工程结构设计工作年限为50年，且地下工程防水设计工作年限不应低于工程结构设计工作年限，所以地下防水材料寿命应为50年，但由于防水卷材的使用寿命一般是10年到20年左右，因此，做好刚性的防水混凝土是实现地下工程防水与地下结构同寿命的基础。

2）工程防水材料使用环境通常包括的暴露使用情况、环境最高及最低气温、极限温差、降水量、浸水情况、水压、环境中腐蚀性介质种类与浓度、风荷载、雪荷载、种植、振动、交通荷载等，选用工程防水材料的性能应与工程使用环境条件相适应。

3）根据规范术语规定，一道防水层是指具有独立防水功能的构造层。每道防水层的厚度除应符合材料本身的最小厚度要求外，还应符合在不同工程类型不同防水等级对防水层厚度的具体要求，以满足防水功能要求。

4）环保型材料主要是水基、固体化、无溶剂和低毒四个方面。规定有害物质限量是人体健康和环境保护的要求，具体在国家现行标准《建筑胶粘剂有害物质限量》GB 30982—2014、《建筑防水涂料中有害物质限量》JC 1066—2008等标准中有相应的规定。

5）为降低造成火灾的风险，规范对外露使用的防水材料的燃烧性能进行了规定，要求不应低于B_2级。现行国家标准《建筑材料及制品燃烧性能分级》GB 8624—2012将材料燃烧性能分为四个等级：A级、B_1级、B_2级和B_3级。其中A级材料是指不燃材料（制品），在空气中遇明火或高温作用下不起火、不微燃、不碳化；B_1级材料是指难燃材料（制品），在空气中遇明火或高温作用下难起火、难微燃、难碳化，火源移开后燃烧或微燃停止；B_2级材料是指可燃材料（制品），在空气中遇明火或高温作用下会立即起火或发生微燃，火源移开后继续保持燃烧或微燃；B_3级材料是指易燃材料（制品），在空气中很容易被低能量的火源或电焊渣等点燃，火焰传播速度极快。

【要点8】防水混凝土施工配合比的确定

【规范条文】

> 3.2.1 防水混凝土的施工配合比应通过试验确定，其强度等级不应低于C25，试配混凝土的抗渗等级应比设计要求提高0.2MPa。

【要点解析】

根据现行国家标准《地下工程防水技术规范》GB 50108—2008第4.1.1条的条文说明，防水混凝土是通过调整配合比，掺加外加剂、掺合料等方法配制而成的一种混凝土，其抗渗等级不得小于P6。防水混凝土的施工配合比确定有三方面需要注意：

1）防水混凝土的性能容易受施工过程中现场环境影响，除硬化后混凝土的性能满足结构荷载及耐久性要求外，拌合物还应具有施工需要的流动性、黏聚性和保水性，这些性能都需要按照工程所用原料及现场环境条件进行配合比设计。

2）防水混凝土的抗渗等级是根据素混凝土试验室内试验测得，混凝土抗渗压力是试验室得出的数值，而施工现场条件比试验室差，其影响混凝土抗渗性能的因素相对难以控制，因此试配混凝土的抗渗等级比设计要求提高一个等级（0.2MPa）。而且需要注意抗渗等级提高一级是对试配混凝土的抗渗性试验而言的。其中，抗渗等级对应的能够承受的静水压力而不渗水情况为：P4（0.4MPa）、P6（0.6MPa）、P8（0.8MPa）、P10（1.0MPa）、P12（1.2MPa）大于 P12（超过 1.2MPa）。

3）防水混凝土的抗压强度等级不应低于 C25，是源自现行国家标准《混凝土结构通用规范》GB 55008—2021 第 2.0.2 条第一款的规定"钢筋混凝土结构构件的混凝土的强度等级不应低于 C25"，其目的是提高材料的利用效率，同时兼顾混凝土粘接强度的问题和钢筋混凝土协调变形的问题。

另外，在部分行业标准中也使用抗渗混凝土这一专业术语，其意义与规范的防水混凝土是一致的，只是不同表述方式而已。例如《普通混凝土配合比设计规程》JGJ 55—2011第 2.1.6 条规定：抗渗混凝土是抗渗等级不低于 P6 的混凝土。

【要点 9】防水卷材的试验要求

【规范条文】

3.3.1 防水材料耐水性测试试验应按不低于 23℃×14d 的条件进行，试验后不应出现裂纹、分层、起泡和破碎等现象。当用于地下工程时，浸水试验条件不应低于 23℃×7d，防水卷材吸水率不应大于 4%；防水涂料与基层的粘结强度浸水后保持率不应小于 80%，非固化橡胶沥青防水涂料应为内聚破坏。

3.3.2 沥青类材料的热老化测试试验应按不低于 70℃×14d 的条件进行，高分子类材料的热老化测试试验应按不低于 80℃×14d 的条件进行，试验后材料的低温柔性或低温弯折性温度升高不应超过热老化前标准值 2℃。

3.3.3 外露使用防水材料的人工气候加速老化试验应采用氙弧灯进行，340nm 波长处的累计辐照能量不应小于 5040kJ/（m²·nm），外露单层使用防水卷材的累计辐照能量不应小于 10080kJ/（m²·nm），试验后材料不应出现开裂、分层、起泡、粘结和孔洞等现象。

3.3.4 防水卷材接缝剥离强度应符合表 3.3.4 的规定，热老化试验条件不应低于 70℃×7d，浸水试验条件不应低于 23℃×7d。

3.3.5 防水卷材搭接缝不透水性应符合表 3.3.5 的规定，热老化试验条件不应低于 70℃×7d，浸水试验条件不应低于 23℃×7d。

3.3.8 耐根穿刺防水材料应通过耐根穿刺试验。

3.3.9 长期处于腐蚀性环境中的防水卷材或防水涂料，应通过腐蚀性介质耐久性试验。

【要点解析】

防水卷材相关的试验有六类：一是耐水性测试；二是热老化测试；三是接缝剥离强度试验；四是搭接缝不透水性试验；五是耐根穿刺试验（仅针对耐根穿刺的）；六是腐蚀性介质耐久性试验（仅针对长期处于腐蚀性环境中的）。

1）耐水性指防水材料在浸水后保持其完整性的能力，是防水材料核心性能之一。不低于23℃×14天耐水性试验条件的规定，是综合考虑防水材料的应用需求，参考国内外相关标准规定，结合验证试验结果确定的。

2）老化测试是为了表征防水材料老化性能，把老化前后低温性能的变化作为评价产品特性变化的指标。其中沥青类防水卷材主要是聚合物改性沥青类防水卷材，高分子类防水卷材主要是合成高分子类防水卷材。根据现行国家标准《建筑防水材料老化试验方法》GB/T 18244—2022规定，建筑防水材料老化试验分为两类：热空气老化试验和人工气候加速老化试验。

其中人工气候加速老化试验仅针对外露使用的防水卷材。人工气候加速老化又分为人工气候加速老化-氙弧灯、人工气候加速老化-荧光紫外灯两种试验方法。热空气老化是将试验材料暴露在热、氧环境的加速老化试验箱中，通过测定老化前后材料性能的变化，评价材料的耐热空气老化性能。人工气候加速老化-氙弧灯是将试验材料在潮湿环境下暴露于氙弧灯下以模拟气候影响（温度，湿度和/或潮湿）的试验方法，该方法用于模拟材料在实际使用环境中暴露于日光或经窗玻璃过滤后的日光下的自然老化效果。

3）防水卷材的连接方式主要为搭接，接缝数量众多，接缝粘接质量对卷材防水层的防水性能有决定性的影响。针对作为评价接缝质量重要指标之一的接缝剥离强度，规范规定了不同类型卷材搭接缝在无处理、热老化、浸水处理后的接缝剥离强度要求。合成高分子类防水卷材短边采用胶带对接或焊接搭接时，也应满足接缝剥离强度指标要求。根据现行国家标准《建筑防水卷材试验方法　第20部分：沥青防水卷材　接缝剥离性能》GB/T 328.20—2007的规定，剥离性能是指在剥离方向，拉伸制备好的搭接试件，直至试件完全分离的拉力。

4）关于作为评价接缝质量的另一重要指标的搭接缝不透水性，规范综合考虑各种卷材的材料性能及搭接方法，对卷材搭接缝在无处理、热老化、浸水处理后的不透水性提出了要求。需要注意的是，要区分防水卷材本身的不透水性测试和搭接缝的不透水性测试，前者是根据现行国家标准《建筑防水卷材试验方法　第10部分：沥青和高分子防水卷材　不透水性》GB/T 328.10—2007进行试验，而规范规定的搭接缝不透水性测试尚无国家和行业标准，其测试方法可参照中国建筑防水协会团体标准《建筑防水材料工程要求试验方法》T/CWA 302—2023执行。

5）生长中的植物根系会产生较高的根穿刺力，种植屋面和种植顶板工程中的最外一道防水层应能抵抗根穿刺力的破坏。耐根穿刺防水材料应按现行国家标准《种植屋面用耐根穿刺防水卷材》GB/T 35468—2017规定的方法进行耐根穿刺性能试验。

6）存在酸、碱、盐、有机物等有损防水层完整性的工程使用环境时，应按照现行国家标准《建筑防水卷材试验方法　第16部分：高分子防水卷材　耐化学液体（包括水）》GB/T 328.16—2007等相关标准中规定的试验方法进行测试。

【要点 10】防水卷材的最小厚度规定

【规范条文】

3.3.10 卷材防水层最小厚度应符合表 3.3.10 的规定。

卷材防水层最小厚度   表 3.3.10

防水卷材类型			卷材防水层最小厚度（mm）
聚合物改性沥青类防水卷材	热熔法施工聚合物改性防水卷材		3.0
	热沥青粘结和胶粘法施工聚合物改性防水卷材		3.0
	预铺反粘防水卷材（聚酯胎类）		4.0
	自粘聚合物改性防水卷材（含湿铺）	聚酯胎类	3.0
		无胎类及高分子膜基	1.5
合成高分子类防水卷材	均质型、带纤维背衬型、织物内增强型		1.2
	双面复合型		主体片材芯材 0.5
	预铺反粘防水卷材	塑料类	1.2
		橡胶类	1.5
	塑料防水板		1.2

【要点解析】

根据现行国家标准《防水沥青与防水卷材术语》GB/T 18378—2008 第 3.1 条规定，防水卷材是可卷曲成卷状的柔性防水材料。包括聚氯乙烯防水卷材、弹性体改性沥青防水卷材、高分子防水材料、改性沥青聚乙烯胎防水卷材、自粘橡胶沥青防水卷材、塑性体改性沥青防水卷材、改性沥青聚乙烯胎防水卷材、沥青复合胎柔性防水卷材、自粘聚合物改性沥青聚酯胎防水卷材氯化聚乙烯防水卷材、三元丁橡胶防水卷材、氯化聚乙烯-橡胶共混防水卷材等。

1）防水卷材主要由胎体、防水层及表面覆盖材料等组成，防水层是构成防水膜层的主要原料。根据不同的原料，防水卷材又可以分为沥青类、高分子类和改性沥青类三类。防水卷材由工厂制造成型、厚度均匀，厚度是防水卷材的重要技术指标，卷材越厚，其耐磨性、耐候性、耐老化性越好，耐穿刺性越强，所以规范规定了防水卷材的最小厚度要求。

2）聚合物改性沥青类防水卷材指以无纺布、高分子膜基为增强材料，以聚合物改性沥青为涂盖材料，工厂生产的防水卷材；可采用热熔法、热沥青粘结、胶粘法、自粘施工。其中，聚酯胎是指采用聚酯纤维作为胎基；高分子膜基是指以合成橡胶、合成树脂或两者共混形成的膜体作为胎基。

3）合成高分子类防水卷材指采用塑料、橡胶或两者共混为主要材料，加入助剂和填料等，采用压延或挤出工艺生产的防水卷材。

（1）根据现行国家标准《高分子增强复合防水片材》GB/T 26518—2023 的适用范围表述，双面复合型合成高分子类防水卷材是以聚乙烯树脂或乙烯-乙酸乙酯共聚物为芯层材料，添加抗氧剂、分散剂等助剂，经挤出、压延、两面热敷复合织布制成的防水片材，规范表 3.3.10 中仅规定了双面复合型合成高分子类防水卷材芯材的厚度，该材料应与具有防水功能的材料复合使用构成防水层。

（2）根据现行国家标准《地下工程防水技术规范》GB 50108—2008 第 2.0.8 条规定，预铺反粘法是指将覆有高分子自粘胶膜层的防水卷材空铺在基面上，然后浇筑结构混凝土，使混凝土浆料与卷材胶膜层紧密结合的施工方法。预铺反粘是针对防水卷材外防内贴施工的一项施工技术，优点是可以保证卷材与结构全粘结，若防水层局部受到破坏，渗水不会在卷材防水层与结构之间到处窜流。

【要点 11】防水涂料的最小厚度规定

【规范条文】

> 3.3.11 反应型高分子类防水涂料、聚合物乳液类防水涂料和水性聚合物沥青类防水涂料等涂料防水层最小厚度不应小于 1.5mm，热熔施工橡胶沥青类防水涂料防水层最小厚度不应小于 2.0mm。
>
> 3.3.12 当热熔施工橡胶沥青类防水涂料与防水卷材配套使用作为一道防水层时，其厚度不应小于 1.5mm。

【要点解析】

防水涂料指使用前呈液体或膏体状态，施工后能通过冷却、挥发、反应固化，形成一定均匀厚度涂层的柔性防水材料。

1）根据建材行业标准《建筑防水涂料中有害物质限量》JC 1066—2008 第 3.2 条规定，建筑防水涂料按性质分为水性、反应型、溶剂型三类。其中：水性防水涂料包括水乳型沥青基防水涂料、水性有机硅防水剂、水性防水剂、聚合物水泥防水涂料、聚合物乳液防水涂料（含丙烯酸、乙烯醋酸乙烯等）、水乳型硅橡胶防水涂料、聚合物水泥防水砂浆等；反应型防水涂料包括聚氨酯防水涂料（含单组分、水固化、双组分等）、聚脲防水涂料、环氧树脂改性防水涂料、反应型聚合物水泥防水涂料等。溶剂型防水涂料包括溶剂型沥青基防水涂料、溶剂型防水剂、溶剂型基层处理剂等。

2）防水涂料会缓慢的降解，施工成膜厚度是影响防水工程质量和防水效果的重要指标，涂膜厚度过薄也会降低适应基层不平整的能力和抗机械破坏的能力，因此规范规定了防水涂料作为一道防水层时在地下、屋面、室内和蓄水类工程等应用场合所应具有的最小厚度要求。当热熔施工橡胶沥青类防水涂料与防水卷材配套使用作为一道防水层时，防水涂料的厚度可以比单独作为一道防水层薄，但其仍然需要具有防水功能，而不仅是胶粘剂，所以规定厚度不应小于 1.5mm。

3）规范中的反应型高分子类防水涂料是指以高分子材料为主要成膜物质，加入助剂和（或）填料等，固体含量不小于 85%，呈液体状，通过与空气中湿气或组分间反应固化成膜的防水材料，产品包装形式包括单组分及多组分。主要包括聚氨酯防水涂料、喷涂聚脲防水涂料、聚甲基丙烯酸甲酯（PMMA）防水涂料、单组分聚脲防水涂料等。

4）规范中的聚合物乳液类防水涂料是指以聚合物乳液为主要成膜物质，加入助剂和（或）填料等，通过水分挥发固化成膜的防水材料，产品包装形式包括单液型及液粉型。主要包括聚合物水泥防水涂料、丙烯酸高弹防水涂料、聚合物乳液建筑防水涂料等。

5）规范中的水性聚合物沥青类防水涂料指以聚合物改性沥青乳液或普通沥青乳液与聚合物乳液混合，加入助剂和（或）填料等，通过水分挥发固化成膜的防水材料，产品包装形式包括单液型及双液型。主要包括水乳型沥青防水涂料、水性沥青基防水涂料等。

6）规范中的热熔施工橡胶沥青类防水涂料指以聚合物改性沥青为主体材料，加入助剂和（或）填料等，室温冷却成膜的防水材料，产品常温下呈膏状或块状。主要包括非固化橡胶沥青防水涂料、热熔橡胶沥青防水涂料等。

另外，防水涂料施工时，宜多遍涂刷达到设计厚度，特别是立面。每一道涂膜与上一道相隔的时间需按上一道涂膜的固化程度确定，一般以手触不粘为原则。根据现行国家标准《地下防水工程质量验收规范》GB 50208—2011 第 4.4.8 条规定，涂层厚度的检验方法是用针测法检查。采用针测法检查，而不是割取实样用卡尺测量，是为了减轻对涂层的损害，降低渗漏风险。

【要点 12】水泥基防水材料的最小厚度规定

【规范条文】

> 3.4.1 外涂型水泥基渗透结晶型防水材料的性能应符合现行国家标准《水泥基渗透结晶型防水材料》GB 18445 的规定，防水层的厚度不应小于 1.0mm，用量不应小于 $1.5kg/m^2$。
>
> 3.4.3 地下工程使用时，聚合物水泥防水砂浆防水层的厚度不应小于 6.0mm，掺外加剂、防水剂的砂浆防水层的厚度不应小于 180mm。

【要点解析】

规范将水泥基防水材料区别于防水卷材和防水涂料，单独作为一类防水材料加以规定。水泥基防水材料是一种无机环保防水型材料，主要包括水泥基渗透结晶型防水涂料、水泥基渗透结晶型防水剂、聚合物水泥防水砂浆、聚合物水泥防水浆料和掺入外加剂、防水剂的预拌防水砂浆等。

1）根据现行国家标准《水泥基渗透结晶型防水材料》GB 18445—2012 第 3.1 条规定，水泥基渗透结晶型防水材料是一种用于水泥混凝土的刚性防水材料，其与水作用后，材料中含有的活性化学物质以水为载体在混凝土中渗透，与水泥水化产物生成不溶于水的针状结晶体，填塞毛细孔道和微细缝隙，从而提高混凝土致密性与防水性。针对水泥混凝土基层的粗糙度和特性，外涂型水泥基渗透结晶型防水材料使用时必须采取用量和厚度双重质量控制措施。施工应多遍均匀涂刷，第一层涂层厚度宜控制在 0.7mm 左右，每遍涂刷完成待表面发白后方可涂刷下一遍，如间隔时间超过 12h 时应喷雾状水润湿。

2）根据现行建材行业标准《聚合物水泥防水砂浆》JC/T 984—2011 第 3.1 条规定，聚合物水泥防水砂浆是以水泥、细骨料为主要组分，以聚合物乳液或可再分散乳胶粉为改性剂。添加适量助剂混合而成的防水砂浆。聚合物水泥砂浆防水层的防水功能主要源于抗渗能力，要达到相应的抗渗能力，应具有一定的厚度。

3）掺入外加剂、防水剂的砂浆防水层因为工作机理不同，需要足够的厚度才能达到抗渗要求。根据现行行业标准《预拌砂浆应用技术规程》JGJ/T 223—2010 第 8.3.2 条规定，普通防水砂浆应采用多层抹压法施工，并应在前一层砂浆凝结后再涂抹后一层砂浆。原因是普通防水砂浆作为刚性防水材料，抗裂性能相对较差，只有达到一定的厚度才能满足防水的要求；同时为了防止一次涂抹太厚，引起砂浆层空鼓、裂缝和脱落，砂浆防水层应分层施工，且分层还有利于毛细孔阻断，提高防水效果。

4）根据《预拌砂浆应用技术规程》JGJ/T 223—2010 第 8.3.4 条、8.3.6、8.4.5 规定，砂浆防水层各层应紧密结合，每层宜连续施工，当需留施工缝时，应采用阶梯坡形槎，且离阴阳角处不得小于 200mm，上下层接槎应至少错开 100mm。防水层的阴阳角处宜做成圆弧形；砂浆凝结硬化后，应保湿养护，养护时间不应少于 14 天；砂浆防水层的平均厚度应符合设计要求，最小厚度不得小于设计值的 85%，检验方法采用观察和尺量检查。

【要点 13】建筑密封胶质量损失率要求

【规范条文】

> 3.5.1 非结构粘结用建筑密封胶质量损失率，硅酮不应大于 8%，改性硅酮不应大于 5%，聚氨酯不应大于 7%，聚硫不应大于 5%。

【要点解析】

根据现行国家标准《建筑密封材料术语》GB/T 14682—2006 第 2.1.1、2.1.3 条规定，建筑密封材料是能承受接缝位移以达到气密、水密目的而嵌入建筑接缝中的材料；密封胶是以非成型状态嵌入接缝中，通过与接缝表面粘结而密封接缝的材料。

1）《建筑密封材料术语》GB/T 14682—2006 第 2.1.14 条规定，结构密封胶是建筑密封材料的一种，是用于建筑结构中，能够传递结构构件间的静态荷载或动态荷载的密封胶。规范中的非结构粘结用建筑密封胶与结构密封胶相对应，也就是工程实践中俗称的"建筑密封胶"，是一种用于填充和密封空隙、裂缝、接缝，防止气体、液体或固体通过的胶粘剂，通常具有较高的柔韧性，能够适应一定的形变，保持连接处的密封性。

2）根据现行国家标准《建筑密封胶分级和要求》GB/T 22083—2008 第 4.1、4.2 条规定，建筑密封胶按照用途分为两类：G 类——镶装玻璃接缝用密封胶；F 类——镶装玻璃以外的建筑接缝用密封胶。建筑密封胶按照满足接缝密封功能的位移能力进行分级，分别为 25 级、20 级、12.5 级、7.5 级。其中，25 级和 20 级适用于 G 类和 F 类密封胶，12.5 级和 7.5 级仅适用于 F 类密封胶。所以，建筑工程常用的密封门窗框、材料接缝等密封胶都应是 F 类密封胶。

3）大量工程应用经验表明，建筑密封胶开裂、失效主要是其中填充的低聚物挥发迁移所致。规范根据建筑密封胶填充材料的特性规定了不同的质量损失率要求，以控制生产环节低聚物的加入量，保证密封胶的性能和使用寿命。

【要点 14】避免防水材料间有害物理和化学作用

【规范条文】

> 4.1.4 相邻材料间及其施工工艺不应产生有害的物理和化学作用。

【要点解析】

防水工程相邻材料间及其施工工艺不应产生有害的物理和化学作用，也就是不同材料之间、材料与基层之间应具备材性和施工工艺的相容性，要求材料与基面之间、不同材料的接触面之间、材料与邻近材料在使用过程中不得产生化学反应或导致材料内部的添加剂迁移现象，且后道工序不得破坏已完成的防水层。

1）相邻两种材料之间应具有相容性，在其他现行国家规范中有针对具体情形的表述：例如《屋面工程质量验收规范》GB 50207—2012 第 3.0.9 条规定，屋面工程各构造层的组成材料，应分别与相邻层次的材料相容；《地下工程防水技术规范》GB 50108—2008 第 4.3.16 条第 4 款规定，卷材搭接处和接头部位应粘贴牢固，接缝口应封严或采用材性相容的密封材料封缝。规范则给出通用规定"相邻材料间及其施工工艺不应产生有害的物理和化学作用"。

2）相邻材料间及其施工工艺不应产生有害的物理和化学作用主要包括以下几方面：

（1）基层（处理剂）与第一道防水卷材或涂料之间。

（2）采用两种复合使用的不同防水材料之间（含耐根穿刺层防水层与普通防水层之间）。

（3）防水收头及节点部位的密封材料与防水卷材或涂料之间。

（4）防水卷材或涂料与保温隔热材料之间。

（5）防水卷材或涂料与保护层材料之间。

（6）反应型高分子类防水涂料与塑料管材接触时有害物质的迁移。

（7）酸性密封胶对金属基材的腐蚀。

（8）防水卷材热熔施工时，火焰对基层可能产生的破坏。

（9）防水卷材热熔施工时，火焰对卷材胎体可能产生的破坏。

3）随着防水设防要求的提高、防水道次的增加和工程材料的发展，必然出现较多防水层复合使用和复杂接触的情况，防水工程的材料相容性和施工工艺相容性应作为质量控制的重点之一。

【要点15】地下工程迎水面主体结构混凝土设计要求

【规范条文】

> 4.1.5　地下工程迎水面主体结构应采用防水混凝土，并应符合下列规定：
>
> 1　防水混凝土应满足抗渗等级要求；
>
> 2　防水混凝土结构厚度不应小于250mm；
>
> 3　防水混凝土的裂缝宽度不应大于结构允许限值，并不应贯通；
>
> 4　寒冷地区抗冻设防段防水混凝土抗渗等级不应低于P10。
>
> 4.1.6　受中等及以上腐蚀性介质作用的地下工程应符合下列规定：
>
> 1　防水混凝土强度等级不应低于C35；
>
> 2　防水混凝土设计抗渗等级不应低于P8；
>
> 3　迎水面主体结构应采用耐侵蚀性防水混凝土，外设防水层应满足耐腐蚀要求。

【要点解析】

要理解本条的规定，首先要清楚什么是地下工程，什么是迎水面。

1）根据《城市地下空间利用基本术语标准》JGJ/T 335—2014第2.0.14条规定，地下工程是在土层或岩体中修建的各种类型地下空间设施的总称。地下工程包括地下房屋和地下构筑物、地铁、隧道和地下过街通道等，民用建筑地下室是地下工程的一类。

2）规范对迎水面没有术语定义，通俗地讲水会有从建筑结构的一面向另一面渗透的趋势，渗透过程中，水接触到的第一面，被称为"迎水面"，反之则为"背水面"。对于地下工程，地下水从地下结构外面向里面有渗透的趋势，可以理解为埋于地下的底板、侧墙和顶板的外侧均属于迎水面。

3）地下工程迎水面主体结构混凝土主要有抗渗等级、结构厚度、裂缝宽度、抗冻设防和耐侵蚀性五方面要求。

（1）防水混凝土要达到防水性能要求，除了混凝土致密、孔隙率小、开放性孔隙少以外，还需要一定的厚度，这样使得地下水从混凝土中渗透的距离增大，当混凝土内部的阻力大于外部水压力时，地下水就只能渗透到混凝土中一定距离而停下来，因此防水混凝土结构达到一定的厚度才能有效阻止地下水渗透并承受荷载作用，所以规范规定"防水混凝土结构厚度不应小于250mm"。

（2）除了应该具有的一定抗渗性能以外，更为关键的是防水混凝土还应具有一定抗裂性，否则地下水将沿着裂缝渗透，因此规范规定"防水混凝土的裂缝宽度不应大于结构允许限值，并不应贯通"。

（3）在低温环境下，水分在混凝土中容易产生冰冻膨胀，从而导致混凝土开裂或失去抗拉强度，因此寒冷地区通过提高混凝土的设计抗渗等级，增加混凝土的密实性（不透水性），以减少外界水的渗入等措施减少冻害的发生。

（4）混凝土腐蚀的化学和电化学原理虽已比较清楚，但对所处的水土环境的影响目前还难以定量计算，只能根据影响腐蚀的主要因素进行腐蚀性分级，根据分级采取措施。根据现行国家标准《岩土工程勘察规范》GB 50021—2001（2009 年版）第 12.1.4 条的规定，水和土对建筑材料的腐蚀性，可分为微、弱、中、强四个等级。在中等及以上腐蚀性介质条件下使用的防水混凝土采用耐侵蚀性防水混凝土或选择耐腐蚀性防水材料，提高防水混凝土的强度等级和抗渗等级，目的都是为了延缓或阻止腐蚀性介质对混凝土及钢筋的不利影响。

【要点 16】地下结构防水设计要求

【规范条文】

4.2.1 明挖法地下工程现浇混凝土结构防水做法应符合下列规定：

1 主体结构防水做法应符合表 4.2.1 的规定。

主体结构防水做法 表 4.2.1

防水等级	防水做法	防水混凝土	外设防水层		
			防水卷材	防水涂料	水泥基防水材料
一级	不应少于 3 道	为 1 道，应选	不少于 2 道；防水卷材或防水涂料不应少于 1 道		
二级	不应少于 2 道	为 1 道，应选	不少于 1 道；任选		
三级	不应少于 1 道	为 1 道，应选	—		

注：水泥基防水材料指防水砂浆、外涂型水泥基渗透结晶防水材料。

2 叠合式结构的侧墙等工程部位，外设防水层应采用水泥基防水材料。

4.2.3 明挖法地下工程防水混凝土的最低抗渗等级应符合表 4.2.3 的规定。

明挖法地下工程防水混凝土最低抗渗等级 表 4.2.3

防水等级	市政工程现浇混凝土结构	建筑工程现浇混凝土结构	装配式衬砌
一级	P8	P8	P10
二级	P6	P8	P10
三级	P6	P6	P8

4.2.4 明挖法地下工程结构接缝的防水设防措施应符合表4.2.4的规定。

明挖法地下工程结构接缝的防水设防措施　　　　表4.2.4

施工缝					变形缝					后浇带					诱导缝			
混凝土界面处理剂或外涂型水泥基渗透结晶型防水材料	预埋注浆管	遇水膨胀止水条或止水胶	中埋式止水带	外贴式止水带	中埋式中孔型橡胶止水带	外贴式中孔型止水带	可卸式止水带	密封嵌缝材料	外贴防水卷材或外涂防水涂料	补偿收缩混凝土	预埋注浆管	中埋式止水带	遇水膨胀止水条或止水胶	外贴式止水带	中埋式中孔型橡胶止水带	密封嵌缝材料	外贴式止水带	外贴防水卷材或外涂防水涂料
不应少于2种					应选	不应少于2种			应选	不应少于1种				应选	应选	不应少于1种		

【要点解析】

明挖法、暗挖法是源于城市轨道交通工程中的两种地下工程施工方法，根据现行国家标准《地下防水工程质量验收规范》GB 50208—2011第2.0.2、2.0.3条的规定，明挖法是指敞口开挖基坑，再在基坑中修建地下工程，最后用土石等回填的施工方法；暗挖法是指不挖开地面，采用从施工通道在地下开挖、支护、衬砌的方式修建隧道等地下工程的施工方法。

工程实践中，明挖法是隐含的表述，未注明采用暗挖法施工方法的即默认为是明挖法施工方法。地下结构的防水设计要求主要包括三个方面：一是防水做法（设防道数和材质）；二是防水混凝土的最低抗渗等级；三是结构接缝的防水设防措施。

1）为保证地下工程防水设计工作年限与工程结构设计工作年限同寿命，在各个防水等级中均把防水混凝土作为应选做法，因此防水混凝土是地下工程防水的基础。当防水等级要求较高时，除设置防水混凝土外，还应设置外设防水层。外设防水层一般设置于主体结构的迎水面，即底板、侧墙、顶板的外侧，目的是从迎水面隔绝主体结构与地下水的联系，并通过封闭混凝土结构的接缝、贯穿性裂缝等可能的渗漏水通道，获得预期的防水功能。

其中，对于防水等级为一级的地下工程，使用功能对渗漏水敏感，考虑现浇混凝土的接缝、混凝土自身的收缩以及建（构）筑物的沉降变形（允许范围内）等因素，而水泥基适应变形能力不足，因此要求2道外设防水层中至少应有1道防水卷材或防水涂料。

叠合式结构是围护结构作为主体结构侧墙的一部分，与内衬墙组合成的叠合结构，是支护结构与主体结构侧墙之间三种形式之一（分离式、复合式和叠合式）。叠合式主体结构侧墙与支护结构之间不具备连续设置柔性防水层的条件，一般采用在支护结构表面涂刷外涂型水泥基渗透结晶型防水材料。

2）地下工程所处的环境较为复杂、恶劣，结构主体长期浸泡在水中或受到各种侵蚀介质的侵蚀以及冻融、干湿交替的作用，易使混凝土结构随着时间的推移，逐渐产生劣化，因此地下工程混凝土的防水性有时比强度更为重要。而各种侵蚀介质对混凝土的破坏与混凝土自身的透水性和吸水性密切相关，为确保混凝土的密实性，降低透水性和吸水性，针对市政工程和建筑工程以及装配式衬砌结构对渗漏的承受度不同，对现浇混凝土和预制混凝土提出最低抗渗等级要求。其中，装配式衬砌主要应用于盾构隧道工程，是将衬砌分成若干块构件，这些构件在现场或工厂预制，然后运到坑道内用机械将它们拼装成一环接着一环的衬砌。要求衬砌构件采用具有一定刚度的柔性结构，同时限制其在荷载作用下的变形并满足受力和防水要求。

3）地下工程结构的施工缝、变形缝、后浇带和诱导缝等混凝土结构接缝是渗漏的高发部位。为保证接缝防水功能，规范针对上述四类结构接缝部位规定了可选的接缝防水设防措施和选用要求。其中，诱导缝是地铁工程中常采用的一种设计方法，根据现行国家标准《地铁设计规范》GB 50157—2013 第 11.7.1 条的条文说明，诱导缝是一种利用人工控制技术，通过在结构的预想位置产生的"无害裂缝"来释放结构纵向应力的方法。所谓"无害"，大体应满足以下几方面的要求：

（1）裂缝出现的部位不会影响结构基本的受力特性。

（2）裂缝的宽度有限，应控制在外贴防水层的材料和楼板建筑装饰层允许拉伸的范围之内，并且裂缝不贯穿整个截面，保证"裂而不漏"。

（3）裂缝的出现不影响结构基本的使用功能，仍使结构具备足够的纵向抗弯刚度和抵抗剪切变形的能力。

【要点 17】桩头防水施工要求

【规范条文】

5.2.2　桩头应涂刷外涂型水泥基渗透结晶型防水材料，涂刷层与大面防水层的搭接宽度不应小于 300mm。防水层应在桩头根部进行密封处理。

【要点解析】

桩头是采用桩基础、抗拔桩项目必须面对的地下工程混凝土结构防水细部构造，桩头防水处理不好是引起地下工程渗漏水的一个主要原因。桩头防水主要涉及两个方面：一是桩头钢筋与底板混凝土间的止水；二是桩头防水及与底板防水间的衔接；三是底板防水层在桩头部位的收头。规范主要针对第二、三方面的桩头防水施工作出规定。

1）底板柔性防水层在桩头部位无法连续，规范规定桩头选用涂刷外涂型水泥基渗透结晶型防水材料，有利于桩体与底板混凝土的结合，涂刷层与底板大面防水层的搭接宽度不小于 300mm，使桩头防水应与底板防水连成一体，形成整体防水。底板防水层在桩头根部用聚氨酯密封膏等进行密封处理，有利于保证外设防水层的完整性。

2）根据现行国家标准《水泥基渗透结晶型防水材料》GB 18445—2012 第 3.1 条规

定，水泥基渗透结晶型防水材料是一种用于水泥混凝土的刚性防水材料，其与水作用后，材料中含有的活性化学物质以水为载体在混凝土中渗透，与水泥水化产物生成不溶于水的针状结晶体，填塞毛细孔道和微细缝隙，从而提高混凝土致密性与防水性。水泥基渗透结晶型防水材料是一种无毒、无味、无害、无污染的环保型产品，施工时对基面要求简单，对混凝土基面不需要做找平层，只要涂层完全固化后就不怕碰、砸、撞、剥落及磨损，对渗水、泛潮的基面可随时施工。其主要特征是渗透结晶，既达到长久性防水、耐腐蚀的作用，又起到保护钢筋、增强混凝土结构强度的作用。

3）桩头防水在现行国家标准《地下防水工程质量验收规范》GB 50208—2011 第 5.7 节有详细要求。水泥基渗透结晶型防水材料在桩头的涂刷范围主要包括桩面、桩身及桩身周围（不小于 300mm），涂刷后必须用水精心养护，当涂层处于半干状态时，应使用雾状水进行养护，以避免水的冲刷。养护期间，桩头表面应始终保持湿润状态，尤其是在夏季，天气炎热，安排专人负责养护，连续养护 72h 后交付桩头验收。

【要点 18】防水卷材施工质量控制要求

【规范条文】

5.1.3 防水材料及配套辅助材料进场时应提供产品合格证、质量检验报告、使用说明书、进场复验报告。防水卷材进场复验报告应包含无处理时卷材接缝剥离强度和搭接缝不透水性检测结果。

5.1.4 防水施工前应确认基层已验收合格，基层质量应符合防水材料施工要求。

5.1.5 铺贴防水卷材或涂刷防水涂料的阴阳角部位应做成圆弧状或进行倒角处理。

5.1.7 防水卷材最小搭接宽度应符合表 5.1.7 的规定。

防水卷材最小搭接宽度 （mm） 表 5.1.7

防水卷材类型	搭接方式	搭接宽度
聚合物改性沥青类防水卷材	热熔法、热沥青	≥100
	自粘搭接（含湿铺）	≥80
合成高分子类防水卷材	胶粘剂、粘结料	≥100
	胶粘带、自粘胶	≥80
合成高分子类防水卷材	单缝焊	≥60,有效焊接宽度不应小于 25
	双缝焊	≥80,有效焊接宽度 10×2+室腔宽
	塑料防水板双缝焊	≥100,有效焊接宽度 10×2+空腔宽

5.1.8 防水卷材施工应符合下列规定：

1 卷材铺贴应平整顺直，不应有起鼓、张口、翘边等现象。

> 2 同层相邻两幅卷材短边搭接错缝距离不应小于 500mm。卷材双层铺贴时，上下两层和相邻两幅卷材的接缝应错开至少 1/3 幅宽，且不应互相垂直铺贴。
>
> 3 同层卷材搭接不应超过 3 层。
>
> 4 卷材收头应固定密封。
>
> 5.1.14 防水层施工完成后，应采取成品保护措施。
>
> 5.2.5 防水卷材施工应符合下列规定：
>
> 1 主体结构侧墙和顶板上的防水卷材应满粘，侧墙防水卷材不应竖向倒槎搭接。
>
> 2 支护结构铺贴防水卷材施工，应采取防止卷材下滑、脱落的措施；防水卷材大面不应采用钉钉固定；卷材搭接应密实。
>
> 3 当铺贴预铺反粘类防水卷材时，自粘胶层应朝向待浇筑混凝土；防粘隔离膜应在混凝土浇筑前撕除。

【要点解析】

防水卷材施工质量控制主要包括五个方面内容：一是材料质量控制；二是基层质量控制；三是铺贴质量控制；四是工艺质量控制；五是成品保护。

1) 防水材料的质量优劣是影响防水工程质量好坏的主要原因之一，防水材料品种繁多、性能各异，质量参差不齐，进场提供产品合格证、质量检验报告、使用说明书、进场复验报告是保证防水卷材及配套辅助材料质量的必要手段。规范要求进场复验报告中包含无处理时卷材接缝剥离强度和搭接缝不透水性检测结果，目的是避免出现卷材在运输、贮存过程中性能衰减导致搭接不牢的问题。

其中，无处理时卷材接缝剥离强度和搭接缝不透水性对以搭接粘接为主的卷材防水层质量有决定性影响，规范首次提出要求对上述两项性能指标进行复试。

2) 基层的平整、干净、干燥是保证防水卷材与基层粘结的必要条件，不同防水卷材对基层的要求也不完全相同，所以防水施工前应确认基层已验收合格。另外，阴阳角部位是防水工程的薄弱部位，为避免粘贴不到位和减小应力集中，要求做成圆弧状或进行倒角处理。

3) 搭接是卷材与卷材之间的通用连接方式，为保证防水层卷材接缝的粘结质量，提出了铺贴各种卷材搭接宽度的要求。错开搭接缝是为了避免接头处产生裂缝或者翘起现象，增加防水层的整体性能和水密性的同时，还可以增加卷材的抗拉强度。同层卷材如多层搭接，不同层之间容易出现空隙，无法粘接到位，所以规范要求不应超过 3 层。

要求侧墙和顶板上的卷材应满粘，不要求结构底板卷材必须满粘、可采用空铺法或点粘法施工，主要是考虑地下工程的工期一般较紧，要求基层干燥达到符合卷材铺设要求需时较长，以及防水层上压有较厚的底板防水混凝土等因素。

4) 侧墙防水卷材不应竖向倒槎搭接，是为了减小后续施工和使用过程中接槎破坏风险。立面卷材粘接强度易基层含水率和气温影响，卷材自重较大，且以受外力影响，所以应采取防止卷材下滑、脱落的措施。防水卷材的每一处接缝都是薄弱部位，所以大面不应采用钉钉固定。

铺贴预铺反粘类防水卷材将自粘胶层朝向待浇筑混凝土，目的是使混凝土浆料与卷材胶膜层紧密结合，混凝土凝固后与卷材产生较强黏附力。

5）防水层施工完成后，应采取成品保护措施是为了避免有尖锐凸起的施工机具和材料造成卷材的机械损伤。

【要点 19】卫生间地面防水做法要求

【规范条文】

4.6.1 室内楼地面防水做法应符合表 4.6.1 条的规定。

室内楼地面防水做法 表 4.6.1

防水等级	防水做法	防水层		
		防水卷材	防水涂料	水泥基防水材料
一级	不应少于 2 道	防水涂料或防水卷材不应少于 1 道		
二级	不应少于 1 道	任选		

4.6.3 有防水要求的楼地面应设排水坡，并应坡向地漏或排水设施，排水坡度不应小于 1.0%。

4.6.4 用水空间与非用水空间楼地面交接处应有防止水流入非用水房间的措施。淋浴区墙面防水层翻起高度不应小于 2000mm，且不低于淋浴喷淋口高度。盥洗池盆等用水处墙面防水层翻起高度不应小于 1200mm。墙面其他部位泛水翻起高度不应小于 250mm。

4.6.6 室内工程的防水构造设计应符合下列规定：

1 地漏的管道根部应采取密封防水措施；

2 穿过楼板或墙体的管道套管与管道间应采用防水密封材料嵌填压实；

3 穿过楼板的防水套管应高出装饰层完成面，且高度不应小于 20mm。

4.6.8 采用整体装配式卫浴间的结构楼地面应采取防排水措施。

【要点解析】

卫生间地面防水设计主要涉及四个方面要求：一是防水做法，包括设防道数和选用材料；二是排水坡度要求；三是用水空间与非用水空间的区隔；四是细部构造设计。

1）卫生间频繁遇水且对渗漏敏感，是Ⅰ类防水使用环境下的甲类工程，防水等级为一级，所以不应少于 2 道防水，选用防水材料中防水涂料或防水卷材不应少于 1 道。其中防水卷材或防水涂料不应少于 1 道，主要是考虑防水卷材以及防水涂料可以在管根、地漏等细部节点可靠衔接，并可以适应基层变形带来的不利影响。

2）卫生间楼地面构造做法相对复杂，部分地面内还预埋有管线，必须提前考虑预留高度，保证排水坡度不应小于 1.0%，以加强排水功能。理论上，保证面层的排水坡度，应该通过在防水层下的基层找坡来实现，但在现行国家标准中未作明确要求，现行行业标准《住宅室内防水工程技术规范》JGJ 298—2013 中仅在第 5.3.2 条中规定找坡层使用的材料和最薄处的厚度要求。工程实践中，受结构标高影响（降板难度大），如在防水层下进行找坡，卫生间楼地面将出现超高问题（高于相邻走道标高），所以一般在防水层下仅进行找平，而是在铺装面层时再进行找坡。

3）用水空间与非用水空间楼地面的交接，既包括卫生间内干湿分区之间的楼地面接交，也包括未干湿分区卫生间与非用水房间之间的楼地面交接。交接处应有防止水流入非用水空间的分隔措施，分隔的措施包括用水空间标高低于非用水空间，设置过门石并用防水砂浆粘贴，以及用水空间完全封闭等。

4）穿过楼板的防水套管应高出装饰层完成面不小于 20mm，目的是避免地面的水漫入套管流至下一层。

另外，虽然整体卫浴已具备完整的防水功能，但在装配施工和使用过程中，整体卫浴的下水管线与楼体管道接口之间仍然可能会出现渗漏水，因此规范要求"采用整体装配式卫浴间的结构楼地面应采取防排水措施。"

【要点 20】卫生间淋水、蓄水试验规定

【规范条文】

6.0.12 建筑室内工程在防水层完成后，应进行淋水、蓄水试验，并应符合下列规定：

1 楼、地面最小蓄水高度不应小于 20mm，蓄水时间不应少于 24h；

2 有防水要求的墙面应进行淋水试验，淋水时间不应少于 30min；

3 独立水容器应进行满池蓄水试验，蓄水时间不应少于 24h；

4 室内工程厕浴间楼地面防水层和饰面层完成后，均应进行蓄水试验。

【要点解析】

建筑室内工程防水层质量的好坏，是否渗漏水，直接影响到建筑的功能和居住环境，防水层完成后通过淋水试验、蓄水试验（也称闭水试验）检验是否漏水，被工程实践证明是检验室内防水工程是否合格的直观、有效并具有可操作性的方法，而且通过蓄水试验检验防水层质量比淋水试验相对更有效。

1）对于楼、地面防水层，具备蓄水条件，一般蓄水时将卫生间所有的下水口进行封闭，且在门口处临时砌一道挡水坎，以保证卫生间的水不会流失，以达到蓄水高度要求。规范规定最小蓄水高度不应小于 20mm，是为了有效检验管根等高于地面的节点部位的防水效果。

2）对于墙面的防水层，不具备蓄水条件，目前没有特别经济适用的检验方法，由于墙面防水层通常没有水压力的作用，出现渗漏的概率也较低，规范规定通过淋水试验进行

检验，淋水时间不应小于 30min。

3）对于消防水池等独立水容器，具备蓄水条件，规范规定应进行满池蓄水试验，蓄水时间不应少于 24h。

4）对于室内工程厕浴间楼地面防水层和饰面层完成后，规范规定均应进行蓄水试验。这在现行行业标准《住宅室内防水工程技术规范》JGJ 298—2013 等标准中也有类似规定，目的是在防水层完成并检验合格后，检验后续施工是否对防水层造成了破坏、影响防水效果。

【要点 21】建筑外墙防水层做法规定

【规范条文】

> 4.5.2 墙面防水层做法应符合下列规定：
>
> 1 防水等级为一级的框架填充或砌体结构外墙，应设置 2 道及以上防水层。防水等级为二级的框架填充或砌体结构外墙，应设置 1 道及以上防水层。当采用 2 道防水时，应设置 1 道防水砂浆及 1 道防水涂料或其他防水材料。
>
> 2 防水等级为一级的现浇混凝土外墙、装配式混凝土外墙板应设置 1 道及以上防水层。
>
> 3 封闭式幕墙应达到一级防水要求。

【要点解析】

根据现行行业标准《建筑外墙防水工程技术规程》JGJ/T 235—2011 第 2.0.1 条规定，建筑外墙防水是指阻止水渗入建筑外墙，满足墙体使用功能的构造及措施。建筑外墙整体防水设计包括外墙防水构造、防水材料选择、细部节点密封防水构造，外墙墙面防水层做法是防水材料选择中最重要的一项内容。

外墙墙面防水层应设置在迎水面上，因为与背水面防水相比，迎水面防水对建筑外墙围护结构及保温层的防护更为有利，所起的作用也更为可靠。外墙墙面防水设防道数和材质与墙体结构类型有关。墙体结构主要分框架填充或砌体结构外墙、现浇混凝土外墙或装配式混凝土外墙板、封闭式幕墙三类。

1）外墙为框架填充墙或砌体结构时，由于砌体墙体不具备防水功能，加之砌体密实度不够、灰缝未填实、抹灰层局部空鼓裂缝等原因，容易出现渗漏现象，所以无论防水等级为一级还是二级，都应采取加强的防水措施。当要求采用 2 道防水时，要求设置至少 1 道防水砂浆，是因为防水砂浆与砌体结构结合更紧密，有助于消除砌体上的渗漏水通道。

2）尽管现浇混凝土或装配式混凝土结构外墙的整体性较好，渗漏点相对较少，但防水等级为一级的此类外墙工程对渗漏敏感，尤其是装配式混凝土结构外墙的墙板与墙板、墙板与阳台板等接缝处如果封闭措施不严，还是存在较大渗漏隐患，所以要求设置 1 道及以上防水层。

3）根据现行国家标准《建筑幕墙》GB/T 21086—2007 第 3.12 条规定，封闭式建筑幕墙是指要求具有阻止空气渗透和雨水渗漏功能的建筑幕墙。因为满足水密性、气密性要求的封闭式幕墙即可达到一级防水要求，所以可不另设防水层。

【要点 22】装配式混凝土结构外墙板接缝密封防水施工要求

【规范条文】

> 5.5.4　装配式混凝土结构外墙板接缝密封防水施工应符合下列规定：
> 1　施工前应将板缝空腔清理干净；
> 2　板缝空腔应按设计要求填塞背衬材料；
> 3　密封材料嵌填应饱满、密实、均匀、连续、表面平滑，厚度应符合设计要求。
> 6.0.11　建筑外墙工程墙面防水层和节点防水完成后应进行淋水试验，并应符合下列规定：
> 1　持续淋水时间不应少于 30min；
> 2　仅进行门窗等节点部位防水的建筑外墙，可只对门窗等节点进行淋水试验。

【要点解析】

装配式混凝土结构外墙板接缝容易出现渗漏，连接节点防水构造设计是外墙防水的关键。预制外墙板接缝节点防水构造设计一般采用材料防水和构造防水相结合的做法。

1）材料防水是靠防水材料阻断水的通路，以达到防水的目的或增加抗渗漏的能力。如预制外墙板的接缝采用低模量耐候建筑密封胶进行密封，背衬材料宜采用发泡氯丁橡胶或发泡聚乙烯塑料棒，耐候密封胶与基层、背衬材料间应有良好的相容性，以及规定的抗剪切和伸缩变形能力。其中，板缝空腔应清理干净，以防胶体与接缝两侧基层粘结不密实，保证密封防水效果。要求填塞背衬材料，是为了避免胶体形成三面粘结，不利于适应接缝变形。

2）构造防水是采取合适的构造形式，阻断水的渗流通路，以达到防水的目的。如在外墙板接缝外口设置适当的线型构造，如立缝的沟槽，平缝的挡水台、披水等，形成空腔截断毛细管通路，利用排水构造将渗入接缝的雨水排出墙外，防止向室内渗漏。

3）规范规定应通过淋水试验来检验装配式混凝土结构接缝部位防水是否达到渗漏检验要求。淋水试验时，应采用全部墙面淋水检验法，自上而下进行，设计好淋水管长度、管孔数量、孔径大小，应能在待测区域表面形成均匀水幕，持续淋水时间不应少于30min，具体可参照现行行业标准《建筑防水工程现场检测技术规范》JGJ/T 299—2013相关内容。不采用更便捷的雨后观察的方式，主要是因为雨和风耦合的不确定性，雨后观察往往难以达到渗漏检验要求。

【要点 23】门窗洞口节点构造要求

【规范条文】

> 4.5.3 门窗洞口节点构造防水和门窗性能应符合下列规定：
> 1 门窗框与墙体间连接处的缝隙应采用防水密封材料嵌填和密封；
> 2 门窗洞口上楣应设置滴水线；
> 3 门窗性能和安装质量应满足水密性要求；
> 4 窗台处应设置排水板和滴水线等排水构造措施，排水坡度不应小于 5%。

【要点解析】

门窗洞口作为最重要的外墙防水节点，应采取防水构造措施。外门窗框或附框与洞口之间、窗框与附框之间的缝隙都是防水的薄弱环节，处理不好，且容易导致渗水，门窗框与洞口之间是最容易出现渗漏的部位。与门窗相关的节点构造防水设计主要有四个方面：一是门窗框与墙体间的密封；二是门窗洞口上楣的滴水措施；三是门窗的水密性能；四是窗台处的排水构造措施。

1）现行国家标准《建筑节能与可再生能源利用通用规范》GB 55015—2021 第 6.2.13 条规定"外门窗框或附框与洞口之间、窗框与附框之间的缝隙应有效密封；"《建筑节能工程施工质量验收标准》GB 50411—2019 第 6.2.4 条规定"外门窗框或附框与洞口之间的间隙应采用弹性闭孔材料填充饱满，并进行防水密封，夏热冬暖地区、温和地区当采用防水砂浆填充间隙时，窗框与砂浆间应用密封胶密封；外门窗框与附框之间的缝隙应使用密封胶密封。"所以无论是节能规范还是防水规范，都要求门窗框与墙体间连接处的缝隙采用防水密封材料嵌填和密封。需要注意的是，门窗框与墙体间缝隙的防水密封材料嵌填和密封须与外墙防水层连续，才能形成整体防水，有效阻止雨水从门窗框四周流入室内。

2）根据现行行业标准《建筑外墙防水工程技术规程》JGJ/T 235—2011 第 2.0.3 条规定，滴水线是指在凸出或凹进外墙面的部位外沿，设置的阻止水由水平方向内渗的构造。门窗洞口上楣设置滴水线一般是在顶面与外墙面交界处，距拐角 1～2cm 处，做一条1cm 左右宽的凹槽，雨水在这条线外就会跌落，可以阻止顺墙而下的雨水流到门窗上口缝隙。

3）规范规定"门窗性能和安装质量应满足水密性要求"，是分别从门窗材料质量和安装后工程实体质量两个角度对水密性提出的要求。门窗材料的水密性是指关闭着的门窗在风雨同时作用下阻止雨水渗漏的能力，是涉及型材、五金件、胶条、附件、安装工艺等方方面面的系统性问题，根据现行国家标准《建筑装饰装修工程质量验收标准》GB 50210—2018 第 6.1.3 条规定，建筑外窗的气密性能、水密性能和抗风压性能，都是门窗工程材料需要进行复验的指标。对于安装完成的建筑外门窗实体的水密性，在规范第 6.0.11 条中规定应进行淋水试验，并持续淋水时间不应少于 30min。

4）窗台处设置排水板和滴水线等排水构造措施，并要求排水坡度不应小于 5%，有利于及时排空雨水，使雨水不在门窗下口附近留存并远离墙面。工程实践中，还有设置鹰嘴等滴水措施代替滴水线的做法。

【要点 24】门窗框与门窗洞口间缝隙防水施工要求

【规范条文】

> 5.5.2　外门窗框与门窗洞口之间的缝隙应填充密实，接缝密封。
>
> 6.0.11　建筑外墙工程墙面防水层和节点防水完成后应进行淋水试验，并应符合下列规定：
>
> 1　持续淋水时间不应少于 30min；
>
> 2　仅进行门窗等节点部位防水的建筑外墙，可只对门窗等节点进行淋水试验。

【要点解析】

外门窗框周边与墙体洞口间的缝隙节点部位是外墙最易出现渗漏的部位，由于界面复杂、工序交叉等多种原因，施工质量也不易得到保障，导致降水可能透过墙面保温装饰层质量缺陷部位再经过缝隙渗入室内，因此规范要求外门窗框与门窗洞口之间的缝隙应填充密实，接缝密封。

1）除本规范外，还有两本现行国家标准从节能及防水角度，对外门窗框与门窗洞口之间的缝隙填充密封作出了规定：《建筑节能与可再生能源利用通用规范》GB 55015—2021 第 6.2.13 条规定，外门窗框或附框与洞口之间、窗框与附框之间的缝隙应有效密封；《建筑节能工程施工质量验收标准》GB 50411—2019 第 6.2.4 条规定，外门窗框或附框与洞口之间的间隙应采用弹性闭孔材料填充饱满，并进行防水密封，夏热冬暖地区、温和地区当采用防水砂浆填充间隙时，窗框与砂浆间应用密封胶密封；外门窗框与附框之间的缝隙应使用密封胶密封。

2）综合上述国家标准的规定，外门窗框与门窗洞口之间的缝隙填充和接缝密封常规按下列顺序进行：首先应采用弹性闭孔材料对外门窗框与门窗洞口之间的缝隙进行填充，填充饱满（除夏热冬暖地区、温和地区外）；之后对填充后的外门窗框与洞口之间的缝隙，采用粘接性能良好并与全部接触材料相容的中性硅酮密封胶进行防水密封。当外墙装饰面层具有一定防水性时，常规先进行洞口周边装饰面层施工，再进行缝隙打胶密封。而且门窗框间嵌填的密封处理应与外墙防水层连续，以形成闭环阻止雨水从门窗框四周流向室内。

3）规范规定应通过淋水试验来检验门窗节点部位防水是否达到渗漏检验要求，淋水试验时，应设计好淋水管长度、管孔数量、孔径大小，使窗洞口周边和洞口内连续满流，持续淋水时间不应少于 30min。

【要点25】雨篷、阳台、室外挑板防水做法要求

【规范条文】

> 4.5.4 雨篷、阳台、室外挑板等防水做法应符合下列规定：
> 1 雨篷应设置外排水，坡度不应小于1%，且外口下沿应做滴水线。雨篷与外墙交接处的防水层应连续，且防水层应沿外口下翻至滴水线。
> 2 开敞式外廊和阳台的楼面应设防水层，阳台坡向水落口的排水坡度不应小于1%，并应通过雨水立管接入排水系统，水落口周边应留槽嵌填密封材料。阳台外口下沿应做滴水线。
> 3 室外挑板与墙体连接处应采取防雨水倒灌措施和节点构造防水措施。

【要点解析】

雨篷、阳台、室外挑板不受建筑屋面保护，也是外墙上容易受雨水侵蚀造成渗漏的部位，是重要的外墙防水节点，需要采取防水构造措施，具体也是遵循"以防为主、防排结合"的原则。

1）雨篷设置外排水，并保证一定的坡度，可以使落在篷顶的雨水迅速排走；外口下沿做滴水线可以防止雨水沿雨篷端头流到雨篷板底甚至滴落至雨篷内；雨篷与外墙交界的接缝处是防水的薄弱部位，应该保证墙面防水和雨篷防水的连续性；雨篷防水层沿外口下翻至滴水线是为了保证雨篷防水的完整性。

2）开敞式阳台或外廊作为人群主要活动区域，从使用角度有防水需求，特别是我国南方地区住宅大量存在开敞式阳台，且降雨量大、气候湿潮，为提升建筑整体防水性能，规范规定开敞阳台或外廊的楼面应设防水层，并应通过雨水立管有组织排水。坡向水落口的一定排水坡度可防止积水。水落口周边留槽嵌填密封材料是为了保证防水层与水落口间的可靠防水衔接。

3）空调室外机搁板等室外挑板面积较小，自身没有防水要求，一般不设置整体防水，是外墙容易被忽视的防水部位，为保证挑板与墙体连接处不发生渗漏，需要在挑板上设置向外的排水坡度以防止雨水倒灌至外墙上，并在节点连接处采用涂刷防水涂料等防水措施。

【要点26】外墙变形缝、穿墙管道、预埋件等节点做法要求

【规范条文】

> 4.5.5 外墙变形缝、穿墙管道、预埋件等节点防水做法应符合下列规定：

> 1 变形缝部位应采取防水加强措施。当采用增设卷材附加层措施时，卷材两端应满粘于墙体，满粘的宽度不应小于 150mm，并应钉压固定，卷材收头应采用密封材料密封。
> 2 穿墙管道应采取避免雨水流入措施和内外防水密封措施。
> 3 外墙预埋件和预制部件四周应采用防水密封材料连续封闭。

【要点解析】

外墙变形缝、穿墙管道、预埋件等处也是外墙易发生渗漏水的节点部位，需要在细部节点采取一定防水做法避免渗漏。

1）根据现行国家标准《民用建筑设计统一标准》GB 50352—2019 第 2.0.25 条规定，变形缝是为防止建筑物在外界因素作用下，结构内部产生附加变形和应力，导致建筑物开裂、碰撞甚至破坏而预留的构造缝，包括伸缩缝、沉降缝和抗震缝。根据现行国家标准《工程结构设计基本术语标准》GB/T 50083—2014 第 2.9.16、2.9.17、2.9.18 条规定，伸缩缝是指为减轻材料胀缩变形对建筑物的不利影响而在建筑物中预先设置的间隙；沉降缝是指为减轻或消除地基不均匀变形对建筑物的不利影响，而在建筑物中预先设置的间隙；防震缝是指为减轻或防止由地震作用引起相邻结构单元之间的碰撞而预先设置的间隙。

变形缝两侧结构相对变形大，易发生防水破坏，该处的防水应采取加强措施。当采用防水卷材附加层加强时，要求满粘于墙体并保证满粘的最小宽度 150mm，并采取钉压固定和密封材料密封的收头措施。

2）外墙穿墙管道包括空调管道、热水器管道、排油烟管道、燃气管道等，具体做法分有套管和无套管两种。一般情况下，地上外墙上的穿墙管道不采取预埋的施工工艺，所以无法采取止水环等固定式防水措施，套管或无套管的管道与孔壁间、套管与套管内管道间都会存在一定空隙，如不采取相应的内外防水密封措施，雨水将顺墙流入或在风压作用下渗入到空隙中进入墙体或室内。另外，套管或无套管的管道设置内高外低的坡度构造，会加大水渗流阻力，有利于阻止雨水的渗入。

3）外墙预埋件和预制部件如空调支架、外墙装饰线条等，一般通过锚栓与墙体连接固定，连接固定点较分散，也是外墙渗漏的薄弱环节，而且形状不规则，与墙体连接处四周的防水层不容易封闭，需要采用防水密封材料增强处理，做到连续封闭，以保证外墙防水的整体性。

【要点 27】屋面排水坡度设计要求

【规范条文】

> 4.4.3 屋面排水坡度应根据屋顶结构形式、屋面基层类别、防水构造形式、材料性能及使用环境等条件确定，并应符合下列规定：
> 1 屋面排水坡度应符合表 4.4.3 的规定。

屋面排水坡度		表 4.4.3
屋面类型		屋面排水坡度(%)
平屋面		≥2
瓦屋面	块瓦	≥30
	波形瓦	≥20
	沥青瓦	≥20
	金属瓦	≥20
金属屋面	压型金属板、金属夹芯板	≥5
	单层防水卷材金属屋面	≥2
种植屋面		≥2
玻璃采光顶		≥5

    2　当屋面采用结构找坡时，其坡度不应小于 3%。

    3　混凝土屋面檐沟、天沟的纵向坡度不应小于 1%。

【要点解析】

规范分平屋面、瓦屋面、金属屋面、种植屋面和玻璃采光顶五种类型给出屋面最小排水坡度，并对结构找坡、檐沟和天沟的纵向坡度的最小坡度加以规定。

1）屋面排水坡度是指屋面系统中，屋面板、椽子等结构层与檐口所在水平面之间的夹角，或屋脊与檐口间的垂直高差与水平间距的比值百分数。其作用是快速排走雨水，以防积水造成楼板渗漏，一定的坡度对保证屋面、天沟、檐沟的排水效果，提高屋面工程防水功能的可靠性具有重要意义，是屋面系统设计的基本参数之一。

2）工程实践中，设计图纸中标注的平屋面的屋面排水坡度具体指屋面水落口到周边屋面高点之间高差与水平距离的比值。坡度越大排水越快，规定允许最小坡度的目的是使雨水及时排出、防止雨水倒灌造成渗漏。各类屋面采用的屋顶结构形式、屋面基层类别、防水构造措施和材料性能存在较大的差别，所以屋顶的排水坡度应根据上述因素结合当地气候条件综合确定。

3）块瓦的形状呈方形或长方形，相较波形瓦、沥青瓦、金属瓦，块瓦的连接节点构造不利于排水，使得雨水易滞留在屋顶上，所以块瓦的最小排水坡度大于波形瓦、沥青瓦、金属瓦的最小排水坡度。

4）规范规定种植屋面的排水不小于 2%，实际是针对平屋面和地下建筑顶板种植工程的，目的是及时有效排出屋面上的积水。

5）根据现行行业标准《采光顶与金属屋面技术规程》JGJ 255—2012 第 2.1.1 条规定，采光顶是由透光面板与支撑体系组成，不分担主体结构所受作用且与水平方向夹角小于 75°的建筑围护结构。玻璃采光顶大多以其特有的倾斜屋面效果，满足建筑使用功能和美观要求。玻璃采光顶应采用结构找坡，由采光顶的支承结构与主体结构结合而形成排水坡度，同时还应考虑保证单片玻璃挠度所产生的积水可以排除，故规范规定玻璃采光顶的排水坡度应不小于 5%。

【要点 28】种植屋面防水设计要求

【规范条文】

> 4.1.3 种植屋面和地下建（构）筑物种植顶板工程防水等级应为一级，并应至少设置一道具有耐根穿刺性能的防水层，其上应设置保护层。
>
> 4.2.8 民用建筑地下室顶板防水设计应符合下列规定：
>
> 1 应将覆土中积水排至周边土体或建筑排水系统；
>
> 2 与地上建筑相邻的部位应设置泛水，且高出覆土或场地不应小于 500mm。

【要点解析】

根据现行行业标准《种植屋面工程技术规程》JGJ 155—2013 第 2.0.1 条规定，种植屋面是铺以种植土或设置容器种植植物的建筑屋面或地下建筑顶板。种植屋面的防水设计主要有防水等级、耐根穿刺性能防水层、排水层和泛水四方面要求。

1）由于种植屋面上部构造层相对复杂，无论建筑屋面还是地下建筑顶板，一旦发生渗漏将难以处理且代价较大。因此，规范规定种植屋面和地下建（构）筑物种植顶板工程防水等级应为一级。

2）由于植物根系的生长能力强，部分根系生长深度可能超乎想象，覆土厚度对改善植物根系的穿刺影响较小，植物根系穿透防水材料是造成种植屋面防水失败最主要原因，所以必须采取措施对植物根系进行阻拦，而且这种材料还要具有生物阻拦及机械阻拦的双重特性。因此规范规定"并应至少设置一道具有耐根穿刺性能的防水层，其上应设置保护层。"其中，保护层具有机械阻拦特性是指能够防止后续回填和园林绿化施工过程中对防水层可能造成的破坏。而且《种植屋面工程技术规程》JGJ 155—2013 第 5.1.8 条强调"种植屋面防水层应采用不少于两道防水设防，上道应为耐根穿刺防水材料；两道防水层应相邻铺设且防水层的材料应相容。"

3）对于建筑地下室种植顶板，如降雨或浇灌有可能形成滞水，一方面对顶板防水不利的同时，另一方面当积水上升到浸没植物根系且长时间不能疏排时，还会导致根系的糜烂。所以规范规定"应将覆土中积水排至周边土体或建筑排水系统"，通常的设计做法是设置排水层。而且根据《种植屋面工程技术规程》JGJ 155—2013 第 5.4.1、5.4.2 条规定，有三点需要特别注意：一是采用下沉式种植时，应设自流排水系统；二是顶板采用反梁结构或坡度不足时，应设置渗排水管或采用陶粒、级配碎石等渗排水措施；三是顶板面积较大放坡困难时，应分区设置水落口、盲沟、渗排水管等内排水及雨水收集系统。

4）泛水是防水层与突出结构之间的防水构造，根据现行国家标准《民用建筑设计术语标准》GB/T 50504—2009 第 2.6.41 条规定，泛水是为防止水平楼面或水平屋面与垂直墙面接缝处的渗漏，由水平面沿垂直面向上翻起的防水构造。主要包括屋面泛水和卫生间泛水，形成立铺或平铺的防水层。泛水还应用于地下室顶板与地上建筑相邻部位、露台、阳台、空调位、水电井等有防水要求的部位。屋面泛水的高度一般是不小于 250mm，但当下室种植顶板面积较大时，可能会在建筑外墙边缘产生积水时，所以规范规定"与地上建筑相邻的部位应设置泛水，且高出覆土或场地不应小于 500mm"。

【要点 29】建筑屋面工程防水做法规定

【规范条文】

4.4.1 建筑屋面工程的防水做法应符合下列规定：

1 平屋面工程的防水做法应符合表 4.4.1-1 的规定。

平屋面工程的防水做法　　　　　表 4.4.1-1

防水等级	防水做法	防水层	
		防水卷材	防水涂料
一级	不应少于 3 道	卷材防水层不应少于 1 道	
二级	不应少于 2 道	卷材防水层不应少于 1 道	
三级	不应少于 1 道	任选	

2 瓦屋面工程的防水做法应符合表 4.4.12 的规定。

瓦屋面工程的防水做法　　　　　表 4.4.1-2

防水等级	防水做法	防水层		
		屋面瓦	防水卷材	防水涂料
一级	不应少于 3 道	为 1 道,应选	卷材防水层不应少于 1 道	
二级	不应少于 2 道	为 1 道,应选	不应少于 1 道；任选	
三级	不应少于 1 道	为 1 道,应选	—	

3 金属屋面工程的防水做法应符合表 4.4.1-3 的规定。全焊接金属板屋面应视为一级防水等级的防水做法。

金属屋面工程防水做法　　　　　表 4.4.1-3

防水等级	防水做法	防水层	
		金属板	防水卷材
一级	不应少于 2 道	为 1 道,应选	不应少于 1 道；厚度不应小于 1.5mm
二级	不应少于 2 道	为 1 道,应选	不应少于 1 道
三级	不应少于 1 道	为 1 道,应选	—

4 当在屋面金属板基层上采用聚氯乙烯防水卷材（PVC）、热塑性聚烯烃防水卷材（TPO）、三元乙丙防水卷材（EPDM）等外露型防水卷材单层使用时，防水卷材的厚度，一级防水不应小于 1.8mm，二级防水不应小于 1.5mm，三级防水不应小于 1.2mm。

【要点解析】

规范分平屋面、瓦屋面和金属屋面三种类型屋面工程对防水设计要求。

1）平屋面与坡屋面对应的是屋顶的外部形式，以坡度大小划分。坡屋面与平屋面是相对而言的，即平屋面也是有坡度的，只是较小而已，目前关于平屋面与坡屋面坡度的划分尚无严格界定。现行国家标准《坡屋面工程技术规范》GB 50693—2011 第 2.0.1 条规定，坡屋面是指"坡度大于等于 3％的屋面"，条文说明中称坡度低于 3％的屋面一般称为平屋面，但工程实践中平屋面找坡后也可达到 3％的坡度。有的地方标准，如现行北京市地方标准《屋面防水技术标准》DB11/T 1945—2021 第 2.0.1、2.0.2 条规定，平屋面是指正置式屋面坡度小于 5％、倒置式屋面坡度小于 3％的屋面；坡屋面是指坡度不小于 5％的屋面。规范条文说明中将平屋面界定为"一般指排水坡度小于或等于 18％（10°）的屋面"。

平屋面坡度不大，降水在屋面上停留的时间较长，容易出现局部积水，因此规范对于二级及以上防水等级的屋面多道设防，以提高防水功能的可靠性，满足防水设计工作年限要求。同时，规定多道设防时，必须有一道卷材防水层，主要是考虑到卷材防水层厚度均匀，更能保证防水功能。

2）瓦屋面是坡屋面的一种，指以搭接、固定的瓦作为外露使用防水层的坡屋面，其排水坡度一般大于 20％（11°）。一般分为沥青瓦屋面、块瓦屋面和波形瓦屋面三类。因瓦材是不封闭连续铺设的，属搭接构造，依靠物理排水满足防水功能，但会因风雨或毛细等情况引起屋面渗漏，因此需设置辅助防水层，以达到防水效果。考虑到以排为主的特点，为提高防水功能的可靠性，故规定在防水等级为一级、二级的瓦屋面工程中应设置 1 道及以上卷材或涂料防水层。其中，防水等级为一级的瓦屋面瓦层下部的防水层中还应包含至少 1 道防水卷材，主要是考虑到防水卷材厚度均匀，施工方便，有利于保证防水工程质量。

3）根据现行行业标准《采光顶与金属屋面技术规程》JGJ 255—2012 第 2.1.2 条规定，金属屋面是由金属面板与支撑体系组成，不分担主体结构所受作用且与水平方向夹角小于 75°的建筑围护结构。面板板材主要包括压型金属板和金属面绝热夹芯板。压型金属板屋面适用于防水等级为一级和二级的坡屋面，金属面绝热夹芯板屋面适用于防水等级为二级的坡屋面。尽管金属板屋面所使用的金属板材料具有良好的防腐蚀性，但由于金属板的伸缩变形受板型连接构造、施工安装工艺和冬夏季温差大等因素的影响，使得金属板屋面渗漏水情况比较普遍，规范规定一级、二级金属屋面工程防水需两道防水设防，在金属板本身作为一道防水层外，还需设置一道卷材防水层。

另外，金属板屋面属于自防水屋面，作为应选的 1 道防水层，关键在于金属板之间的连接。金属板屋面连接类型主要有：搭接连接、平接连接、扣件连接、直立连接。直立连接也被称为暗扣式屋面连接或隐藏式屋面连接，这是金属屋面的主要连接形式，这种连接方式有利于防止接缝两侧金属面板发生错动，同时也控制了整块屋面板在自重的作用下向下滑动的趋势，从而可以有效地防止金属屋面漏水这一隐患。扣件连接通常用于复合板金属屋面的接缝处、屋脊处以及伸缩缝处的连接，这种连接方式是用扣件将接缝两侧的金属面板连在一起，再涂以密封胶加以防水处理。

【要点 30】屋面工程防水构造设计要求

【规范条文】

> 4.4.5 屋面工程防水构造设计应符合下列规定:
>
> 1 当设备放置在防水层上时,应设附加层。
>
> 2 天沟、檐沟、天窗、雨水管和伸出屋面的管井管道等部位泛水处的防水层应设附加层或进行多重防水处理。
>
> 3 屋面雨水天沟、檐沟不应跨越变形缝,屋面变形缝泛水处的防水层应设附加层,防水层应铺贴或涂刷至变形缝挡墙顶面。高低跨变形缝在立墙泛水处,应采用有足够变形能力的材料和构造做密封处理。

【要点解析】

根据现行国家标准《屋面工程技术规范》GB 50345—2012 第 4.11.1 条规定,屋面细部构造应包括檐口、檐沟和天沟、女儿墙和山墙、水落口、变形缝、伸出屋面管道、屋面出入口、反梁过水孔、设施基座、屋脊、屋顶窗等部位。上述部位由于防水基层形状不规则、排水坡度小、收边收口和承受额外压力等原因,容易出现渗漏水,因此规范从构造设计上提出基本要求。

设计的防水措施主要有三类:一是设附加层;二是规避不利变形影响;三是密封处理。

1)在设备放置的防水层上设附加层,是为了避免安装施工和使用过程中造成防水层损坏。天沟、檐沟、天窗、雨水管和伸出屋面的管井管道等部位泛水处的防水层设附加层或进行多重防水处理,是对上述特殊部位采取加强措施,以增加细部防水效果的保障程度。

2)屋面雨水天沟、檐沟不应跨越变形缝,是因为变形缝两侧变形大,易造成跨越处的防水破坏,且天沟、檐沟内水流集中,易出现渗漏。

3)屋面变形缝泛水处的防水层铺贴或涂刷至变形缝挡墙顶面,是为了将挡墙防水收头到变形缝压顶下,降低渗漏水风险。高低跨变形缝在立墙泛水处,采用有足够变形能力的材料和构造作密封处理,是为了适应高低跨两侧墙体变形差异大的特点,保证立墙上防水收头的密封效果。

【要点 31】屋面压型金属板最小厚度规定

【规范条文】

> 3.6.2 屋面压型金属板的厚度应由结构设计确定,且应符合下列规定:
>
> 1 压型铝合金面层板的公称厚度不应小于 0.9mm;

> 2 压型钢板面层板的公称厚度不应小于 0.6mm；
>
> 3 压型不锈钢面层板的公称厚度不应小于 0.5mm。

【要点解析】

根据现行国家标准《压型金属板工程应用技术规范》GB 50896—2013 第 2.1.1 条规定，压型金属板是金属板经辊压冷弯，沿板宽方向形成连续波形或其他截面的成型金属板。

1）屋面压型金属板的面层板材料主要有铝合金板、彩色钢板、不锈钢板、锌合金板、钛合金板、铜合金板等。屋面用压型金属板根据连接形式不同可分为：搭接型压型金属板、咬合型压型金属板和扣合型压型金属板。其中，搭接型压型金属板是成型板纵向边为可相互搭合的压型边，板与板自然搭接后通过紧固件与结构连接的压型金属板；咬合型压型金属板是成型板纵向边为可相互搭接的压型边，板与板自然搭接后，经专用机具沿长度方向卷边咬合并通过固定支架与结构连接的压型金属板；扣合型压型金属板是成型板纵向边为可相互搭接的压型边，板与板安装时经扣压结合并通过固定支架与结构连接的压型金属板。

2）屋面压型金属板主要采用机械固定安装，金属板厚度与其力学性能、抗风揭能力、耐腐蚀性有关，所以规范根据不同材质规定了相应面层板最小厚度要求。

3）根据现行国家标准《钢结构工程施工质量验收标准》GB 50205—2020 第 4.9.5 条规定，压型金属板的基板厚度采用测厚仪测量，涂镀层厚度采用称重法测量，每批次每种规格抽查 5%，且不应少于 10 件。测厚仪采用超声波测量原理，测量误差可小于 0.01mm。

4）与屋面压型金属板相应的国家现行产品标准有《建筑用压型钢板》GB/T 12755—2008、《铝及铝合金压型板》GB/T 6891—2018、《建筑用不锈钢压型板》GB/T 36145—2018 等。与压型金属板用板材相应的国家现行标准有《彩色涂层钢板及钢带》GB/T 12754—2019、《连续热镀锌和锌合金镀层钢板及钢带》GB/T 2518—2019、《铝及铝合金彩色涂层板、带材》YS/T 431—2009、《建筑屋面和幕墙用冷轧不锈钢板和钢带》GB/T 34200—2017 和《铜及铜合金板材》GB/T 2040—2017 等。

【要点 32】屋面防水层检验

【规范条文】

> 5.4.4 防水层和保护层施工完成后，屋面应进行淋水试验或雨后观察，檐沟、天沟、雨水口等应进行蓄水试验，并应在检验合格后再进行下一道工序施工。
>
> 6.0.10 建筑屋面工程在屋面防水层和节点防水完成后，应进行雨后观察或淋水、蓄水试验，并应符合下列规定：

1　采用雨后观察时，降雨应达到中雨量级标准；

2　采用淋水试验时，持续淋水时间不应少于2h；

3　檐沟、天沟、雨水口等应进行蓄水试验，其最小蓄水高度不应小于20mm，蓄水时间不应少于24h。

【要点解析】

屋面渗漏是房屋建筑中最为突出的质量问题之一，屋面工程做到无渗漏，才能保证房屋的使用功能要求。无论是屋面防水层的本身还是细部构造，通过外观质量检验只能看到表面的特征是否符合设计和规范的要求，肉眼很难判断是否会渗漏。只有通过实体检验手段才能使屋面处于工作状态下经受实际考验，判断其是否渗漏。

1）规范规定屋面防水需要在施工过程和验收环节分别进行检验：第一次是在屋面分部工程施工过程中，即在防水层分项工程和保护层分项工程施工完成后进行；第二次是在屋面分部工程验收时。

2）规范规定的屋面防水实体检验手段包括淋水试验或雨后观察、蓄水试验三种，需结合不同屋面部位和环境条件按照规定要求选用。其中，采雨后观察时，降雨应达到中雨量级标准；采用淋水试验时，持续淋水时间不应少于2h；檐沟、天沟、雨水口等应进行蓄水试验，其最小蓄水高度不应小于20mm，蓄水时间不应少于24h。

3）对于降雨应达到中雨量级标准，依据现行国家标准《降水量等级》GB/T 28592—2012第4节规定，降雨量共划分为微量降雨（零星小雨）、小雨、中雨、大雨、暴雨、大暴雨、特大暴雨共7个等级，中雨量级为12h内降雨量5.0～14.9mm或24h内降雨量在10～24.9mm之间。

4）对于自然降雨雨量、时间不定，难以及时全面检验屋面的渗漏情况，可采用人工蓄水、淋水这种模拟屋面遇水环境的渗漏水检验方法，并根据施工经验规定持续淋水时间不应少于2h，蓄水时间不应少于24h，以确保试验效果。

【要点33】蓄水类工程混凝土施工要求

【规范条文】

5.8.1　蓄水类工程的混凝土底板、顶板均应连续浇筑。

5.8.2　蓄水类工程的混凝土壁板应分层交圈、连续浇筑。

5.8.3　混凝土结构蓄水类工程在浇筑预留孔洞、预埋管、预埋件及止水带周边混凝土时，应采取保证混凝土密实的措施。

6.0.13　混凝土结构蓄水类工程完工后，应进行水池满池蓄水试验，蓄水时间不应少于24h。

【要点解析】

规范中蓄水类工程包括建筑工程、市政给水排水工程、消防、环境工程、园林景观工程中的各类混凝土、砌体、土工结构水池或填埋场等，不包括大型水利蓄水工程的水库、水坝和塘堰。蓄水类工程的混凝土施工要求可分为底板顶板施工、壁板施工、细部构造施工和蓄水试验四个方面。

1）规范要求混凝土底板、顶板均应连续浇筑，目的是最大限度减少施工缝留置，保证混凝土的整体性。连续浇筑是保证混凝土质量满足抗渗要求的主要措施之一，具体是指在一次操作中，按照规定的混凝土浇筑顺序和一定的施工步骤，在浇筑过程中不出现冷缝的情况下，保证在初凝之前有序完成设计要求的混凝土浇筑。建筑工程中需要注意的是在消防水池位置不得设置后浇带，否则二者之一必须移位、相互避开。

2）蓄水类工程的混凝土浇筑一般分为三次，底板一次至施工缝、壁板至水池最高水位线一次、顶板一次，施工缝应水平留置，宜留在底板表面以上300～500mm，或顶板底面以下500mm的竖壁上。规范要求壁板混凝土应分层交圈、连续浇筑，除连续浇筑不产生冷缝外，还能够减少由于不同部位之间温差引起的裂缝的可能。

3）规范要求在浇筑预留孔洞、预埋管、预埋件及止水带周边混凝土时，应采取保证混凝土密实的措施，工程实践中主要是加强振捣。例如现行国家标准《混凝土结构工程施工规范》GB 50666—2011第8.4.7条规定，宽度大于0.3m的预留洞底部区域，应在洞口两侧进行振捣，并应适当延长振捣时间；宽度大于0.8m的洞口底部，应采取特殊的技术措施；后浇带及施工缝边角处应加密振捣点，并应适当延长振捣时间。

4）与屋面防水层、室内楼地面防水层的试验要求类似，蓄水类工程具备蓄水条件，在工程完工后，应当通过满池蓄水试验进行质量检验。

【要点34】矿山法地下工程防水设计要求

【规范条文】

4.3.1 矿山法地下工程复合式衬砌的防水做法应符合表4.3.1的规定。

矿山法地下工程复合式衬砌的防水做法 表4.3.1

防水等级	防水做法	防水混凝土	外设防水层		
			塑料防水板	预铺反粘高分子防水卷材	喷涂施工的防水涂料
一级	不应少于2道	为1道,应选	塑料防水板或预铺反粘高分子防水卷材不应少于1道,且厚度不应小于1.5mm		
二级	不应少于2道	为1道,应选	不应少于1道；塑料防水板厚度不应小于1.2mm		
三级	不应少于1道	为1道,应选	—		

4.3.2 仰拱部位无外设防水层时，其他部位应按本规范第4.3.1条的规定做外设防水层，并应设置排水系统。

4.3.3 矿山法地下工程二次衬砌接缝防水设防措施应符合表4.3.3的规定。

矿山法地下工程二次衬砌接缝防水设防措施　　　　表 4.3.3

施工缝					变形缝		
混凝土界面处理剂或外涂型水泥基渗透结晶型防水材料	外贴式止水带	预埋注浆管	遇水膨胀止水条或止水胶	中埋式止水带	中埋式中孔型橡胶止水带	外贴式中孔型止水带	密封嵌缝材料
不应少于 2 种					应选		

4.3.4 矿山法隧道工程拱顶二次衬砌与防水层之间的空隙应注浆填充密实。

【要点解析】

根据现行国家标准《地铁设计规范》GB 50157—2013 第 2.0.24 条规定，矿山法是指修筑隧道的暗挖施工方法。传统的矿山法指用钻眼爆破的施工方法，又称钻爆法，现代矿山法包括软土地层浅埋暗挖法及由其衍生的其他暗挖方法。矿山法地下工程的防水设计要求主要有四个方面：一是复合式衬砌的防水做法；二是排水系统设置；三是二次衬砌接缝的防水设防措施；四是拱顶二次衬砌与防水层之间的空隙注浆。

1）复合式衬砌是由初期支护和二次衬砌及中间夹防水层组合而成的衬砌形式。二衬防水混凝土结构与外设防水层共同构成矿山法地下工程防水。二衬防水混凝土是矿山法地下工程防水的基础，在各个防水等级中均作为应选措施。外设防水层是设置在初期支护和二次衬砌之间的防水层，其作用在于隔水和导水，并为二衬防水混凝土结构施工质量提供保障。

2）对于不做全包防水的矿山法隧道工程，针对硬质岩层地段结构采用排水型复合式衬砌时，规范要求在隧道除仰拱（底板）以外的部位应设置防水层，同时在塑料防水板防水层与初期支护之间设置排水系统。

3）二次衬砌施工缝和变形缝部位是渗漏水高发部位，为加强接缝防水措施，规范要求接缝部位结构断面内和结构表面两方面所应采取的防水措施。其中，中埋式橡胶止水带按结构可分为中孔式与中平式两种型号，中孔式的中孔一般在变形缝处的接口处，是两侧建筑体发生变形时产生"形变"距离的地方，中孔能起到收缩和膨胀、压缩和张拉的调节变形作用，因此中埋式中孔型橡胶止水带应为变形缝密封防水优先选用的措施。

4）矿山法隧道二次衬砌拱顶部位由于混凝土施工时重力作用，使得防水层与混凝土之间普遍存在空隙，无法粘结密实，为防止此处积水而导致的渗漏，规范要求在防水层与二次衬砌之间设置注浆管并填充密实。

【要点35】盾构法隧道工程防水设计要求

【规范条文】

> 4.3.5 盾构法隧道工程防水应符合下列规定：
> 1 混凝土管片抗压强度等级不应低于 C50，且抗渗等级不应低于 P10。
> 2 管片应至少设置1道密封垫沟槽，管片接缝密封垫应能被完全压入管片沟槽内。密封垫沟槽截面积与密封垫截面积的比例不应小于 1.00，且不应大于 1.15。
> 3 管片接缝密封垫应能保障在计算的接缝最大张开量、设计允许的最大错位量及埋深水头不小于 2 倍水压的情况下不渗漏。
> 4 管片螺栓孔的橡胶密封圈外形应与沟槽相匹配。

【要点解析】

根据现行国家标准《地铁设计规范》GB 50157—2013 第 2.0.25 条规定，盾构法是指用盾构机修筑隧道的暗挖施工方法，为在盾构钢壳体的保护下进行开挖、推进、衬砌和注浆等作业的方法。盾构法隧道工程的防水设计主要对管片的抗压强度等级及抗渗等级、管片密封垫沟槽、管片接缝密封垫和管片螺栓孔的橡胶密封圈四方面提出要求。

1）盾构法隧道主要通过管片本体以及管片间嵌入的弹性橡胶密封垫压缩回弹密封达到防水的要求。管片抗渗等级是管片本体防水的核心指标，规范规定的抗渗等级不应低于 P10 表示材料能够承受 1.0MPa 以上的静水压力而不渗水。混凝土管片采用高强混凝土的好处，除可减小管片的厚度和重量，有利于构件运输和拼装施工，有利于承受盾构千斤顶作用力和工厂预制脱模快提高模板周转率外，还有利于抵抗环境作用，降低混凝土碳化进而引起钢筋锈蚀的风险。

2）根据现行国家标准《盾构隧道工程设计标准》GB/T 51438—2021 第 10.4.1、10.4.2 条规定，管片接缝至少应设置一道密封垫，当管片厚度不小于 400mm 且隧道处于富含水区域时，应设置两道密封垫；当管片厚度小于 400mm 且处于富含水区域时，宜在管片密封垫表面增设遇水膨胀条等加强防水。密封垫应沿管片侧面成环设置，密封垫沟槽形式、截面尺寸应与密封垫形式和尺寸相匹配。

3）管片拼装成型后，密封垫被压缩在密封垫沟槽内，在满足衬砌管片自身抗渗性的条件下，与管片接缝防水相关的密封构造和材料就显得至关重要，所以规范对密封沟槽设置、密封垫抗渗性能均进行了规定。密封垫沟槽宽度的大小会影响密封垫安装，直接影响其密封性能，为确保密封垫能够完全压入密封垫沟槽，要求密封垫沟槽的截面积应大于或等于密封垫橡胶部分的截面积，避免橡胶材料受到挤压破坏。同时为保证密封垫压缩后弹性应变能够抵抗埋深状态的水压，密封垫沟槽截面积一般不宜超过密封垫截面积的 1.15倍。尽管国外近年随着密封垫断面中的孔洞形式和大小的多样化，密封垫沟槽截面积与密封垫截面积的比例有所突破，已远大于 1.15，但由于尚未成为主流，规范仍严格要求"不应大于 1.15"。

4）为防止管片螺栓孔渗漏水而设置的密封圈，通常套在螺杆上利用螺母、垫片压密，从而堵塞混凝土沟槽与螺栓间的孔隙，以满足防水要求；所以规范规定"管片螺栓孔的橡胶密封圈外形应与沟槽相匹配。"

【要点 36】防水层绿色施工规定

【规范条文】

> 5.1.15 防水层施工应采取绿色施工措施，并应符合下列规定：
> 1 基层清理应采取控制扬尘的措施；
> 2 基层处理剂和胶粘剂应选用环保型材料；
> 3 液态防水涂料和粉末状涂料应采用封闭容器存放，余料应及时回收；
> 4 当防水卷材采用热熔法施工时，应控制燃料泄漏，高温或封闭环境施工，应采取措施加强通风；
> 5 当防水涂料采用热熔法施工时，应采取控制烟雾措施；
> 6 当防水涂料采用喷涂施工时，应采取防止污染的措施；
> 7 防水工程施工应配备相应的防护用品。

【要点解析】

根据现行国家标准《建筑工程绿色施工规范》GB/T 50905—2014 第 2.0.1 条规定，绿色施工是在保证质量、安全等基本要求的前提下，通过科学管理和技术进步，最大限度地节约资源，减少对环境负面影响，实现节能、节材、节水、节地和环境保护（"四节一环保"）的建筑工程施工活动。绿色施工是可持续发展理念在工程施工中全面应用的体现，防水工程绿色施工主要涉及节材和环境保护，应该符合相关规范的要求。

规范主要从施工辅料环保、施工工艺环保、节约材料和保障施工人员职业健康四方面对防水层绿色施工作出规定。

1）规范要求"基层处理剂和胶粘剂应选用环保型材料"，是避免对环境的污染和人体健康的危害。不同的防水材料对应不同的基层处理剂，环保型材料不含挥发性有机化合物、有毒的固化剂、增塑剂、稀释剂以及其他助剂、有害的填料等有害物质。

2）防水基层处理、防水卷材热熔施工、防水涂料热熔施工和喷涂施工过程中易产生烟尘和有害气体，因此规范要求"基层清理应采取控制扬尘的措施""当防水涂料采用热熔法施工时，应采取控制烟雾措施""当防水涂料采用喷涂施工时，应采取防止污染的措施"。主要包括使用低尘作业机械、洒水（喷雾）降尘、封闭遮挡、及时清扫清理物和使用焊烟净化器等措施。

3）要求液态防水涂料和粉末状涂料应采用封闭容器存放，余料应及时回收。一方面是避免防水涂料本身成为垃圾造成环境污染，另一方面就是要杜绝浪费，但同时应注意的是，回收的防水涂料不应受到污染或产生不可逆物理化学反应，应符合材料质量要求。

4）当防水卷材采用热熔法高温或封闭环境施工时采取措施加强通风，防水工程施工应配备相应的防护用品，都是为了防止高温和有害气体对操作人员人体健康的损害。另外，住房和城乡建设部 2021 年 12 月 14 日发布《房屋建筑和市政基础设施工程危及生产安全施工工艺、设备和材料淘汰目录（第一批）》的公告，明确沥青类防水卷材热熔工艺（明火施工）不得用于地下密闭空间、通风不畅空间、易燃材料附近的防水工程，以降低施工安全风险。

附录：《建筑与市政工程防水通用规范》GB 55030—2022 节选
　　（引自住房和城乡建设部官网）

目　次

1 总则

1.0.1 为规范建筑与市政工程防水性能，保障人身健康和生命财产安全、生态环境安全、防水工程质量，满足经济社会管理需要，依据有关法律、法规，制定本规范。

1.0.2 建筑与市政工程防水必须执行本规范。

1.0.3 工程建设所采用的技术方法和措施是否符合本规范要求，由相关责任主体判定。其中，创新性的技术方法和措施，应进行论证并符合本规范中有关性能的要求。

2 基本规定

2.0.1 工程防水应遵循因地制宜、以防为主、防排结合、综合治理的原则。

2.0.2 工程防水设计工作年限应符合下列规定：

1 地下工程防水设计工作年限不应低于工程结构设计工作年限；

2 屋面工程防水设计工作年限不应低于 20 年；

3 室内工程防水设计工作年限不应低于 25 年；

4 桥梁工程桥面防水设计工作年限不应低于桥面铺装设计工作年限；

5 非侵蚀性介质蓄水类工程内壁防水层设计工作年限不应低于 10 年。

2.0.3 工程按其防水功能重要程度分为甲类、乙类和丙类，具体划分应符合表2.0.3的规定。

工程防水类别 表 2.0.3

工程类型		工程防水类别		
		甲类	乙类	丙类
建筑工程	地下工程	有人员活动的民用建筑地下室，对渗漏敏感的建筑地下工程	除甲类和丙类以外的建筑地下工程	对渗漏不敏感的物品、设备使用或贮存场所，不影响正常使用的建筑地下工程
	屋面工程	民用建筑和对渗漏敏感的工业建筑屋面	除甲类和丙类以外的建筑屋面	对渗漏不敏感的工业建筑屋面
	外墙工程	民用建筑和对渗漏敏感的工业建筑外墙	渗漏不影响正常使用的工业建筑外墙	—
	室内工程	民用建筑和对渗漏敏感的工业建筑室内楼地面和墙面	—	—
市政工程	地下工程	对渗漏敏感的市政地下工程	除甲类和丙类以外的市政地下工程	对渗漏不敏感的物品、设备使用或贮存场所，不影响正常使用的市政地下工程
	道桥工程	特大桥、大桥、城市快速路、主干路上的桥梁，交通量较大的城市次干路上的桥梁，钢桥面板桥梁	除甲类以外的城市桥梁工程；道路隧道工程	
	蓄水类工程	建筑室内水池、对渗漏水敏感的室外游泳池和戏水池。市政给水池和污水池、侵蚀性介质贮液池等工程	除甲类和丙类以外的蓄水类工程	对渗漏水无严格要求的蓄水类工程

2.0.4 工程防水使用环境类别划分应符合表2.0.4的规定。

工程防水使用环境类别划分 表2.0.4

工程类型		工程防水使用环境类别		
		Ⅰ类	Ⅱ类	Ⅲ类
建筑工程	地下工程	抗浮设防水位标高与地下结构板底标高高差 $H \geqslant 0$m	抗浮设防水位标高与地下结构板底标高高差 $H < 0$m	—
	屋面工程	年降水量 $P \geqslant 1300$mm	400mm ≤ 年降水量 P <1300mm	年降水量 $P < 400$mm
	外墙工程	年降水量 $P \geqslant 1300$mm	400mm ≤ 年降水量 P <1300mm	年降水量 $P < 400$mm
	室内工程	频繁遇水场合，或期相对湿度 $RH \geqslant 90$%长	间歇遇水场合	偶发渗漏水可能造成明显损失的场合
市政工程	地下工程①	抗浮设防水位标高与地下结构板底标高高差 $H \geqslant 0$m	抗浮设防水位标高与地下结构板底标高高差 $H < 0$m	—
	道桥工程	严寒地区，使用化冰盐地区，酸雨、盐雾等不良气候地区的使用环境	除Ⅰ类环境外的其他使用环境	—
	蓄水类工程	冻融环境，海洋、除冰盐氯化物环境，化学腐蚀环境	除Ⅰ类环境外，干湿交替环境	除Ⅰ类环境外，长期浸水、长期湿润环境，非干湿交替的环境

注：①仅适用于明挖法地下工程。

2.0.5 工程防水使用环境类别为Ⅱ类的明挖法地下工程，当该工程所在地年降水量大于400mm时，应按Ⅰ类防水使用环境选用。

2.0.6 工程防水等级应依据工程类别和工程使用环境类别分为一级、二级、三级。暗挖法地下工程防水等级应根据工程类别、工程地质条件和施工条件等因素确定，其他工程防水等级不应低于下列规定：

1 一级防水：Ⅰ类、Ⅱ类防水使用环境下的甲类工程；Ⅰ类防水使用环境下的乙类工程。

2 二级防水：Ⅲ类防水使用环境下的甲类工程；Ⅱ类防水使用环境下的乙类工程；Ⅰ类防水使用环境下的丙类工程。

3 三级防水：Ⅲ类防水使用环境下的乙类工程；Ⅱ类、Ⅲ类防水使用环境下的丙类工程。

2.0.7 工程使用的防水材料应满足耐久性要求，卷材防水层应满足接缝剥离强度和搭接缝不透水性要求。

3 材料工程要求

3.1 一般规定

3.1.1 防水材料的耐久性应与工程防水设计工作年限相适应。

3.1.2 防水材料选用应符合下列规定：

1 材料性能应与工程使用环境条件相适应；

2 每道防水层厚度应满足防水设防的最小厚度要求；

3 防水材料影响环境的物质和有害物质限量应满足要求。

3.1.3 外露使用防水材料的燃烧性能等级不应低于 B2 级。

3.2 防水混凝土

3.2.1 防水混凝土的施工配合比应通过试验确定，其强度等级不应低于 C25，试配混凝土的抗渗等级应比设计要求提高 0.2MPa。

3.2.2 防水混凝土应采取减少开裂的技术措施。

3.2.3 防水混凝土除应满足抗压、抗渗和抗裂要求外，尚应满足工程所处环境和工作条件的耐久性要求。

3.3 防水卷材和防水涂料

3.3.1 防水材料耐水性测试试验应按不低于 23℃×14 天的条件进行，试验后不应出现裂纹、分层、起泡和破碎等现象。当用于地下工程时，浸水试验条件不应低于 23℃×7 天，防水卷材吸水率不应大于 4%；防水涂料与基层的粘结强度浸水后保持率不应小于 80%，非固化橡胶沥青防水涂料应为内聚破坏。

3.3.2 沥青类材料的热老化测试试验应按不低于 70℃×14 天的条件进行，高分子类材料的热老化测试试验应按不低于 80℃×14 天的条件进行，试验后材料的低温柔性或低温弯折性温度升高不应超过热老化前标准值 2℃。

3.3.3 外露使用防水材料的人工气候加速老化试验应采用氙弧灯进行，340nm 波长处的累计辐照能量不应小于 5040kJ/(m² · nm)，外露单层使用防水卷材的累计辐照能量不应小于 10080kJ/(m² · nm)，试验后材料不应出现开裂、分层、起泡、粘结和孔洞等现象。

3.3.4 防水卷材接缝剥离强度应符合表 3.3.4 的规定，热老化试验条件不应低于 70℃×7 天，浸水试验条件不应低于 23℃×7 天。

防水卷材接缝剥离强度 表 3.3.4

防水卷材类型	搭接工艺	接缝剥离强度(N/mm)		
		无处理时	热老化	浸水
聚合物改性沥青类防水卷材	热熔	≥1.5	≥1.2	≥1.2
	自粘、胶粘	≥1.0	≥0.8	≥0.8
合成高分子类防水卷材及塑料防水板	焊接	≥3.0 或卷材破坏		
	自粘、胶粘	≥1.0	≥0.8	≥0.8
	胶带	≥0.6	≥0.5	≥0.5

3.3.5 防水卷材搭接缝不透水性应符合表 3.3.5 的规定，热老化试验条件不应低于 70℃×7 天，浸水试验条件不应低于 23℃×7 天。

防水卷材搭接缝不透水性　　　　　　　　　　　表 3.3.5

防水卷材类型	搭接工艺	搭接缝不透水性		
		无处理时	热老化	浸水
聚合物改性沥青类防水卷材	热熔	0.2MPa,30min 不透水		
	自粘、胶粘			
合成高分子类防水卷材及塑料防水板	焊接			
	自粘、胶粘、胶带			

3.3.6　用于混凝土桥面防水工程的防水材料与混凝土基层在 23℃时的粘结强度不应小于 0.25MPa。

3.3.7　钢桥面防水粘结层的材料性能应能保障在交通荷载、温度作用等疲劳荷载作用下的正常使用和耐久性要求。

3.3.8　耐根穿刺防水材料应通过耐根穿刺试验。

3.3.9　长期处于腐蚀性环境中的防水卷材或防水涂料，应通过腐蚀性介质耐久性试验。

3.3.10　卷材防水层最小厚度应符合表 3.3.10 的规定。

卷材防水层最小厚度　　　　　　　　　　　表 3.3.10

防水卷材类型			卷材防水层最小厚度(mm)
聚合物改性沥青类防水卷材	热熔法施工聚合物改性防水卷材		3.0
	热沥青粘结和胶粘法施工聚合物改性防水卷材		3.0
	预铺反粘防水卷材(聚酯胎类)		4.0
	自粘聚合物改性防水卷材(含湿铺)	聚酯胎类	3.0
		无胎类及高分子膜基	1.5
合成高分子类防水卷材	均质型、带纤维背衬型、织物内增强型		1.2
	双面复合型		主体片材芯材 0.5
	预铺反粘防水卷材	塑料类	1.2
		橡胶类	1.5
	塑料防水板		1.2

3.3.11　反应型高分子类防水涂料、聚合物乳液类防水涂料和水性聚合物沥青类防水涂料等涂料防水层最小厚度不应小于 1.5mm，热熔施工橡胶沥青类防水涂料防水层最小厚度不应小于 2.0mm。

3.3.12　当热熔施工橡胶沥青类防水涂料与防水卷材配套使用作为一道防水层时，其厚度不应小于 1.5mm。

3.4　水泥基防水材料

3.4.1　外涂型水泥基渗透结晶型防水材料的性能应符合现行国家标准《水泥基渗透结晶型防水材料》GB 18445 的规定，防水层的厚度不应小于 1.0mm，用量不应小于 1.5kg/m²。

3.4.2 聚合物水泥防水砂浆与聚合物水泥防水浆料的性能指标应符合表3.4.2的规定。

聚合物水泥防水砂浆与聚合物水泥防水浆料的性能指标 表 3.4.2

序号	项目	性能指标	
		防水砂浆	防水浆料
1	砂浆试件抗渗压力(7天,MP)	≥1.0	
2	粘结强度(7天,MPa)	≥1.0	≥0.7
3	抗冻性(25次)	无开裂、无剥落	
4	吸水率(%)	≤4.0	-

3.4.3 地下工程使用时,聚合物水泥防水砂浆防水层的厚度不应小于6.0mm,掺外加剂、防水剂的砂浆防水层的厚度不应小于180mm。

3.5 密封材料

3.5.1 非结构粘结用建筑密封胶质量损失率,硅酮不应大于8%,改性硅酮不应大于5%,聚氨酯不应大于7%,聚硫不应大于5%。

3.5.2 橡胶止水带、橡胶密封垫和遇水膨胀橡胶制品的性能应符合现行国家标准《高分子防水材料第2部分:止水带》GB/T18173.2、《高分子防水材料第3部分:遇水膨胀橡胶》GB/T18173.3 和《高分子防水材料第4部分:盾构法隧道管片用橡胶密封垫》GB/T18173.4 的规定。

3.6 其他材料

3.6.1 天然钠基膨润土防水毯的单位面积干重不应小于$5.0kg/m^2$,且天然钠基膨润土防水毯的耐久性指标应符合表3.6.1的规定。

天然钠基膨润土防水毯的耐久性指标 表 3.6.1

项目	性能指标(mL/2g)
膨胀指数	≥24
膨润土耐久性(0.1%CaCl₂溶液,7天)	≥20

3.6.2 屋面压型金属板的厚度应由结构设计确定,且应符合下列规定:
1 压型铝合金面层板的公称厚度不应小于0.9mm;
2 压型钢板面层板的公称厚度不应小于0.6mm;
3 压型不锈钢面层板的公称厚度不应小于0.5mm。

4 设计

4.1 一般规定

4.1.1 工程防水应进行专项防水设计。
4.1.2 下列构造层不应作为一道防水层:

1 混凝土屋面板；

2 塑料排水板；

3 不具备防水功能的装饰瓦和不搭接瓦；

4 注浆加固。

4.1.3 种植屋面和地下建（构）筑物种植顶板工程防水等级应为一级，并应至少设置一道具有耐根穿刺性能的防水层，其上应设置保护层。

4.1.4 相邻材料间及其施工工艺不应产生有害的物理和化学作用。

4.1.5 地下工程迎水面主体结构应采用防水混凝土，并应符合下列规定：

1 防水混凝土应满足抗渗等级要求；

2 防水混凝土结构厚度不应小于 250mm；

3 防水混凝土的裂缝宽度不应大于结构允许限值，并不应贯通；

4 寒冷地区抗冻设防段防水混凝土抗渗等级不应低于 P10。

4.1.6 受中等及以上腐蚀性介质作用的地下工程应符合下列规定：

1 防水混凝土强度等级不应低于 C35；

2 防水混凝土设计抗渗等级不应低于 P8；

3 迎水面主体结构应采用耐侵蚀性防水混凝土，外设防水层应满足耐腐蚀要求。

4.1.7 排水设施应具备汇集、流径、排放等功能。地下工程集水坑和排水沟应做防水处理，排水沟的纵向坡度不应小于 0.2%。

4.1.8 防水节点构造设计应符合下列规定：

1 附加防水层采用防水涂料时，应设置胎体增强材料；

2 结构变形缝设置的橡胶止水带应满足结构允许的最大变形量；

3 穿墙管设置防水套管时，防水套管与穿墙管之间应密封。

4.2 明挖法地下工程

4.2.1 明挖法地下工程现浇混凝土结构防水做法应符合下列规定：

1 主体结构防水做法应符合表 4.2.1 的规定。

主体结构防水做法   表 4.2.1

防水等级	防水做法	防水混凝土	外设防水层		
			防水卷材	防水涂料	水泥基防水材料
一级	不应少于 3 道	为 1 道,应选	不少于 2 道；防水卷材或防水涂料不应少于 1 道		
二级	不应少于 2 道	为 1 道,应选	不少于 1 道；任选		
三级	不应少于 1 道	为 1 道,应选	—		

注：水泥基防水材料指防水砂浆、外涂型水泥基渗透结晶防水材料。

2 叠合式结构的侧墙等工程部位，外设防水层应采用水泥基防水材料。

4.2.2 装配式地下结构构件的连接接头设计应满足防水及耐久性要求。

4.2.3 明挖法地下工程防水混凝土的最低抗渗等级应符合表 4.2.3 的规定。

明挖法地下工程防水混凝土最低抗渗等级 表 4.2.3

防水等级	市政工程现浇混凝土结构	建筑工程现浇混凝土结构	装配式衬砌
一级	P8	P8	P10
二级	P6	P8	P10
三级	P6	P6	P8

4.2.4 明挖法地下工程结构接缝的防水设防措施应符合表 4.2.4 的规定。

明挖法地下工程结构接缝的防水设防措施 表 4.2.4

施工缝					变形缝					后浇带					诱导缝		
混凝土界面处理剂或外涂型水泥基渗透结晶型防水材料	预埋注浆管	遇水膨胀止水条或止水胶	中埋式止水带	外贴式止水带	中埋式中孔型橡胶止水带	外贴式中孔型止水带	可卸式止水带	密封嵌缝材料	外贴防水卷材或外涂防水涂料	补偿收缩混凝土	预埋注浆管	中埋式止水带	遇水膨胀止水条或止水胶	外贴式止水带	中埋式中孔型橡胶止水带	密封嵌缝材料	外贴式止水带	外贴防水卷材或外涂防水涂料
不应少于 2 种					应选	不应少于 2 种				应选	不应少于 1 种				应选	不应少于 1 种		

4.2.5 盖挖逆作法工程防水做法应符合下列规定：

1 外设防水做法应符合本规范第 4.2.1 条的规定。

2 支护结构与主体结构顶板采用刚接时，连接面防水应采用外涂型水泥基渗透结晶型防水材料。

4.2.6 基底至结构底板以上 500mm 范围及结构顶板以上不小于 500mm 范围的回填层压实系数不应小于 0.94。

4.2.7 附建式全地下或半地下工程的防水设防范围应高出室外地坪，其超出的高度不应小于 300mm。

4.2.8 民用建筑地下室顶板防水设计应符合下列规定：

1 应将覆土中积水排至周边土体或建筑排水系统；

2 与地上建筑相邻的部位应设置泛水，且高出覆土或场地不应小于 500mm。

4.3 暗挖法地下工程

4.3.1 矿山法地下工程复合式衬砌的防水做法应符合表 4.3.1 的规定。

矿山法地下工程复合式衬砌的防水做法 表 4.3.1

防水等级	防水做法	防水混凝土	外设防水层		
			塑料防水板	预铺反粘高分子防水卷材	喷涂施工的防水涂料
一级	不应少于 2 道	为 1 道，应选	塑料防水板或预铺反粘高分子防水卷材不应少于 1 道，且厚度不应小于 1.5mm		

续表4.3.1

防水等级	防水做法	防水混凝土	外设防水层		
			塑料防水板	预铺反粘高分子防水卷材	喷涂施工的防水涂料
二级	不应少于2道	为1道,应选	不应少于1道;塑料防水板厚度不应小于1.2mm		
三级	不应少于1道	为1道,应选	—		

4.3.2　仰拱部位无外设防水层时,其他部位应按本规范第4.3.1条的规定做外设防水层,并应设置排水系统。

4.3.3　矿山法地下工程二次衬砌接缝防水设防措施应符合表4.3.3的规定。

矿山法地下工程二次衬砌接缝防水设防措施　　　　　　　表 4.3.3

施工缝					变形缝		
混凝土界面处理剂或外涂型水泥基渗透结晶型防水材料	外贴式止水带	预埋注浆管	遇水膨胀止水条或止水胶	中埋式止水带	中埋式中孔型橡胶止水带	外贴式中孔型止水带	密封嵌缝材料
不应少于2种					应选		

4.3.4　矿山法隧道工程拱顶二次衬砌与防水层之间的空隙应注浆填充密实。

4.3.5　盾构法隧道工程防水应符合下列规定:

1　混凝土管片抗压强度等级不应低于C50,且抗渗等级不应低于P10。

2　管片应至少设置1道密封垫沟槽,管片接缝密封垫应能被完全压入管片沟槽内。密封垫沟槽截面积与密封垫截面积的比例不应小于1.00,且不应大于1.15。

3　管片接缝密封垫应能保障在计算的接缝最大张开量、设计允许的最大错位量及埋深水头不小于2倍水压的情况下不渗漏。

4　管片螺栓孔的橡胶密封圈外形应与沟槽相匹配。

4.3.6　顶管和箱涵顶进法隧道工程防水应符合下列规定:

1　管节接头应设置橡胶密封垫;

2　管节接头应满足结构最大允许变形下密封防水的要求;

3　接头部位钢承口应采取防腐措施。

4.4　建筑屋面工程

4.4.1　建筑屋面工程的防水做法应符合下列规定:

1　平屋面工程的防水做法应符合表4.4.1-1的规定。

平屋面工程的防水做法
表 4.4.1-1

防水等级	防水做法	防水层	
		防水卷材	防水涂料
一级	不应少于 3 道	卷材防水层不应少于 1 道	
二级	不应少于 2 道	卷材防水层不应少于 1 道	
三级	不应少于 1 道	任选	

2 瓦屋面工程的防水做法应符合表 4.4.1-2 的规定。

瓦屋面工程的防水做法
表 4.4.1-2

防水等级	防水做法	防水层		
		屋面瓦	防水卷材	防水涂料
一级	不应少于 3 道	为 1 道,应选	卷材防水层不应少于 1 道	
二级	不应少于 2 道	为 1 道,应选	不应少于 1 道;任选	
三级	不应少于 1 道	为 1 道,应选	—	

3 金属屋面工程的防水做法应符合表 4.4.1-3 的规定。全焊接金属板屋面应视为一级防水等级的防水做法。

金属屋面工程防水做法
表 4.4.1-3

防水等级	防水做法	防水层	
		金属板	防水卷材
一级	不应少于 2 道	为 1 道,应选	不应少于 1 道;厚度不应小于 1.5mm
二级	不应少于 2 道	为 1 道,应选	不应少于 1 道
三级	不应少于 1 道	为 1 道,应选	—

4 当在屋面金属板基层上采用聚氯乙烯防水卷材（PVC）、热塑性聚烯烃防水卷材（TPO）、三元乙丙防水卷材（EPDM）等外露型防水卷材单层使用时，防水卷材的厚度，一级防水不应小于 1.8mm，二级防水不应小于 1.5mm，三级防水不应小于 1.2mm。

4.4.2 种植屋面工程的排（蓄）水层应结合屋面排水系统设计，不应作为耐根穿刺防水层使用，并应设置将雨水排向屋面排水系统的有组织排水通道。

4.4.3 屋面排水坡度应根据屋顶结构形式、屋面基层类别、防水构造形式、材料性能及使用环境等条件确定，并应符合下列规定：

1 屋面排水坡度应符合表 4.4.3 的规定。

屋面排水坡度
表 4.4.3

屋面类型		屋面排水坡度（%）
平屋面		≥2
瓦屋面	块瓦	≥30
	波形瓦	≥20

续表4.4.3

屋面类型		屋面排水坡度(%)
瓦屋面	沥青瓦	≥20
	金属瓦	≥20
金属屋面	压型金属板、金属夹芯板	≥5
	单层防水卷材金属屋面	≥2
种植屋面		≥2
玻璃采光顶		≥5

2　当屋面采用结构找坡时，其坡度不应小于3%。

3　混凝土屋面檐沟、天沟的纵向坡度不应小于1%。

4.4.4　屋面应设置独立的雨水收集或排水系统。

4.4.5　屋面工程防水构造设计应符合下列规定：

1　当设备放置在防水层上时，应设附加层。

2　天沟、檐沟、天窗、雨水管和伸出屋面的管井管道等部位泛水处的防水层应设附加层或进行多重防水处理。

3　屋面雨水天沟、檐沟不应跨越变形缝，屋面变形缝泛水处的防水层应设附加层，防水层应铺贴或涂刷至变形缝挡墙顶面。高低跨变形缝在立墙泛水处，应采用有足够变形能力的材料和构造做密封处理。

4.4.6　非外露防水材料暴露使用时应设有保护层。

4.4.7　瓦屋面、金属屋面和种植屋面等应根据工程所在地的基本风压、地震设防烈度和屋面坡度等条件，采取抗风揭和抗滑落的加强固定措施。

4.4.8　屋面天沟和封闭阳台外露顶板等处的工程防水等级应与建筑屋面防水等级一致。

4.4.9　混凝土结构屋面防水卷材采用水泥基材料搭接粘结时，防水层长边不应大于45m。

4.5　建筑外墙工程

4.5.1　建筑外墙防水应根据工程所在地区的工程防水使用环境类别进行整体防水设计。建筑外墙门窗洞口、雨篷、阳台、女儿墙、室外挑板、变形缝、穿墙套管和预埋件等节点应采取防水构造措施，并应根据工程防水等级设置墙面防水层。

4.5.2　墙面防水层做法应符合下列规定：

1　防水等级为一级的框架填充或砌体结构外墙，应设置2道及以上防水层。防水等级为二级的框架填充或砌体结构外墙，应设置1道及以上防水层。当采用2道防水时，应设置1道防水砂浆，及1道防水涂料或其他防水材料。

2　防水等级为一级的现浇混凝土外墙、装配式混凝土外墙板应设置1道及以上防水层。

3　封闭式幕墙应达到一级防水要求。

4.5.3　门窗洞口节点构造防水和门窗性能应符合下列规定：

1 门窗框与墙体间连接处的缝隙应采用防水密封材料嵌填和密封；

2 门窗洞口上楣应设置滴水线；

3 门窗性能和安装质量应满足水密性要求；

4 窗台处应设置排水板和滴水线等排水构造措施，排水坡度不应小于5%。

4.5.4 雨篷、阳台、室外挑板等防水做法应符合下列规定

1 雨篷应设置外排水，坡度不应小于1%，且外口下沿应做滴水线。雨篷与外墙交接处的防水层应连续，且防水层应沿外口下翻至滴水线。

2 开敞式外廊和阳台的楼面应设防水层，阳台坡向水落口的排水坡度不应小于1%，并应通过雨水立管接入排水系统，水落口周边应留槽嵌填密封材料。阳台外口下沿应做滴水线。

3 室外挑板与墙体连接处应采取防雨水倒灌措施和节点构造防水措施。

4.5.5 外墙变形缝、穿墙管道、预埋件等节点防水做法应符合下列规定：

1 变形缝部位应采取防水加强措施。当采用增设卷材附加层措施时，卷材两端应满粘于墙体，满粘的宽度不应小于150mm，并应钉压固定，卷材收头应采用密封材料密封。

2 穿墙管道应采取避免雨水流入措施和内外防水密封措施。

3 外墙预埋件和预制部件四周应采用防水密封材料连续封闭。

4.5.6 使用环境为Ⅰ类且强风频发地区的建筑外墙门窗洞口、雨篷、阳台、穿墙管道、变形缝等处的节点构造应采取加强措施。

4.5.7 装配式混凝土结构外墙接缝以及门窗框与墙体连接处应采用密封材料、止水材料和专用防水配件等进行密封。

4.6 建筑室内工程

4.6.1 室内楼地面防水做法应符合表4.6.1条的规定。

室内楼地面防水做法 表4.6.1

防水等级	防水做法	防水层		
		防水卷材	防水涂料	水泥基防水材料
一级	不应少于2道	防水涂料或防水卷材不应少于1道		
二级	不应少于1道	任选		

4.6.2 室内墙面防水层不应少于1道。

4.6.3 有防水要求的楼地面应设排水坡，并应坡向地漏或排水设施，排水坡度不应小于1.0%。

4.6.4 用水空间与非用水空间楼地面交接处应有防止水流入非用水房间的措施。淋浴区墙面防水层翻起高度不应小于2000mm，且不低于淋浴喷淋口高度。盥洗池盆等用水处墙面防水层翻起高度不应小于1200mm。墙面其他部位泛水翻起高度不应小于250mm。

4.6.5 潮湿空间的顶棚应设置防潮层或采用防潮材料

4.6.6 室内工程的防水构造设计应符合下列规定：

1 地漏的管道根部应采取密封防水措施；

2 穿过楼板或墙体的管道套管与管道间应采用防水密封材料嵌填压实；

3 穿过楼板的防水套管应高出装饰层完成面，且高度不应小于 20mm。

4.6.7 室内需进行防水设防的区域不应跨越变形缝等可能出现较大变形的部位。

4.6.8 采用整体装配式卫浴间的结构楼地面应采取防排水措施。

4.7 道桥工程

4.7.1 桥梁工程桥面应设防水层，并应有完善的防水、排水系统，沥青混凝土桥面铺装还应设置渗水引流系统。

4.7.2 桥面防水材料应根据桥梁结构特点、交通荷载、环境气候、施工条件等因素进行选择。当选择防水卷材或防水涂料时，材料的高温稳定性、低温柔性和耐老化性还应与工程应用条件相适应。

4.7.3 桥面铺装防水系统应根据桥梁结构形式、桥面铺装面层材料、防水环境类别等确定，并应符合下列规定：

1 当混凝土桥面铺装材料为沥青混凝土面层时，防水层应选用防水卷材或防水涂料。防水等级为一级的桥梁，卷材防水层上铺装的沥青混凝土面层厚度不应小于 80mm。

2 当混凝土桥面铺装材料为水泥混凝土面层时，防水层不应选用防水卷材。

3 在正交异性钢桥面的钢板与铺装材料之间，应设置防腐层和防水粘结层。

4.7.4 桥梁桥面防水的节点构造设计应包括面层结构缝、桥梁伸缩缝、排水口装置等部位，并符合下列规定：

1 水泥混凝土铺装面层或桥面板上混凝土整平层的结构缝内应填满防水密封材料。

2 桥梁伸缩缝两侧的防水层端部与伸缩缝槽后浇混凝土之间应采用防水密封材料封闭。

3 桥面排水口装置内应设置排渗水孔洞，其下缘应低于防水层位置并覆盖土工布。防水层与排水口装置周边的连接处应采用防水密封材料封闭。

4.7.5 道桥工程应设置满足雨水设计重现期的排水系统。

4.8 蓄水类工程

4.8.1 混凝土结构蓄水类工程防水应采用结构防水混凝土加外设防水层的构造方式，并应符合下列规定：

1 处于非侵蚀性介质环境的混凝土结构蓄水类工程，防水混凝土的强度等级不应低于 C25，防水混凝土的设计抗渗等级、最小厚度、允许裂缝宽度、最小钢筋保护层厚度应符合表 4.8.1 的规定。当蓄水类工程为地下结构时，其顶板厚度不应小于 250mm。

混凝土结构蓄水类工程防水混凝土要求 表 4.8.1

防水等级	设计抗渗等级	顶板最小厚度(mm)	底板及侧墙最小厚度(mm)	最大允许裂缝宽度(mm)	最小钢筋保护层厚度(mm)
一级	≥P8	250	300	0.20	35
二级、三级	≥P6	200	250	0.20	30

2 防水等级为一级的蓄水类工程，应至少在内壁设置 1 道防水层。防水等级为二级的蓄水类工程应在内壁设置 1 道防水层。防水材料应选用防水卷材、防水涂料或水泥基防水材料。

3 对蓄水水质有卫生要求的混凝土结构蓄水类工程，应增加外壁防水层，至少应设置 1 道防水卷材、防水涂料或水泥基防水材料防水层。

4.8.2 混凝土结构蓄水类工程的防水节点构造设计应包括变形缝、诱导缝、施工缝、后浇带、穿墙管道、孔口等部位，并应符合下列规定：

1 混凝土结构的变形缝、诱导缝、施工缝、后浇带的防水构造应符合本规范第 4.2.4 条的规定；

2 管件穿墙部位应设置防水套管，套管直径应大于管道直径 50mm，套管与管道之间的空隙应密封，端口周边应填塞密封胶；

3 地下水池通向地面的各种孔口应采取防倒灌措施，孔口高出室外地坪高程不应小于 300mm。

4.8.3 蓄水类工程不应采用遇水浸蚀材料制成的砌块或空心砌块砌筑。最冷月平均气温低于 -3℃ 的地区，外露蓄水类工程不应采用砌体结构。

4.8.4 需设置防渗层的景观水体，防渗层应采用黏土、柔性防水材料或天然钠基膨润土防水毯等材料铺设，且不应少于 1 道。

4.8.5 需同时防范有害物质的防渗衬层，当采用黏土作为 1 道防渗衬层时，应符合下列规定：

1 饱和渗透系数不应大于 1.0×10^{-7} cm/s；

2 当单独采用黏土作为防渗衬层时，黏土厚度不应小于 2m；

3 当采用黏土与人工合成材料的复合防渗衬层时，黏土厚度不应小于 0.75m。

5 施工

5.1 一般规定

5.1.1 防水施工前应依据设计文件编制防水专项施工方案

5.1.2 雨天、雪天或五级及以上大风环境下，不应进行露天防水施工。

5.1.3 防水材料及配套辅助材料进场时应提供产品合格证、质量检验报告、使用说明书、进场复验报告。防水卷材进场复验报告应包含无处理时卷材接缝剥离强度和搭接缝不透水性检测结果。

5.1.4 防水施工前应确认层已验收合格，基层质量应符合防水材料施工要求

5.1.5 铺贴防水卷材或涂刷防水涂料的阴阳角部位应做成圆弧状或进行倒角处理

5.1.6 防水混凝土施工应符合下列规定：

1 运输与浇筑过程中严禁加水；

2 应及时进行保湿养护，养护期不应少于 14 天；

3 后浇带部位的混凝土施工前，交界面应做糙面处理，并应清除积水和杂物。

5.1.7 防水卷材最小搭接宽度应符合表 5.1.7 的规定。

防水卷材最小搭接宽度（mm） 表 5.1.7

防水卷材类型	搭接方式	搭接宽度
聚合物改性沥青类防水卷材	热熔法、热沥青	≥100
	自粘搭接（含湿铺）	≥80
合成高分子类防水卷材	胶粘剂、粘结料	≥100
	胶粘带、自粘胶	≥80
	单缝焊	≥60，有效焊接宽度不应小于 25
	双缝焊	≥80，有效焊接宽度 10×2＋室腔宽
	塑料防水板双缝焊	≥100，有效焊接宽度 10×2＋空腔宽

5.1.8 防水卷材施工应符合下列规定：

1 卷材铺贴应平整顺直，不应有起鼓、张口、翘边等现象。

2 同层相邻两幅卷材短边搭接错缝距离不应小于 500mm。卷材双层铺贴时，上下两层和相邻两幅卷材的接缝应错开至少 1/3 幅宽，且不应互相垂直铺贴。

3 同层卷材搭接不应超过 3 层。

4 卷材收头应固定密封。

5.1.9 防水涂料施工应符合下列规定：

1 涂布应均匀，厚度应符合设计要求，且不应起鼓；

2 接槎宽度不应小于 100mm；

3 当遇有降雨时，未完全固化的涂膜应覆盖保护；

4 当设置胎体时，胎体应铺贴平整，涂料应浸透胎体，且胎体不应外露。

5.1.10 管件穿越有防水要求的结构时应设置套管，套管止水环与套管应满焊。穿管后应将套管与管道之间的缝隙填塞密实，端口周边应填塞密封胶。

5.1.11 穿结构管道、埋设件等应在防水层施工前埋设完成。

5.1.12 应在防水层验收合格后进行下一道工序的施工。

5.1.13 中埋式止水带应固定牢固、位置准确，中心线应与截面中心线重合。浇筑和振捣混凝土不应造成止水带移位、脱落，并应对临时外露止水带采取保护措施。

5.1.14 防水层施工完成后，应采取成品保护措施。

5.1.15 防水层施工应采取绿色施工措施，并应符合下列规定：

1 基层清理应采取控制扬尘的措施；

2 基层处理剂和胶粘剂应选用环保型材料；

3 液态防水涂料和粉末状涂料应采用封闭容器存放，余料应及时回收；

4 当防水卷材采用热熔法施工时，应控制燃料泄漏，高温或封闭环境施工，应采取措施加强通风；

5 当防水涂料采用热熔法施工时，应采取控制烟雾措施；

6 当防水涂料采用喷涂施工时，应采取防止污染的措施；

7 防水工程施工应配备相应的防护用品

5.2 明挖法地下工程

5.2.1 地下连续墙墙幅接缝渗漏应采取注浆、嵌填等措施进行止水处理。

5.2.2 桩头应涂刷外涂型水泥基渗透结晶型防水材料，涂刷层与大面防水层的搭接宽度不应小于300mm。防水层应在桩头根部进行密封处理。

5.2.3 有防水要求的地下结构墙体应采用穿墙防水对拉螺杆栓套具。

5.2.4 中埋式止水带施工应符合下列规定：

1 钢板止水带采用焊接连接时应满焊；

2 橡胶止水带应采用热硫化连接，连接接头不应设在结构转角部位，转角部位应呈圆弧状；

3 自粘丁基橡胶钢板止水带自粘搭接长度不应小于80mm，当采用机械固定搭接时，搭接长度不应小于50mm；

4 钢边橡胶止水带铆接时，铆接部位应采用自粘胶带密封。

5.2.5 防水卷材施工应符合下列规定：

1 主体结构侧墙和顶板上的防水卷材应满粘，侧墙防水卷材不应竖向倒槎搭接。

2 支护结构铺贴防水卷材施工，应采取防止卷材下滑、脱落的措施；防水卷材大面不应采用钉钉固定；卷材搭接应密实。

3 当铺贴预铺反粘类防水卷材时，自粘胶层应朝向待浇筑混凝土；防粘隔离膜应在混凝土浇筑前撕除。

5.2.6 基坑回填时应采取防水层保护措施。

5.3 暗挖法地下工程

5.3.1 矿山法地下工程防水层应在初期支护结构基本稳定，并经隐蔽工程检验合格后进行施工。

5.3.2 初期支护基层表面应平整、无尖锐凸起防水层与初期支护之间设置的缓冲层搭接宽度不应小于50mm，并应采用配套的暗钉圈进行固定。

5.3.3 当矿山法隧道采用预铺反粘高分子类防水卷材时，卷材搭接应牢固；采用塑料防水板时，应设置分区注浆系统。

5.3.4 矿山法隧道铺设塑料防水板时，下部防水板应压住上部防水板。塑料防水板施工过程中，应采取防止焊接损伤和机械损伤的措施，并应设专人检查。

5.3.5 盾构法隧道管片的防水密封垫应粘贴牢固、位置准确。

5.3.6 隧道管片螺栓拧紧前，应确保螺栓孔密封圈位置准确，并与螺栓孔沟槽相贴合。

5.4 建筑屋面工程

5.4.1 耐根穿刺防水卷材的施工方法应与耐根穿刺检测报告中注明的施工方法一致。

5.4.2 当屋面坡度大于30%时，施工过程中应采取防滑措施。

5.4.3 施工过程中应采取防止杂物堵塞排水系统的措施。

5.4.4 防水层和保护层施工完成后，屋面应进行淋水试验或雨后观察，檐沟、天沟、雨水口等应进行蓄水试验，并应在检验合格后再进行下一道工序施工。

5.4.5　防水层施工完成后，后续工序施工不应损害防水层，在防水层上堆放材料应采取防护隔离措施。

5.5　建筑外墙工程

5.5.1　外墙防水层的基层应平整、坚实、牢固。

5.5.2　外门窗框与门窗洞口之间的缝隙应填充密实，接缝密封。

5.5.3　砂浆防水层分格缝嵌填密封材料前应清理干净，密封材料应嵌填密实。

5.5.4　装配式混凝土结构外墙板接缝密封防水施工应符合下列规定：

1　施工前应将板缝空腔清理干净；

2　板缝空腔应按设计要求填塞背衬材料；

3　密封材料嵌填应饱满、密实、均匀、连续、表面平滑，厚度应符合设计要求。

5.6　建筑室内工程

5.6.1　管根、地漏与基层交接部位应进行防水密封处理。

5.6.2　墙面装饰层应与防水层粘结牢固。

5.6.3　室内装修改造施工应保证防水层完整，出现损坏时应修补。

5.7　道桥工程

5.7.1　桥梁工程防水层施工，应在基层混凝土强度达到设计强度的 80% 及以上后进行。

5.7.2　防水施工前，桥面基层混凝土应进行表面粗糙度处理，基层表面的浮灰应清除干净。

5.7.3　桥面防水层应直接铺设在混凝土结构表面，不应在二者间加铺砂浆找平层。

5.8　蓄水类工程

5.8.1　蓄水类工程的混凝土底板、顶板均应连续浇筑。

5.8.2　蓄水类工程的混凝土壁板应分层交圈、连续浇筑。

5.8.3　混凝土结构蓄水类工程在浇筑预留孔洞、预埋管、预埋件及止水带周边混凝土时，应采取保证混凝土密实的措施。

5.8.4　混凝土结构蓄水类工程应在结构施工完成后按照设计要求进行功能性满水试验，满水试验合格后方可进行外设防水层施工。

6　验收

6.0.1　防水工程施工完成后应按规定程序和组织方式进行质量验收。

6.0.2　防水工程验收时，应核验下列文件和记录：

1　设计施工图、图纸会审记录、设计变更文件；

2　材料的产品合格证、质量检验报告、进场材料复验报告；

3　施工方案；

4 隐蔽工程验收记录；

5 工程质量检验记录、渗漏水处理记录；

6 淋水、蓄水或水池满水试验记录；

7 施工记录；

8 质量验收记录。

6.0.3 防水工程质量检验合格判定标准应符合表6.0.3的规定。

防水工程质量检验合格判定标准　　　　　　　　　　表6.0.3

工程类型		工程防水类别		
		甲类	乙类	丙类
建筑工程	地下工程	不应有渗水，结构背水面无湿渍	不应有滴漏、线漏，结构背水面可有零星分布的湿渍	不应有线流、漏泥砂，结构背水面可有少量湿渍、流挂或滴漏
	屋面工程	不应有渗水，结构背水面无湿渍	不应有渗水，结构背水面无湿渍	不应有渗水，结构背水面无湿渍
	外墙工程	不应有渗水，结构背水面无湿渍	不应有渗水，结构背水面无湿渍	—
	室内工程	不应有渗水，结构背水面无湿渍	—	—
市政工程	地下工程	不应有渗水，结构背水面无湿渍	不应有线漏，结构背水面可有零星分布的湿渍和流挂	不应有线流、漏泥砂，结构背水面可有少量湿渍、流挂或滴漏
	道桥工程	不应有渗水	不应有滴漏、线漏	—
	蓄水类工程	不应有渗水，结构背水面无湿渍	不应有滴漏、线漏，结构背水面可有零星分布的湿渍	不应有线流、漏泥砂，结构背水面可有少量的湿渍、流挂或滴漏

6.0.4 地下工程、建筑屋面、建筑室内、道桥工程等排水系统应通畅。

6.0.5 防水隐蔽工程应留存现场影像资料，形成隐蔽工程验收记录，防水隐蔽工程检验内容应符合表6.0.5的规定。

隐蔽工程检验内容　　　　　　　　　　表6.0.5

工程类型	隐蔽工程检验内容
明挖法地下工程	1 防水层的基层； 2 防水层及附加防水层； 3 防水混凝土结构的施工缝、变形缝、后浇带、诱导缝等接缝防水构造； 4 防水混凝土结构的穿墙管、埋设件、预留通道接头、桩头、格构柱、抗浮锚索(杆)等节点防水构造； 5 基坑的回填
暗挖法地下工程	1 防水层的基层； 2 防水层及附加防水层； 3 二次衬砌结构的施工缝、变形缝等接缝防水构造； 4 二次衬砌结构的穿墙管、埋设件、预留通道接头等节点防水构造； 5 预埋注浆系统； 6 排水系统； 7 预制装配式衬砌接缝密封； 8 顶管、箱涵接头防水

续表6.0.5

工程类型	隐蔽工程检验内容
建筑屋面工程	1 防水层的基层； 2 防水层及附加防水层； 3 檐口、檐沟、天沟、水落口、泛水、天窗、变形缝、女儿墙压顶和出屋面设施等节点防水构造
建筑外墙工程	1 防水层的基层； 2 防水层及附加防水层； 3 门窗洞口、雨篷、阳台、变形缝、穿墙管道、顶埋件、分格缝及女儿墙压顶、预制构件接缝等节点防水构造
建筑室内工程	1 防水层的基层； 2 防水层及附加防水层； 3 地漏、防水层铺设范围内的穿楼板或穿墙管道及预埋件等节点防水构造
道桥工程	1 防水层的基层； 2 防水层、防水粘结层； 3 沥青混凝土、防水层、混凝土基层之间的粘结； 4 沥青混凝土、防水粘结层、防腐层、钢桥面板之间的粘结； 5 桥面结构缝、桥梁伸缩缝、排水口装置等节点的防水密封构造
蓄水类工程	1 防水层的基层； 2 防水层及附加防水层； 3 混凝土结构水池的变形缝、施工缝、后浇带、穿墙管道、孔口等节点防水构造； 4 池壁、池顶的回填

6.0.6 防水工程检验批质量验收合格应符合下列规定：

1 主控项目的质量应经抽查检验合格。

2 一般项目的质量应经抽查检验合格。有允许偏差值的项目，其抽查点应有80%或以上在允许偏差范围内，且最大偏差值不应超过允许偏差值的1.5倍。

3 应具有完整的施工操作依据和质量检查记录。

6.0.7 分项工程质量验收合格应符合下列规定：

1 分项工程所含检验批的质量均应验收合格；

2 分项工程所含检验批的质量验收记录应完整。

6.0.8 分部或子分部工程质量验收合格应符合下列规定：

1 所含分项工程的质量均应验收合格；

2 质量控制资料应完整；

3 安全与功能抽样检验应符合本规范第6.0.3条和第6.0.4条的规定；

4 观感质量应合格。

6.0.9 有降水要求的地下工程应在停止降水三个月后进行防水工程质量检验；无降水要求的暗挖法地下工程应在二次衬砌结构完成后进行防水工程质量检验。

6.0.10 建筑屋面工程在屋面防水层和节点防水完成后，应进行雨后观察或淋水、蓄水试验，并应符合下列规定：

1 采用雨后观察时，降雨应达到中雨量级标准；

2 采用淋水试验时，持续淋水时间不应少于2h；

3 檐沟、天沟、雨水口等应进行蓄水试验，其最小蓄水高度不应小于20mm，蓄水时间不应少于 24h。

6.0.11 建筑外墙工程墙面防水层和节点防水完成后应进行淋水试验，并应符合下列规定：

1 持续淋水时间不应少于 30min；

2 仅进行门窗等节点部位防水的建筑外墙，可只对门窗等节点进行淋水试验。

6.0.12 建筑室内工程在防水层完成后，应进行淋水、蓄水试验，并应符合下列规定：

1 楼、地面最小蓄水高度不应小于 20mm，蓄水时间不应少于 24h；

2 有防水要求的墙面应进行淋水试验，淋水时间不应少于 30min；

3 独立水容器应进行满池蓄水试验，蓄水时间不应少于 24h；

4 室内工程厕浴间楼地面防水层和饰面层完成后，均应进行蓄水试验。

6.0.13 混凝土结构蓄水类工程完工后，应进行水池满池蓄水试验，蓄水时间不应少于 24h。

7 运行维护

7.1 一般规定

7.1.1 建筑或市政工程使用说明书和质量保证书应包含防水工程的保修责任、保修范围和保修期限等。

7.1.2 应保存与防水工程相关的竣工图纸和技术资料，保存期限不应少于工程防水设计工作年限。运行维护单位更替时，相关资料和图纸应同时移交。

7.1.3 应按规定核对交工资料中与防水工程相关的技术资料，确保齐全和准确，当发现问题时，应提请建设单位处理。

7.1.4 保修期满后，应对防水工程的总体情况进行检查。防水工程达到设计工作年限时应进行防水功能技术评审。

7.2 管理

7.2.1 应建立防水工程维护管理制度，并应定期巡检和维护。

7.2.2 地下工程和蓄水类工程应建立渗漏应急预案。

7.2.3 工程发生渗漏时，应进行现场勘查、确定渗漏原因、制定维修方案，并应在治理完成后进行专项验收。

7.2.4 应建立防水维修档案，保证维修质量可追溯。

7.2.5 维修后防水层的防水性能、整体强度、与下层粘结强度和耐久性等指标应满足设计要求。

7.3 维护

7.3.1 建筑与市政工程使用期间应确保排水通道通畅且不应损伤防水系统。

7.3.2 防水工程维修用材料和工艺之间不应产生有害的物理和化学作用。

7.3.3　现场防水维护或维修作业，应制定高空作业、动火和有限空间作业的安全质量保证措施。阵风 5 级及以上时，不应进行户外高空作业及动火作业。

7.3.4　渗漏水治理使用的材料应符合环保要求。

第7章 《建筑节能与可再生能源利用通用规范》
GB 55015—2021

【要点1】规范思路与基本架构

1. 规范思路

规范思路：为执行国家有关节约能源、保护生态环境、应对气候变化，落实碳达峰、碳中和决策部署，提高能源资源利用效率，推动可再生能源利用，降低建筑碳排放，营造良好的建筑室内环境，满足经济社会高质量发展的需要，制定规范。

建筑节能策略：以保证生活和生产所必需的室内环境参数和使用功能为前提，遵循被动节能措施优先的原则。充分利用天然采光、自然通风，改善围护结构保温隔热性能，提高建筑设备及系统的能源利用效率，降低建筑的用能需求。同时充分利用可再生能源，降低建筑化石能源消耗量。

2. 基本框架

《建筑节能与可再生能源利用通用规范》GB 55015—2021 共计 7 章 178 条，包括：

第1章　总则（4条）

第2章　基本规定（8条）

第3章　新建建筑节能设计（63条）

   3.1　建筑和围护结构（20条）

   3.2　供暖、通风与空调（26条）

   3.3　电气（11条）

   3.4　给水排水及燃气（6条）

第4章　既有建筑节能改造设计（20条）

   4.1　一般规定（4条）

   4.2　围护结构（5条）

   4.3　建筑设备系统（11条）

第5章　可再生能源建筑应用系统设计（28条）

   5.1　一般规定（2条）

   5.2　太阳能系统（12条）

   5.3　地源热泵系统（8条）

   5.4　空气源热泵系统（6条）

第6章　施工、调试及验收（38条）

   6.1　一般规定（5条）

   6.2　围护结构（14条）

规范汇总建筑节能设计、施工、运营等阶段相关要求，涉及新建建筑节能设计、既有建筑节能改造设计、可再生能源建筑应用系统设计、施工、调试及验收、运行管理，是建筑节能工程从设计到运营全过程、集成化综合规范。本章主要针对第 2 章"基本规定"和第 6 章"施工、调试及验收"主要规定进行了要点解析，以便于学习和应用。

【要点 2】新建工程建筑节能率要求

【规范条文】

> 2.0.1 新建居住建筑和公共建筑平均设计能耗水平应在 2016 年执行的节能设计标准的基础上分别降低 30% 和 20%。不同气候区平均节能率应符合下列规定：
>
> 1 严寒和寒冷地区居住建筑平均节能率应为 75%；
>
> 2 除严寒和寒冷地区外，其他气候区居住建筑平均节能率应为 65%；
>
> 3 公共建筑平均节能率应为 72%。
>
> 2.0.2 标准工况下，不同气候区的各类新建建筑平均能耗指标应按本规范附录 A 确定。

【要点解析】

1. 建筑节能率是衡量建筑能耗的重要指标

建筑的节能率计算公式：100%－（设计建筑能耗/基准建筑能耗）%。

通常说的建筑节能是以 20 世纪 80 年代建筑的平均能耗做基准。建筑的用电折算标煤为 1kWh 折算为 0.404 千克标煤。

我国的建筑节能经过 3 个阶段，第一阶段是节能 30%，也就是能耗是基准建筑的 70%；第二阶段在第一阶段的基础上再节约 30%，也就是能耗是基准能耗的 50%（70%×70%≈50%）；第三阶段在第二阶段基础上再节约 30%，也就是能耗是基准能耗的 35%（70%×70%×70%≈35%），100%－35%＝65%。

规范第 2.0.1、2.0.2 条明确了节能总体目标，以 2016 年执行的建筑节能设计标准的节能水平为基准，在此基础上，对建筑能耗的降低比例进行了规定。居住建筑设计能耗再降低 30%，公共建筑能耗再降低 20%。

2. 平均节能率按气候区规定

由于我国幅员辽阔，气候差异比较大，节能率要求不搞一刀切，对不同气候区、不同建筑类型分别进行要求。规范附录 A 中给出的各类建筑平均能耗指标是标准工况下，不同气候区、不同建筑类型执行规范的整体平均能耗水平，作为地方标准制定、区域性节能政策制定的依据。

3. 建筑节能气候区

我国气候分区是按照现行国家标准《民用建筑热工设计规范》GB 50176—2016 规定而确定的，建筑热工设计区划分为两级。主要划分为严寒地区、寒冷地区、夏热冬冷地区、夏热冬暖地区、温和地区等五个气候区。

依据不同的采暖度日数和空调度日数范围，在五个分区的基础上又划分多个气候子区。严寒地区（A、B、C 三个区）、寒冷地区（A、B 两个区）、夏热冬冷地区、夏热冬暖地区（南、北两个区）、温和地区（A、B 两个区）。

严寒地区主要是指东北、内蒙古和新疆北部、西藏北部、青海等地区，累年最冷月平均温度≤−10℃或日平均≤5℃的天数，一般在 145 天以上地区；

寒冷地区主要是指我国北京、天津、河北、山东、山西、宁夏、陕西大部、辽宁南部、甘肃中东部、新疆南部、河南、安徽、江苏北部以及西藏南部等地区。其主要指标为：最冷月平均温度 0～10℃，辅助指标为：日平均温度≤5℃的天数为 90～145 天；

夏热冬冷地区主要是指长江中下游及其周围地区。该地区的范围大致为陇海线以南，南岭以北，四川盆地以东，包括上海、重庆二直辖市，湖北、湖南、江西、安徽、浙江五省全部，四川、贵州二省东半部，江苏、河南二省南半部，福建省北半部，陕西、甘肃二省南端、广东、广西二省区北端；

夏热冬暖地区主要是指我国南部，在北纬 27 以南，东经 97°以东，包括海南全境，广东大部，广西大部，福建南部，云南小部分，以及香港、澳门与台湾。温和地区主要是指云南和贵州两省区。

在该分区的基础上，我国先后制定了《严寒和寒冷地区居住建筑节能设计标准》JGJ 26—2018、《夏热冬冷地区居住建筑节能设计标准》JGJ 134—2010、《夏热冬暖地区居住建筑节能设计标准》JGJ 75—2012、《公共建筑节能设计标准》GB 50189—2015 等。

【要点 3】建筑碳排放强度要求

【规范条文】

2.0.3 新建的居住和公共建筑碳排放强度应分别在 2016 年执行的节能设计标准的基础上平均降低 40%，碳排放强度平均降低 $7kgCO_2/(m^2 \cdot a)$ 以上。

【要点解析】

我国确立了 2030 年实现碳达峰和 2060 年实现碳中和两大战略目标，建筑能耗对这两大指标影响很大，是造成温室气体排放的重要因素。因此，降低建筑的碳排放强度对我国碳达峰与碳中和战略的实现具有重要意义。

碳排放强度又叫碳强度，是指每单位国民生产总值所带来的二氧化碳排放量，即碳排放强度＝碳排放量/GDP；碳达峰是指二氧化碳的排放不再增长，达到峰值之后开始下降；碳中和是指自身温室气体的零排放。零排放并不是指不排放，而是通过使用可再生能源、可回收材料、提高能源效率，以及植树造林、碳捕捉等方式，来将自身碳排放"吸收"，实现正负抵消，达到相对"零排放"。

本条规定了新建工程在 2016 年执行的节能设计标准的基础上平均降低 40%，碳排放强度平均降低 $7kgCO_2/(m^2 \cdot a)$ 以上，通过新建建筑碳排放强度的降低，推动碳达峰、碳中和战略目标的实现。

【要点 4】新建工程应为可再生能源利用创造条件

【规范条文】

> 2.0.4 新建建筑群及建筑的总体规划应为可再生能源利用创造条件，并应有利于冬季增加日照和降低冷风对建筑影响，夏季增强自然通风和减轻热岛效应。

【要点解析】

本条强调"新建建筑群及建筑的总体规划应为可再生能源利用创造条件"，即建筑节能必须从总体规划设计阶段要统筹考虑可再生能源的利用，并为此创造好条件。同时为减少建筑能耗，该条还明确要求总体规划要"有利于冬季增加日照和降低冷风对建筑影响，夏季增强自然通风和减轻热岛效应"，即总体规划统筹分析建筑的总平面布置，建筑平、立、剖面形式，太阳辐射、自然通风等对建筑能耗的影响，也就是说在冬季最大限度地利用日照，多获得热量，避开主导风向，减少建筑物外表面热损失；夏季和过渡季最大限度地减少得热并利用自然能来降温冷却，以达到节能的目的。

【要点 5】建筑节能的设计要求

【规范条文】

> 2.0.5 新建、扩建和改建建筑以及既有建筑节能改造均应进行建筑节能设计。建设项目可行性研究报告、建设方案和初步设计文件应包含建筑能耗、可再生能源利用及建筑碳排放分析报告。施工图设计文件应明确建筑节能措施及可再生能源利用系统运营管理的技术要求。

【要点解析】

1. 建筑节能前期设计是降低能耗关键阶段

建设项目前期、设计阶段是决定建筑全寿命期能耗和碳排放表现的重要阶段，其合理性直接影响后续建筑活动对环境的影响和资源的消耗。因此，建设项目可行性研究、建设方案和初步设计对建筑能耗、可再生能源利用及碳排放的专项节能分析有助于建筑节能目标的实现。

本条明确"新建、扩建和改建建筑以及既有建筑节能改造均应进行建筑节能设计",即进行节能专项设计,为此要求建设项目的可行性研究报告、建设方案和初步设计文件应包含建筑能耗、可再生能源利用及建筑碳排放等专项节能分析报告内容。同时,要求设计单位在施工图设计文件中除应明确施工要求外,还应对建筑节能措施及可再生能源利用系统的运营管理提出明确的技术要求。

2. 节能材料设备的设计选用

在设计环节,设计单位选用通过建筑节能产品认证或具有节能标识的产品。优选节能效果好,加工、运输和施工便利,工程质量易于保障的材料、构件和设备。明确各项性能等参数指标、建筑节能措施及可再生能源利用系统运营管理的技术要求,严禁使用国家明令禁止与淘汰的材料和设备。

3. 节能措施及运营管理技术要求

1)建筑设备及被动节能措施,建筑围护结构采取的节能措施及做法;

2)机电系统的使用方法和采取的节能措施及其运行管理方式,如:

(1)暖通空调系统冷源配置及其运行策略;

(2)季节性使用要求与管理措施;

(3)新(回)风风量调节方法,热回收装置在不同季节使用方法;

(4)对能源的计量监测及系统日常维护管理的要求等。

4. 建筑节能设计有关性能指标及解释

建筑节能涉及建筑、给水排水、通风空调、电气、可再生能源、维护运营等多专业及建设全过程,为更好实现节能目标,就一些关键因素进行科学分析、量化,相关规范给出了一定的参数要求。如:

建筑和维护结构:建筑体型系数、窗墙比、屋窗比、传热系数、太阳能得热系数等;居住建筑外窗玻璃可见光透射比、主要使用房间窗地面积比等。

体形系数:建筑物与室外大气接触的外表面面积与其所包围的体积的比值。

传热系数:在稳态条件下,围护结构两侧空气为单位温差时,单位时间内通过单位面积传递的热量。

围护结构平均传热系数:考虑了围护结构单元中存在的热桥影响后得到的传热系数,简称平均传热系数。

透光围护结构太阳得热系数(SHGC):通过透光围护结构(门窗或透光幕墙)的太阳辐射室内得热量与投射到透光围护结构(门窗或透光幕墙)外表面上的太阳辐射量的比值。太阳辐射室内得热量包括太阳辐射通过辐射透射的得热量和太阳辐射被构件吸收再传入室内的得热量两部分。

可见光透射比:透过透光材料的可见光光通量与投射在其表面上的可见光光通量之比。

供暖、通风与空调:名义制冷量、锅炉热效率、性能系数(COP)、综合部分负荷性能系数(IPLV)、全年性能系数(APF)、制冷季节能效比(SEER)等。

性能系数(COP):名义制冷或制热工况下,机组以同一单位表示的制冷(热)量除以总输入电功率得出的比值。

综合部分负荷性能系数（IPLV）：基于冷水（热泵）机组或空调（热泵）机组部分负荷时的性能系数值，经加权计算获得的表示该机组部分负荷效率的单一数值。

全年性能系数（APF）：在制冷季节及制热季节中，机组进行制冷（热）运行时从室内除去的热量及向室内送入的热量总和与同一期间内消耗的电量总和之比。

制冷季节能效比（SEER）：在制冷季节中，空调机（组）进行制冷运行时从室内除去的热量总和与消耗的电量总和之比。

电气：照度标准值、照明功率密度、能效限定值、能效等级等。

照明功率密度（LPD）：正常照明条件下，单位面积上一般照明的额定功率。

给水排水及燃气：制冷量、制热量、热效率等。

可再生能源应用技术：可再生能源是降低建筑能耗，减少使用化石能源的重要举措，根据不同气候区域、建筑类型和使用功能，国家和地方均有明确要求，一般采用如下四种技术：

太阳能热利用系统：将太阳辐射能转化为热能，为建筑供热水，供热水及供暖，或供热水、供暖或（及）供冷的系统。分为太阳能热水系统、太阳能供暖系统以及太阳能供暖空调等复合应用系统。

太阳能光伏发电系统：利用太阳能电池的光伏效应将太阳辐射能直接转换成电能的发电系统。

地源热泵系统：以岩土体、地下水或地表水为低温热源，由水源热泵机组、地热能交换系统、建筑物内系统组成的供热空调系统。

空气源热泵系统：以空气作为低温热源，由空气源热泵机组、输配系统和建筑物内系统组成的供热空调系统。根据建筑物内系统不同，分为空气源热泵热风系统和空气源热泵热水系统。

【要点 6】建筑节能设计变更要求

【规范条文】

> 2.0.7　当工程设计变更时，建筑节能性能不得降低。

【要点解析】

本条强调了建筑节能性能设计的严肃性，即使由于材料供应、工艺改变等原因，建筑工程施工中可能需要改变节能设计，为避免这些改变影响节能效果，本条对涉及节能的设计变更严格加以限制，保证了节能效果不降低。国家和地方主管部门也对此进行了严格要求。如《民用建筑节能条例》（中华人民共和国国务院令第 530 号）："第十三条施工图设计文件审查机构应当按照民用建筑节能强制性标准对施工图设计文件进行审查；经审查不符合民用建筑节能强制性标准的，县级以上地方人民政府建设主管部门不得颁发施工许可证。"《民用建筑节能管理规定》（建设部令第 143 号）"第十七条　建设单位应当按照建筑节能政策要求和建筑节能标准委托工程项目的设计。建设单位不得以任何理由要求设计单位、施工单位擅自修改经审查合格的节能设计文件，降低建筑节能标准。"

【要点 7】 建筑节能材料、构件和设备进场验收要求

【规范条文】

> 6.1.1 建筑节能工程采用的材料、构件和设备，应在施工进场进行随机抽样复验，复验应为见证取样检验。当复验结果不合格时，工程施工中不得使用。

【要点解析】

1. 材料进场验收是保证质量的法定制度

合格的建筑节能材料、构件和设备是实现建筑节能要求的基本要求。我国《中华人民共和国建筑法》《建设工程质量管理条例》（中华人民共和国国务院令第 279 号）《民用建筑节能条例》（中华人民共和国国务院令第 530 号）等法律法规均要求对建筑工程使用的建筑材料实行严格的进场检验制度，建筑节能工程采用的材料、构件和设备也不例外。

材料、构件和设备使用应严格按"材料设备进场—进场验收—见证复验—工程使用"程序进行。

2. 节能材料进场验收有明确的规范要求

进场验收是见证复验的前提，复验是材料质量的重要检测验证。

进场验收是特别强调材料、构件和设备进入施工现场后才能进行的验收，未进入施工现场不能开展正式验收工作。对于大批量的材料、构件和设备可以按照分批进场情况进行验收，确保验收满足规定要求。进场验收应依据设计要求，可以对照建设单位、施工单位和监理单位在加工订货时确定的样板，对进入施工现场的材料、构件和设备等进行包装、外观质量检查和规格、型号、技术参数及质量证明文件核查并形成相应验收记录。

本条明确"随机抽样复验，复验应为见证取样检验"，具体复验是在进入施工现场的材料、设备等在进场验收合格的基础上，施工单位在监理或建设单位见证下，按照有关规定从施工现场随机抽样、封样、送至具有相应资质的检测机构进行检测，确保材料真实，试验可靠。检测机构应将试验数据与设计等要求进行对照判定，形成有相应的结论的见证复验报告。具体要求详见现行国家标准《建筑节能工程施工质量验收标准》GB 50411—2019 第 3.2 节和《建设工程监理规范》GB/T 50319—2013 的相关规定。

3. 节能新技术、新工艺、新材料、新设备的要求

节能材料、设备不断创新，新技术、新工艺不断应用，对于节能"四新"技术，现行国家标准《建筑节能工程施工质量验收标准》GB 50411—2019 第 3.1.3 条规定："建筑节能工程采用的新技术、新工艺、新材料、新设备，应按照有关规定进行评审、鉴定。施工

前应对新采用的施工工艺进行评价，并制定专项施工方案。"

【要点 8】墙体节能工程材料、构件和设备进场复验要求

【规范条文】

6.2.1 墙体、屋面和地面节能工程采用的材料、构件和设备施工进场复验应包括下列内容：

1 保温隔热材料的导热系数或热阻、密度、压缩强度或抗压强度、吸水率、燃烧性能（不燃材料除外）及垂直于板面方向的抗拉强度（仅限墙体）；

2 复合保温板等墙体节能定型产品的传热系数或热阻、单位面积质量、拉伸粘结强度及燃烧性能（不燃材料除外）；

3 保温砌块等墙体节能定型产品的传热系数或热阻、抗压强度及吸水率；

4 墙体及屋面反射隔热材料的太阳光反射比及半球发射率；

5 墙体粘结材料的拉伸粘结强度；

6 墙体抹面材料的拉伸粘结强度及压折比；

7 墙体增强网的力学性能及抗腐蚀性能。

【要点解析】

1. 墙体节能工程的重要性

建筑节能的关键措施之一是减少外围护结构的热损失，墙体是围护结构的重要组成部分，据有关数据统计，在围护结构传热耗热量中，外墙所占比例约为四分之一到三分之一，有的地区甚至还高，因此墙体节能对节能整体效果起到非常关键的作用。

墙体节能工程除保温墙体自身具备的保温性能外，一般多为外墙外保温隔热系统节能工程，该保温隔热系统工程位于基层墙体和饰面层中间部位，不仅要起到保温、隔热、防火、防潮、防渗水等作用，还更要起到基层墙体和饰面层连接牢固作用。除此之外，外墙外保温工程各组成部分的材料应具有物理一化学稳定性，应彼此相容并具有防腐性，还应具有防生物侵害性能。根据《外墙外保温工程技术标准》JGJ 144—2019 第 3.0.8 条规定，在正确使用和正常维护的条件下，外保温工程的使用年限不应少于 25 年。可见，墙体节能工程的材料、构件和设备对于实现节能效果和保证工程质量非常重要，为此，本条是明确节能工程材料、构件和设备的进场复验内容。

2. 材料、构件和设备节能参数的重要性

本条给出的墙体采用的节能材料、构件和设备必须进场复验的项目、参数，是实现节能效果的重要保证。

保温材料的导热系数或者热阻、密度、吸水率、规格等参数直接影响保温隔热效果；抗压强度或压缩强度会影响保温隔热层的平整度等施工质量以及使用过程中因长期受外力产生变形，影响观感和使用；燃烧性能是防止火灾隐患的重要条件；垂直于板面方向的抗拉强度及拉伸粘结强度是保障保温体系牢固性和安全的必需要求（如要求破坏层只能在保

温层内）；太阳光反射比、半球发射率是反射隔热材料要的性能指标，直接影响隔热效果。增强网的力学性能及抗腐蚀性是保障墙面质量和耐久性的重要指标。以上涉及节能效果的主要指标需要设计在设计文件上进行明确。

复验指标是否合格应依据设计要求和产品标准判定。检验方法及数量应按现行国家标准《建筑节能工程施工质量验收标准》GB 50411—2019 执行。

3. 墙体保温隔热材料进场验收要求

一般墙体节能材料为板材、浆料、块材及预制复合墙板等，市场上存在的保温材料主要有 XPS 板、EPS 板、酚醛板、岩棉、玻璃棉板、发泡水泥、保温砌块、保温砂浆等。此类材料生产后均有一定的变形稳定期和强度增长期，特别是外墙外保温粘贴 B_1 级挤塑聚苯板宜选用低内应力挤塑板，低内应力挤塑板使用多次发泡特殊工艺，稳定、不易变形、闭水性保温性好。因此，进场验收不仅要检查进场的材料，还应了解相应厂家的生产能力，生产日期、进场时间等。

为更好地做好材料进场的质量控制工作，施工单位应尽量集中一次或者多批次的进场计划，按计划进场，对进场的材料按规定进行验收，质量证明文件与相关技术资料应齐全，并应符合设计要求和国家现行有关标准的规定。验收结果应经监理工程师检查认可，且应形成相应的验收记录。

进场验收依据现行国家标准《建筑节能工程施工质量验收标准》GB 50411—2019，检查主要内容：板材、块材、片材检验方法：观察、尺量检查；核查质量证明文件。检查数量：按进场批次，每批随机抽取 3 个试样进行检查；质量证明文件应按其出厂检验批进行核查。

预制构件、定型产品或成套技术，应由同一供应商提供配套的组成材料和型式检验报告。型式检验报告中应包括耐候性和抗风压性能检验项目以及配套组成材料的名称、生产单位、规格型号及主要性能参数。检验方法：核查质量证明文件和型式检验报告。检查数量：全数检查。

严寒和寒冷地区外保温使用的抹面材料，其冻融试验结果应符合该地区最低气温环境的使用要求。检验方法：核查质量证明文件。检查数量：全数检查。

4. 墙体保温隔热材料进场复验依据

1）保温材料的导热系数或者热阻、密度、吸水率，抗压强度或压缩强度，燃烧性能及垂直于板面方向的抗拉强度等指标检测依据现行国家标准《建筑材料及制品燃烧性能分级》GB 8624—2012 及相应材料标准。如《建筑用岩棉绝热制品》GB/T 19686—2015、《绝热用岩棉、矿渣棉及其制品》GB/T 11835—2016、《绝热用模塑聚苯乙烯泡沫塑料（EPS）》GB/T 10801.1—2021、《绝热用挤塑聚苯乙烯泡沫塑料（XPS）》GB/T 10801.2—2018 等。

2）复合保温板等墙体节能定型产品的传热系数或热阻、单位面积质量、拉伸粘结强度及燃烧性能（不燃材料除外）检测依据：国家现行标准《建筑材料及制品燃烧性能分级》GB 8624—2012、《保温防火复合板应用技术规程》JGJ/T 350—2015 及相应地方标准，如：现行北京市地方标准《预制混凝土夹心保温外墙板应用技术规程》DB11/T 2128—2023，河北地方标准《复合保温板应用技术规程（YQ 复合保温板系统）》DB13（J）/T 230—2017。

3）保温砌块等墙体节能定型产品检测依据：现行国家标准《复合保温砖和复合保温砌块》GB/T 29060—2012。

4）墙体反射隔热材料的太阳光反射比及半球发射率检测依据：国家现行标准《建筑用反射隔热涂料》GB/T 25261—2018、《建筑反射隔热涂料》JG/T 235—2014。

5）粘结材料的拉伸粘结强度检测依据：现行行业标准《外墙外保温工程技术标准》JGJ 144—2019。

6）墙体抹面材料的拉伸粘结强度及压折比检测依据：现行行业标准《外墙外保温工程技术标准》JGJ 144—2019。

7）墙体增强网的力学性能及抗腐蚀性能检测依据：现行行业标准《增强用玻璃纤维网布　第2部分：聚合物基外墙外保温用玻璃纤维网布》JC 561.2—2006，《外墙外保温工程技术标准》JGJ 144—2019。

5. 墙体保温材料进场复验取样要求

规范第6.2.1条规定具体复验内容，取样要求参见《建筑节能工程施工质量验收标准》GB 50411—2019，主要要求如下：

复验取样数量按墙面展开面积计算：同厂家、同品种产品，按照扣除门窗洞口后的保温墙面面积所使用的材料用量，在5000m²以内时应复验1次；面积每增加5000m²应增加1次。同工程项目、同施工单位且同期施工的多个单位工程，可合并计算抽检面积。在同一工程项目中，同厂家、同类型、同规格的节能材料、构件和设备，当获得建筑节能产品认证、具有节能标识或连续三次见证取样检验均一次检验合格时，其检验批的容量可扩大1倍，且仅可扩大1倍。扩大检验批后的检验中出现不合格情况时，应按扩大前的检验批重新验收，且该产品不得再次扩大检验批容量。

应注意的是复验报告要填写设计要求的性能指标和依据，报告中导热系数（传热系数）或热阻、密度或单位面积质量、燃烧性能必须在同一个报告中，试验报告要有符合或者不符合的结论。

【要点9】墙体节能工程的施工质量要求

【规范条文】

6.2.4　墙体、屋面和地面节能工程的施工质量，应符合下列规定：

1　保温隔热材料的厚度不得低于设计要求；

2　墙体保温板材与基层之间及各构造层之间的粘结或连接必须牢固；保温板材与基层的连接方式、拉伸粘结强度和粘结面积比应符合设计要求；保温板材与基层之间的拉伸粘结强度应进行现场拉拔试验，且不得在界面破坏；粘结面积比应进行剥离检验；

3　当墙体采用保温浆料做外保温时，厚度大于20mm的保温浆料应分层施工；保温浆料与基层之间及各层之间的粘结必须牢固，不应脱层、空鼓和开裂；

4　当保温层采用锚固件固定时，锚固件数量、位置、锚固深度、胶结材料性能和锚固力应符合设计和施工方案的要求；

5 保温装饰板的装饰面板应使用锚固件可靠固定，锚固力应做现场拉拔试验；保温装饰板板缝不得渗漏。

【要点解析】

1. 墙体节能施工质量的重要性

由于墙体节能对节能整体效果起到非常关键的作用，墙体节能材料的选用，设计是前提，施工质量更是实现建筑节能效果的关键。鉴于墙体保温施工的多样性和多工序的复杂性，以及出现问题的危害性等多方面因素考虑，本条针对墙体保温系统施工过程的关键工序、关键节点提出了明确且比较详细的要求。

2. 保温材料厚度是实现节能要求的基础

对于保温绝热材料来说，其厚度与导热系数的积越大，则保温效果越好，当施工采用设计确定的保温材料且其复验合格后，保温材料的厚度将是影响节能效果的决定因素，保温隔热材料的施工厚度通过尺量和插针量测。有时不同朝向、不同部位的外墙设计保温厚度有所区别，施工时要注意不能混用；另外，在实际施工中，掌握的原则应是许厚不许薄，厚度达不到要求时，应对基层进行必要的处理，不得通过减少保温材料厚度来进行找平，其厚度不得低于设计要求。

3. 工序质量是保证墙体保温系统质量的关键

本条2款主要针对外墙外保温节能工程施工，外墙外保温系统一般构造及施工顺序为主体结构即基层验收、找平层施工、保温板粘贴、玻纤网粘贴和锚钉固定、聚合物砂浆施工、玻纤网粘铺设、抹面层施工、饰面层施工等，一般称"三灰两网"，或者"两灰一网"，涉及七个结合面。通过每个结合面的牢固衔接，确保外墙保温工程与结构基层形成一个牢固整体，不能出现保温层脱落等质量问题。但由于大部分施工为湿作业、工序多、技术时间要求长、受冬雨季等季节影响又比较大、施工部位多且均为人工操作的高空作业，各层间工序质量控制和施工交接面控制难度比较大，因此特别要避免无序施工，严格按审批通过的专项施工方案施工，认真落实"三检制"、隐蔽工程验收和检验批验收等制度，强化现场试验检验，如拉拔试验、剥离试验等。

4. 外墙保温板保温系统质量要求

常用的粘贴保温板薄抹灰外保温系统，由粘结层、保温层、抹面层和饰面层构成。保温板（EPS板、XPS板和PUR板或PIR板）应采用点框粘法或条粘法固定在基层墙体上，并宜使用锚栓辅助固定，详见现行行业标准《外墙外保温工程技术标准》JGJ 144—2019第6.1节的规定。

保温板与基层的粘接要求，EPS板与基层墙体的有效粘贴面积不得小于保温板面积的40%，XPS板和PUR板或PIR板与基层墙体的有效粘贴面积不得小于保温板面积的50%，详见JGJ 144—2019第6.1.3条的规定。

现场检验保温板与基层墙体拉伸粘结强度不应小于0.10MPa，且应为保温板破坏。拉伸粘结强度检查方法详见JGJ 144—2019第7.2.6条规定。

5. 外墙保温浆料保温系统质量要求

胶粉聚苯颗粒保温浆料外保温系统应由界面层、保温层、抹面层和饰面层构成。设计厚度不宜大于 100mm，每遍抹灰厚度不大于 20mm，各层之间的粘结必须牢固，不应脱层、空鼓和开裂，详见《外墙外保温工程技术标准》JGJ 144—2019 第 6.2 节的规定；现场检验系统拉伸粘结强度不应小于 0.06MPa，详见 JGJ 144—2019 第 7.2.7 的规定。

6. 保温层锚固件质量要求

保温层锚固件一般指的是锚固保温板的机械锚栓，对于粘贴为主的 EPS 板、XPS 板和 PUR 板或 PIR 板，锚栓为辅助作用，详见《外墙外保温工程技术标准》JGJ 144—2019；岩棉条外保温系统与基层墙体的连接固定应采用粘结为主、机械锚固为辅的方式；岩棉板外保温系统与基层墙体的连接固定应采用机械锚固为主、粘结为辅的方式，详见现行行业标准《岩棉薄抹灰外墙外保温工程技术标准》JGJ/T 480—2019 第 3.2.2 条的规定。设计选用的锚固件的材料、规格验收与复验，锚固位置、锚固数量、锚固深度和拉拔力试验详见现行行业标准《外墙保温用锚栓》JG/T 366—2012 的规定，检测数据满足设计和施工方案要求。

7. 保温装饰面板固定和防水要求

保温装饰板外墙外保温系统材料由保温装饰板、粘结砂浆、锚固件、嵌缝材料和密封胶组成，置于建筑物外墙外侧，以实现保温装饰一体化的功能。保温装饰板在工厂预制成型的板状制品，由保温材料、装饰面板以及胶粘剂、连接件复合而成，具有保温、装饰和防水功能。根据《保温装饰板外墙外保温系统材料》JG/T 287—2013 第 5.3.2 条规定，保温装饰板按重量分为 Ⅰ 型≤20kg/m²，Ⅱ 型 20～30kg/m²。

保温装饰板重量比较重，连接必须牢固，不能脱落。因此，保温装饰板的安装构造、与基层墙体的连接方法非常重要，应符合设计要求，锚固力应做现场拉拔试验；保温装饰板的板缝质量不仅影响外观质量，更重要的是板缝不能出现渗漏，因为一旦出现渗漏，既影响保温效果，又可能引起装饰面板变形，影响观感和保温性能，甚至保温装饰板的牢固性，因此特别强调板缝处理、构造节点做法应符合设计要求，保温装饰板板缝不得渗漏。该类板不能在现场随意切割，对异形板应事前做好量测，工厂加工。安装前后应注意成品保护。

保温装饰板的锚固件、板缝防水等安装质量、锚固件拉拔试验详见现行行业标准《保温装饰板外墙外保温系统材料》JG/T 287—2013 的规定，华北地区还应满足《建筑构造通用图集》19BJ 2—12 外墙外保温第 31 页及设计要求。

【要点 10】预制保温板墙体施工质量要求

【规范条文】

6.2.9 外墙采用预制保温板现场浇筑混凝土墙体时，保温板的安装位置应正确、接缝严密；保温板应固定牢固，在浇筑混凝土过程中不应移位、变形；保温板表面应采取界面处理措施，与混凝土粘结应牢固。采用预制保温墙板现场安装的墙体，保温墙板的结构性能、热工性能必须合格，与主体结构连接必须牢固；保温墙板板缝不得渗漏。

【要点解析】

1. 预制保温板现场浇筑混凝土墙体施工要求

现场浇筑混凝土墙体采用预制保温板施工，将外墙装修阶段保温施工提前至主体施工阶段施工，混凝土浇筑后，外墙保温板与墙体混凝土连接成整体，达到了保温效果，满足了消防要求，有效解决了普通墙体保温层开裂、空鼓、脱落等工程质量隐患。

一般为两种形式：预制保温板大模内置和预制保温板兼做墙体模板。前者需要墙体模板，后者不需要，可将预制保温板作为免拆模板。两者均为工厂预制，其构造不同。

大模内置保温板：采用热阻值高的材料作为外墙的保温层，将保温材料置于将要浇筑墙体的外模内侧，通过设置一定的构造连接与外墙凝土一起浇筑。复合结构为内置保温现浇混凝土复合剪力墙，施工现场在保温层两侧同时浇筑混凝土结构层、防护层形成的结构受力与外墙于一体的复合墙体，包括钢筋焊接网架式现浇混凝土复合剪力墙和点连式现浇混凝土复合剪力墙，简称复合剪力墙。该施工方法需要注意保温板与混凝土连接牢固的界面处理和构造措施，保温板安装位置正确和接缝严密。浇筑混凝土时还需注意加强成品保护。

免拆保温板：将成品保温板作为主体施工混凝土外墙模板，通过特制埋件等构造与外墙混凝土一起浇筑。该施工方法除需要内置保温板施工注意的要求外，特别需要对免拆保温板外侧的龙骨进行强度和刚度计算，确保施工过程中不变形，满足混凝土质量要求。

由于内置保温板的位置与固定直接影响墙体结构和保护层截面，严重者会影响结构安全和保温效果，因此本条明确外墙采用预制保温板现场浇筑混凝土墙体时，保温板的安装位置应正确、接缝严密；保温板应固定牢固，在浇筑混凝土过程中不应移位、变形；保温板表面应采取界面处理措施，与混凝土粘结应牢固。因此，施工应做到预制保温板在墙体混凝土浇筑之前安装到位，进行隐蔽验收。其安装位置应正确、接缝应严密和固定牢固，并应有浇筑混凝土过程中不移位、不倾斜、不变形的加固措施，保证平整度符合要求。

需要注意的是保温隔热材料在运输、储存和施工过程中应采取防潮、防水、防火等保护措施。施工过程中应注意预制保温板的成品保护，对因采取施工措施或者其他损坏的部位应做好修补工作，避免出现热桥和接缝不严密质量问题。混凝土浇筑后，做到预制保温板粘结牢固、平整度、垂直度和保温性能满足要求。

检验方法：观察、尺量检查；核查隐蔽工程验收记录。检查数量：隐蔽工程验收记录全数核查。详见国家现行标准《内置保温现浇混凝土复合剪力墙技术标准》JGJ/T 451—2018 和《建筑节能工程施工质量验收标准》GB 50411—2019。

2. 预制保温墙板现场安装的墙体

现场安装的预制保温墙板一般指的是钢筋混凝土与保温层复合、工厂预制，既满足结构受力又达到保温要求的保温墙板，由内叶板、保温层、外叶板组成，有的外叶板表面在工厂做好饰面层。预制保温墙板安装是减少施工现场污染，实现绿色施工的重要举措，国家和地方均相继出台了多项激励措施，已得到广泛应用。

预制保温墙板作为复合构件兼有结构、保温、防火、防水、装饰等作用，因此，进场验收需要检查型式检验报告，工厂预制过程中，施工单位和监理单位应进行检查、必要时进行驻场监督。构件进入施工现场后，需要进行进场验收，不合格的应退场处理；预制保温墙板施工现场堆放、运输和安装应编制专项方案。本条要求"采用预制保温墙板现场安装的墙体，保温墙板的结构性能、热工性能必须合格，与主体结构连接必须牢固；保温墙板板缝不得渗漏。"

预制保温墙板现场安装上下连接措施通常采用套筒灌浆，或者空腔纵肋浇筑混凝土等方式，在预制墙板的端部与现浇钢筋混凝土墙柱进行刚性连接。其安装应有专项施工方案，特别要注意冬期施工的影响，安装质量应满足设计和规范等相关要求，施工单位应进行安装全过程现场管理，监理单位应按规定开展旁站监理工作，留存影像资料，严格进行隐蔽验收，确保结构安全。

预制保温墙板现场安装两板接缝处，外叶板内侧应设计要求粘贴保温板，以满足外墙保温板整体保温效果。该部位因操作空间狭小，不便于工人施工，参建各方应更加重视质量验收工作，使用合格的保温材料，铺设到位，粘贴牢固，杜绝热桥隐患。

保温墙板板缝不得渗漏是保证使用功能的重要体现，该板缝的防水处理应有专项施工方案，方案中应明确材料性能，抹灰、PE 棒、打胶厚度及宽度、排水管设置等要求，施工质量既要美观又要保证防水效果。

板缝不得渗漏检查可按照扣除门窗洞口后的保温墙面面积，在 5000m² 以内时应检查 1 处，当面积每增加 5000m² 应增加 1 处，详见国家现行标准《建筑节能工程施工质量验收标准》GB 50411—2019 和《装配式混凝土结构技术规程》JGJ 1—2014。

【要点 11】外墙外保温工程中防火隔离带要求

【规范条文】

> 6.2.11 外墙外保温工程中防火隔离带，应符合下列规定：
>
> 1 防火隔离带保温材料应与外墙外保温组成材料相配套；
>
> 2 防火隔离带应采用工厂预制的制品现场安装，并应与基层墙体可靠连接，且应能适应外保温系统的正常变形而不产生渗透、裂缝和空鼓；防火隔离带面层材料应与外墙外保温一致；
>
> 3 外墙外保温系统的耐候性能试验应包含防火隔离带。

【要点解析】

防火隔离带主要作用是一旦发生火灾时会起到重要的隔离作用，阻止火焰蔓延，根据国内外的研究成果和实践检验，实际火灾发生时防火隔离带所受的高温在 1000℃左右，这样的高温若必须到达阻火传播效果，就要求其燃烧性能必须达到 A 级。

在现行国家标准《建筑设计防火规范》GB 50016—2014（2018 年版）第 6.7 节中明

确规定，当外墙保温系统采用 B_1 和 B_2 级保温材料时应在保温系统中每层设置水平防火隔离带。一般宽度为 $300\sim600\text{mm}$，防火隔离带是外墙外保温系统的主要组成部分，同样要进行耐候试验的检验。

一般 A 级保温材料的强度较 B_1、B_2 级保温材料较低，易变形破损，如岩棉、玻璃棉等。为保证隔离带材料的质量，减少破损、方便施工，本条明确要求工厂预制，制品现场安装，安装时确保与基层墙体可靠连接，且应能适应外保温系统的正常变形而不产生渗透、裂缝和空鼓。

因此，施工前应编制的专项施工方案应符合现行行业标准《建筑外墙外保温防火隔离带技术规程》JGJ 289—2012 的规定，并应制作隔离带施工样板，按合格的样板进行大面积施工。同时，为便于施工，防火隔离带面层材料应与外墙外保温一致。

【要点 12】外墙外保温热桥易出现部位要求

【规范条文】

> 6.2.12　外墙和毗邻不供暖空间墙体上的门窗洞口四周墙的侧面，以及墙体上凸窗四周的侧面，应按设计要求采取节能保温措施。严寒和寒冷地区外墙热桥部位，应采取隔断热桥措施，并对照图纸核查。

【要点解析】

外墙外保温基本理念是将所有外墙和毗邻不供暖空间墙体采用保温材料进行严密包裹，消除热桥，减少热损失。设计或者施工过程中，经常会出现保温遗漏地方，规范第 6.2.12 条特别强调了外墙和毗邻不供暖空间墙体上的门窗洞口四周墙的侧面，以及墙体上凸出外墙的部位的正面、侧面等全方位的保温，这些部位是节能设计标准中重点强调的部位，同时，由于阴阳角较多，也是施工比较复杂，重点加强的部位。如：门窗洞口侧面保温施工采取玻纤网翻包、阳角局部加强等措施，如处理不当，不仅易出现开裂破损脱落，而且还会影响节能效果。这些部位既要严格对照图纸检查，又要严格按照施工方案进行施工，并做好相应检查验收工作。

检验方法：对照设计和专项施工方案观察检查；核查隐蔽工程验收记录；使用红外热像仪检查。检查数量：隐蔽工程验收记录应全数检查。隔断热桥措施按不同种类，每种抽查 20%，且不少于 5 处。

【要点 13】屋面节能材料进场复验要求

【规范条文】

> 6.2.1　墙体、屋面和地面节能工程采用的材料、构件和设备施工进场复验应包括下列内容：

> 1 保温隔热材料的导热系数或热阻、密度、压缩强度或抗压强度、吸水率、燃烧性能（不燃材料除外）及垂直于板面方向的抗拉强度（仅限墙体）；
> ……
> 4 屋面反射隔热材料的太阳光反射比及半球发射率；
> ……

【要点解析】

1. 屋面节能工程的重要性

屋面在整个外围护结构面积中所占比例一般远小于外墙，但对于顶层房间而言，却是最大的外围护结构，如屋面保温隔热性能差，对顶层房间的室内热环境会造成严重影响，屋面节能工程主要是保温隔热，冬季保温减少建筑物的热损失和防止结露，夏季隔热降低建筑物对太阳辐射热的吸收，是节能工程的不可或缺组成部分，对屋面整体工程质量起着重要作用。

屋面防水无论是倒置还是正置，对于屋面保温材料均有导热系数、密度、吸水率要求，并承受一定的上部荷载的抗压强度要求。纤维材料做保温层时，应采取防止压缩的措施，屋面坡度较大时，保温层应采取防滑措施，封闭式保温层或保温层干燥有困难的卷材屋面，宜采取排汽构造措施。

屋面形式按热工特征可分为保温屋面和隔热屋面。屋面保温材料，一是板状材料：挤塑聚苯板（XPS 板）、聚氨酯保温板、酚醛树脂保温板，二是纤维材料：玻璃棉制品、岩棉；三是整体材料：喷涂硬泡聚氨酯、现场浇注泡沫混凝土。目前市场上存在的保温材料主要有 XPS 板、EPS 板、发泡混凝土、保温砂浆等。

2. 屋面保温材料进场复验

鉴于屋面节能工程的特性，本条明确屋面保温隔热材料要进行导热系数或热阻、密度、压缩强度或抗压强度、吸水率、燃烧性能（不燃材料除外）进场复验和反射隔热材料的太阳光反射比及半球发射率进场复验。

能否保证屋面节能工程质量和效果，把好节能保温材料的进场验收和复验关非常重要，施工单位和监理单位应严格按照相关规定开展保温隔热材料进场验收和复验工作，复验不合格的材料，不得用于正式工程，具体要求详见依据现行国家标准《屋面工程技术规范》GB 50345—2012 附录 B 屋面工程用防水及保温材料主要性能指标、《屋面工程质量验收规范》GB 50207—2012 附录 B 屋面保温材料检验项目和相关材料标准、《建筑节能工程施工质量验收标准》GB 50411—2019 第 7.2.1、7.2.2 条以及附录 A 建筑节能工程进场材料和复验项目。

进场复验取样数量应按屋面面积计算：同厂家、同品种产品，扣除天窗、采光顶后的屋面面积在 1000m² 以内时应复验 1 次；面积每增加 1000m² 应增加复验 1 次。同工程项目、同施工单位且同期施工的多个单位工程，可合并计算抽检面积。复验报告中导热系数或热阻、密度、燃烧性能必须在同一个报告中。

【要点 14】屋面节能保温隔热材料施工要求

【规范条文】

> 6.2.4 墙体、屋面和地面节能工程的施工质量，应符合下列规定：
>
> 1 保温隔热材料的厚度不得低于设计要求；
>
> ……

【要点解析】

屋面节能工程主要是屋面保温隔热层施工，施工单位应编制施工方案，监理单位编制监理实施细则。材料验收合格后，现场施工关键，施工过程中注意施工顺序、边口变形缝等位置的处理，防火隔离带的衔接，要保证保温隔热材料的施工位置到位、厚度不能低于设计要求，做好防雨及成品保护措施。主要要求如下：

1）屋面保温隔热层的敷设方式、厚度、缝隙填充质量及屋面热桥部位的保温隔热做法，应符合设计要求和有关标准的规定。板材应粘贴牢固、缝隙严密、平整；现场采用喷涂、浇注、抹灰等工艺施工的保温层，应按配合比准确计量、分层连续施工、表面平整、坡向正确。

2）屋面的通风隔热架空层，其架空高度、安装方式、通风口位置及尺寸应符合设计及有关标准要求。架空层内不得有杂物。架空面层应完整，不得有断裂和露筋等缺陷。

3）屋面隔汽层的位置、材料及构造做法应符合设计要求，隔汽层应完整、严密，穿透隔汽层处应采取密封措施。

4）坡屋面、架空屋面内保温应采用不燃保温材料，保温层做法应符合设计要求。

5）采用带铝箔的空气隔层做隔热保温屋面时，其空气隔层厚度、铝箔位置应符合设计要求。空气隔层内不得有杂物，铝箔应铺设完整。

6）坡屋面、架空屋面当采用内保温时，保温隔热层应设有防潮措施，其表面应有保护层，保护层的做法应符合设计要求。

以上 1～6 做法检验方法：观察、尺量检查。检查数量：每个检验批抽查 3 处，每处 $10m^2$。

7）采用有机类保温隔热材料的屋面，防火隔离措施应符合设计和现行国家标准《建筑设计防火规范》GB 50016—2014（2018 年版）的规定。

8）反射隔热屋面的颜色应符合设计要求，色泽应均匀一致，没有污迹，无积水现象。

以上 7～8 做法检验方法：观察检查。检查数量：全数检查。

具体施工方案及措施详见现行国家标准《屋面工程技术规范》GB 50345—2012 第 5.3 节的要求，施工质量及验收详见《屋面工程质量验收规范》GB 50207—2012 第 5 章和《建筑节能工程施工质量验收标准》GB 50411—2019 第 7 章的规定。

【要点 15】地面节能材料进场复验要求

【规范条文】

> 6.2.1 墙体、屋面和地面节能工程采用的材料、构件和设备施工进场复验应包括下列内容：
>
> 1 保温隔热材料的导热系数或热阻、密度、压缩强度或抗压强度、吸水率、燃烧性能（不燃材料除外）及垂直于板面方向的抗拉强度（仅限墙体）；
>
> ……

【要点解析】

1. 地面节能工程的重要性

地面节能工程是指建筑工程中接触土壤或室外空气的地面、毗邻不供暖空间的地面，以及与土壤接触的地下室外墙等工程的节能。

地面节能部位主要涉及四类：建筑工程中接触土壤地面（无地下室首层地面）或室外空气的地面（架空或者挑空地面）、毗邻不供暖空间的地面（不供暖地下室顶板、不供暖车库顶板等），以及与土壤接触的供暖地下室外墙（冻土层影响深度部分），及上下楼层保温隔热。

这四类情况对于整栋楼体来讲是非围护结构，但对于房间来说地面就是热损失的关键部位，因此，必须重视。其保温隔热材料除导热系数或热阻、密度、吸水率、燃烧性能外，还必须考虑长期承受上部荷载的作用，即对保温隔热材料的压缩强度或抗压强度的要求。地面保温材料对强度要求较高，一般为 XPS 板、泡沫混凝土。

2. 地面节能保温隔热材料进场复验要求

基于地面工程对节能保温隔热材料要求的特点，规范第 6.2.1 条明确了地面节能材料施工进场复验的项目：保温隔热材料的导热系数或热阻、密度、压缩强度或抗压强度、吸水率、燃烧性能（不燃材料除外）。

进场材料验收和复验见证取样要求参见《建筑节能工程施工质量验收标准》GB 50411—2019 第 8.2.2 条的规定。"同厂家、同品种产品，地面面积在 1000m² 以内时应复验 1 次；面积每增加 1000m² 应增加 1 次。同工程项目、同施工单位且同期施工的多个单位工程，可合并计算抽检面积。""复验报告中导热系数或热阻、密度、燃烧性能必须在同一个报告中"。

由于地面保温材料上部承受一定的荷载，在使用过程中会长期处在受压状态，因此，要特别关注地面保温材料的压缩强度或抗压强度，该项指标必须满足设计等要求。

【要点 16】地面节能材料施工要求

【规范条文】

> 6.2.4　墙体、屋面和地面节能工程的施工质量，应符合下列规定：
> 1　保温隔热材料的厚度不得低于设计要求；
> ……

【要点解析】

　　地面节能工程施工单位应编制专项施工方案，监理单位编制监理实施细则。材料验收合格后，现场施工关键，施工过程中注意施工顺序、要保证保温隔热材料的施工位置到位、接缝严密、厚度不能低于设计要求，并做好防雨及成品保护措施。施工质量要求和质量验收详见《建筑节能工程施工质量验收标准》GB 50411—2019 第 8 章地面节能工程的规定。泡沫混凝土施工还需满足现行行业标准《泡沫混凝土应用技术规程》JGJ/T 341—2014 的规定。采用地面辐射供暖的工程，其地面节能做法应符合设计要求和现行行业标准《辐射供暖供冷技术规程》JGJ 142—2012 的规定。主要要求如下：

　　1）地面节能工程的施工，应在基层质量验收合格后进行。施工过程中应及时进行质量检查、隐蔽工程验收和检验批验收，施工完成后应进行地面节能分项工程验收。

　　2）地面节能工程应对下列部位进行隐蔽工程验收，并应有详细的文字记录和必要的图像资料：基层及其表面处理、保温材料种类和厚度、保温材料粘结、地面热桥部位处理。

　　3）地下室顶板和架空楼板底面的保温隔热材料应符合设计要求，并应粘贴牢固。检验方法：观察检查，核查质量证明文件。检查数量：每个检验批应抽查 3 处。

　　4）地面保温层、隔离层、保护层等各层的设置和构造做法应符合设计要求，并应按专项施工方案施工。检验方法：对照设计和专项施工方案观察检查；尺量检查。检查数量：每个检验批抽查 3 处，每处 $10m^2$。

　　5）地面节能工程的施工质量应符合下列规定：保温板与基层之间、各构造层之间的粘结应牢固，缝隙应严密；穿越地面到室外的各种金属管道应按设计要求采取保温隔热措施。检验方法：观察检查；核查隐蔽工程验收记录。检查数量：每个检验批抽查 3 处，每处 $10m^2$；穿越地面的金属管道全数检查。

　　6）有防水要求的地面，其节能保温做法不得影响地面排水坡度，防护面层不得渗漏。检验方法：观察、尺量检查，核查防水层蓄水试验记录。检查数量：全数检查。

　　7）严寒和寒冷地区，建筑首层直接接触土壤的地面、底面直接接触室外空气的地面、毗邻不供暖空间的地面以及供暖地下室与土壤接触的外墙应按设计要求采取保温措施。检验方法：观察检查，核查隐蔽工程验收记录。检查数量：全数检查。

　　8）保温层的表面防潮层、保护层应符合设计要求。检验方法：观察检查，核查隐蔽工程验收记录。检查数量：全数检查。

9）采用地面辐射供暖的工程，其地面节能做法应符合设计要求和现行行业标准《辐射供暖供冷技术规程》JGJ 142—2012 的规定。检验方法：观察检查，核查隐蔽工程验收记录。检查数量：每个检验批抽查 3 处。

10）接触土壤地面的保温层下面的防潮层应符合设计要求。检验方法：观察检查，核查隐蔽工程验收记录。检查数量：每个检验批抽查 3 处。

质量验收除现行国家标准《建筑节能工程施工质量验收标准》GB 50411—2019 外，还应满足《建筑地面工程施工质量验收规范》GB 50209—2010 的要求。

【要点 17】建筑幕墙节能材料、构件进场复验要求

【规范条文】

6.2.2 建筑幕墙（含采光顶）节能工程采用的材料、构件和设备施工进场复验应包括下列内容：

1 保温隔热材料的导热系数或热阻、密度、吸水率及燃烧性能（不燃材料除外）；

2 幕墙玻璃的可见光透射比、传热系数、太阳得热系数及中空玻璃的密封性能；

3 隔热型材的抗拉强度及抗剪强度；

4 透光、半透光遮阳材料的太阳光透射比及太阳光反射比。

【要点解析】

1. 幕墙节能工程的重要性

随着城市建设的现代化，越来越多的建筑使用建筑幕墙，建筑幕墙可分为透光幕墙和非透光幕墙。作为建筑的外围护结构，其热工性能直接影响建筑能耗，特别玻璃幕墙兼有抗风压、采光、通风、保温隔热、隔声等使用功能，在美观、漂亮的同时，也带容易来了能耗大、气密和水密性差、光污染等问题。

建筑幕墙设计和施工属于专项设计和施工，即从事建筑幕墙的设计单位和施工单位应分别具有建筑幕墙专项设计资质和专项施工资质，按资质范围承揽任务。施工单位应编制幕墙施工专项方案，监理单位应编制监理实施细则。

玻璃幕墙属于透光幕墙，对于透光幕墙，建筑的节能设计标准中对其有遮阳系数、传热系数、可见光透射比、气密性能等相关要求。为保证幕墙的正常使用功能，在热工方面对玻璃幕墙还有抗结露、通风换气等要求。由于采光屋面（采光顶）与玻璃幕墙在节能需求方面基本相同，也有传热系数、遮阳系数、气密性能、可见光透射比等指标要求，因而采光屋面也应纳入建筑幕墙节能工程验收的范围。

金属幕墙、石材幕墙、人造板材幕墙等都属于非透光幕墙。对于非透光幕墙，建筑节能的指标要求主要是传热系数。但同时，考虑到建筑所在的气候区及建筑功能属性问题，还需要在热工性能方面有相应要求，避免幕墙内部或室内表面出现结露现象等。

2. 幕墙材料、构件进场复验要求

本条明确了直接影响建筑幕墙主要节能材料复验的具体项目。幕墙保温隔热材料导热系数（热阻）是非常重要的节能指标，其系数的大小和密度有直接关系，密度越大热阻越大。另外，影响热阻的一个指标是吸水率，吸水率越大热阻越小，不利于幕墙保温节能，因此对于保温隔热材料不仅对吸水率有要求，在运输、使用当中也应做好成品保护，不能增加吸水率。

玻璃幕墙隔热型材一般是指隔热铝型材，由铝型材和尼龙隔热条构成，利用隔热条将铝合金型材分隔成两个部分，通常采用注胶隔热技术和穿条技术加工而成。隔热条主要承担剪力和剪切变形，是隔热型材满足力学要求的关键材料，本条规定要求对隔热型材进行抗拉强度及抗剪强度复验。

玻璃幕墙设计应满足国家现行标准《建筑幕墙》GB/T 21086—2007、《建筑幕墙、门窗通用技术条件》GB/T 31433—2015、《玻璃幕墙工程技术规范》JGJ 102—2003 等要求。

进场验收和见证复验取样数量参见《建筑节能工程施工质量验收标准》GB 50411—2019 第 5.2.2 条。主要要求，同厂家、同品种产品，幕墙面积在 3000m² 以内时应复验 1 次；面积每增加 3000m² 应增加 1 次。同工程项目、同施工单位且同期施工的多个单位工程，可合并计算抽检面积。复验报告中导热系数或热阻、密度、燃烧性能必须在同一个报告中。

中空玻璃密封性能检验样品应从工程使用的玻璃中随机抽取，每组应抽取检验的产品规格中 10 个样品。以中空玻璃内部是否出现结露现象为判定合格的依据，中空玻璃内部不出现结露为合格。所有中空玻璃抽取的 10 个样品均不出现结露即应判定为合格。

玻璃幕墙主要检测标准如下：

1）保温隔热材料的导热系数或热阻、密度、吸水率及燃烧性能（不燃材料除外）。检测依据：现行国家标准《建筑材料及制品燃烧性能分级》GB 8624—2012 及相应材料标准。如《建筑用岩棉绝热制品》GB/T 19686—2015、《绝热用岩棉、矿渣棉及其制品》GB/T 11835—2016、《绝热用模塑聚苯乙烯泡沫塑料（EPS）》GB/T 10801.1—2021、《绝热用挤塑聚苯乙烯泡沫塑料（XPS）》GB/T 10801.2—2018 等。

2）幕墙玻璃的可见光透射比、传热系数、太阳得热系数及中空玻璃的密封性能。检测依据：现行国家标准《建筑玻璃 可见光透射比、太阳光直接透射比、太阳能总透射比、紫外线透射比及有关窗玻璃参数的测定》GB/T 2680—2021、《中空玻璃》GB/T 11944—2012。

3）隔热型材的抗拉强度及抗剪强度。检测依据：国家现行标准《铝合金建筑型材》GB/T 5237.1—2017～GB/T 5237.6—2017 及《玻璃幕墙工程技术规范》JGJ 102—2003 的规定。

4）透光、半透光遮阳材料的太阳光透射比及太阳光反射比。检测依据：现行国家标准《建筑玻璃 可见光透射比、太阳光直接透射比、太阳能总透射比、紫外线透射比及有关窗玻璃参数的测定》GB/T 2680—2021。

【要点18】玻璃幕墙工程的施工质量要求

【规范条文】

> 6.2.13 建筑门窗、幕墙节能工程应符合下列规定：
> ⋯⋯
> 2 门窗关闭时，密封条应接触严密；
> 3 建筑幕墙与周边墙体、屋面间的接缝处应采用保温措施，并应采用耐候密封胶等密封。

【要点解析】

1. 门窗关闭时，密封条应接触严密

幕墙一般设计有通风窗，首层等部位设计有开启门，门窗扇关闭时应保证气密、水密和隔声达到设计要求，密封条的接触紧密是关键。使用中，经常出现由于断裂、收缩、低温变硬、关闭不严等缺陷造成门窗渗水、漏气，所以本条特别指出密封条应接触严密。这就要求门窗关闭时密封条应能保持被压缩的状态，涉及门窗机械锁定质量，更涉及密封条材质和安装质量。密封条应镶嵌牢固、位置正确、对接严密。施工质量详见现行行业标准《玻璃幕墙工程技术规范》JGJ 102—2003 第 10 章。

门窗的密封条经常采用的品种有三元乙丙橡胶、氯丁橡胶条、硅橡胶条等。材料性能应符合国家现行标准《建筑门窗、幕墙用密封胶条》GB/T 24498—2009、《建筑门窗复合密封条》JG/T 386—2012、《中空玻璃用复合密封胶条》JC/T 1022—2007 的要求。

检验的内容：质量证明文件，且包括物理性能检测报告；现场观察检查密封条的外观和窗扇安装的质量。质量：观察密封条的安装是否符合要求，安装是否牢固，接头处是否开裂，关闭后密封条是否处于压缩状态或与型材紧密接触。

幕墙气密性指标应符合《建筑节能工程施工质量验收标准》GB 50411—2019 第 5.2.3 条幕墙的气密性能应符合设计规定的等级要求。现场观察及启闭检查按 GB 50411—2019 第 3.4.3 条的规定抽检。必要时做淋水试验，确保气密、水密质量。

检验方法：观察检查，开启部分启闭检查。核查隐蔽工程验收记录。当幕墙面积合计大于 3000m² 或幕墙面积占建筑外墙总面积超过 50%时，应核查幕墙气密性检测报告。

2. 建筑幕墙接缝处保温、密封措施

幕墙周边与墙体、屋面接缝一般长度较长、受预留洞口和施工质量影响，宽窄不一，使用保温对缝隙封堵和打胶的质量重视不够，出现结露、漏风、漏水等保温性差、气密性、水密性问题，该部位是影响幕墙节能功能关键部位，也是施工的薄弱部位。因此，设计应充分考虑幕墙的特殊性，采用保温隔热、耐久性好的材料进行保温封堵，使用耐候胶进行封闭处理。通规第 6.2.13 条对施工质量进行了明确要求。

《建筑节能工程施工质量验收标准》GB 50411—2019 第 5.3.3 条幕墙与周边墙体、屋面间的接缝处应按设计要求采用保温措施，并应采用耐候密封胶等密封。建筑伸缩缝、沉降缝、抗震缝处的幕墙保温或密封做法应符合设计要求。严寒、寒冷地区当采用非闭孔保温材料时，应有完整的隔气层。

因此，幕墙与周边接缝保温和密封施工必须作为薄弱环节严格按图纸和施工方案进行（承包方宜进行深化设计），严格进行工序、验收批验收，留存必要的隐检影像资料，确保质量。施工和验收详见现行国家标准《建筑幕墙》GB/T 21086—2007、《建筑幕墙、门窗通用技术条件》GB/T 31433—2015、《玻璃幕墙工程技术规范》JGJ 102—2003、《建筑节能工程施工质量验收标准》GB 50411—2019 等标准的要求。在有关规定验收的基础上，应做淋水试验，确保气密性、水密性符合要求。

【要点 19】建筑门窗进场复验要求

【规范条文】

6.2.3 门窗（包括天窗）节能工程施工采用的材料、构件和设备进场时，除核查质量证明文件、节能性能标识证书、门窗节能性能计算书及复验报告外，还应对下列内容进行复验：

1 严寒、寒冷地区门窗的传热系数及气密性能；

2 夏热冬冷地区门窗的传热系数、气密性能，玻璃的太阳得热系数及可见光透射比；

3 夏热冬暖地区门窗的气密性能，玻璃的太阳得热系数及可见光透射比；

4 严寒、寒冷、夏热冬冷和夏热冬暖地区透光、部分透光遮阳材料的太阳光透射比、太阳光反射比及中空玻璃的密封性能。

【要点解析】

1. 门窗节能工程的重要性

门窗是建筑的开口，是建筑与室外交流、沟通的重要通道，也是满足建筑采光、通风要求的重要功能部件。门窗的种类：金属门窗、塑料门窗、木门窗、各种复合门窗、特种门窗及天窗等。很明显，在节能方面，门窗的传热系数远高于墙体，所以门窗面积的增加肯定会增加能耗；另一方面，太阳光可以通过门窗玻璃直接进入室内，会增加夏季空调的负荷，增大能耗。门窗面积一般占外围护展开面积的 30% 以上，对于追求采光的现代建筑，比例会更高，因此，门窗节能工程是影响建筑节能效果的重要工程。

依据现行国家标准《民用建筑热工设计规范》GB 50176—2016 建筑外门窗水密性能分为 6 级、气密性能分为 8 级、抗风性能分为 9 级，级别越高，性能越好。

2. 外门窗材料进场复验

本条规定"除核查质量证明文件、节能性能标识证书、门窗节能性能计算书及复验报告外"，根据不同的气候地区特别明确了门窗节能工程的复验项目内容。

1）严寒、寒冷地区：门窗的传热系数、气密性能。

2）夏热冬冷地区：门窗的传热系数气密性能，玻璃的遮阳系数、可见光透射比。

3）夏热冬暖地区：门窗的气密性能，玻璃的遮阳系数、可见光透射比。

4）严寒、寒冷、夏热冬冷和夏热冬暖地区：透光、部分透光遮阳材料的太阳光透射比、太阳光反射比，中空玻璃的密封性能。

进场检验方法：具有国家建筑门窗节能性能标识的门窗产品，验收时应对照标识证书和计算报告，核对相关的材料、附件、节点构造，复验玻璃的节能性能指标（即可见光透射比、太阳得热系数、传热系数、中空玻璃的密封性能），可不再进行产品的传热系数和气密性能复验。应核查标识证书与门窗的一致性，核查标识的传热系数和气密性能等指标，并按门窗节能性能标识模拟计算报告核对门窗节点构造。中空玻璃密封性能复验同幕墙中空玻璃。

进场检查数量：质量证明文件、复验报告和计算报告等全数核查；按同厂家、同材质、同开启方式、同型材系列的产品各抽查一次；对于有节能性能标识的门窗产品，复验时可仅核查标识证书和玻璃的检测报告。同工程项目、同施工单位且同期施工的多个单位工程，可合并计算抽检数量。

进场复验主要要求：尽可能在一组试件完成，以减少抽样产品的样品成本。门窗抽样后可以先检测中空玻璃密封性能，3 樘窗一般会有 9 块玻璃。如果不足 10 块，可以多抽 1樘。然后检测气密性能（3 樘），再检测传热系数（1 樘），检测玻璃得阳系数和玻璃传热系数则可在门窗上进行玻璃取样检测。

3. 外门窗复验检测依据

气密性能、水密性能、抗风压性能的检验应符合现行国家标准《建筑外门窗气密、水密、抗风压性能检测方法》GB/T 7106—2019 的规定。

保温性能的检验应符合现行国家标准《建筑外门窗保温性能检测方法》GB/T 8484—2020 的规定。

空气声隔声性能的检验应符合现行国家标准《建筑门窗空气声隔声性能分级及检测方法》GB/T 8485—2008 的规定。

采光性能检验应符合现行国家标准《建筑外窗采光性能分级及检测方法》GB/T 11976—2015 的规定。

中空玻璃露点的检验应符合现行国家标准《中空玻璃》GB/T 11944—2012 的规定。

可见光透射比的检验应符合现行国家标准《建筑玻璃　可见光透射比、太阳光直接透射比、太阳能总透射比、紫外线透射比及有关窗玻璃参数的测定》GB/T 2680—2021 的规定。

遮阳系数的检验应按现行国家现行标准《建筑玻璃　可见光透射比、太阳光直接透射比、太阳能总透射比、紫外线透射比及有关窗玻璃参数的测定》GB/T 2680—2021 的规定测定门窗单片玻璃太阳光光谱透射比、反射比等参数，并应按现行行业标准《建筑门窗玻璃幕墙热工计算规程》JGJ/T 151—2008 的规定计算夏季标准条件下外窗遮阳系数。

【要点 20】建筑门窗节能工程的施工质量要求

【规范条文】

6.2.13　建筑门窗、幕墙节能工程应符合下列规定：

> 1 外门窗框或附框与洞口之间、窗框与附框之间的缝隙应有效密封;
>
> 2 门窗关闭时,密封条应接触严密;
>
> ......

【要点解析】

1. 外门窗的密封要求

外门窗的固定不牢、与墙体产生裂缝、密封胶开裂脱落,出现透风、漏水、冷凝水和霉点等现象经常发生,多年来一直是用户投诉的热点,也是施工过程中质量控制的难点。因此,本条要求对外门窗框或附框与洞口之间、窗框与附框之间的缝隙应有效密封对建筑门窗气密性、水密性的基本要求。特别强调的是外门窗安装的两个缝隙:门框(附框)与洞口、门窗框与附框之间的缝隙。

主要原因是施工过程中存在质量和安全隐患。一是外门窗框或附框与洞口之间未按保温和防水要求进一步进行深化设计;二是门窗洞口预留洞尺寸偏差较大,造成门窗框与洞口、与附框之间的缝隙经常出现宽窄不一,大小不均匀,门窗框与洞口固定牢固性差,缝隙处理使用材料和方法不符合要求。经常是填充闭孔发泡保温材料,个别缝隙大的用碎砖填充,易存在不连续、不密实、不均匀现象。三是未按要求留置打胶槽,密封胶仅为八字形,未与基层进行有效嵌固,且宽窄不一、厚度不均匀,产生防水质量隐患。四是施工组织混乱,未严格按设计和方案施工等。设计有金属窗套的,还应严格按设计要求进行固定、保温和防水施工,必要时采用防水透气膜和隔汽膜进行防水处理。

2. 门窗关闭时,密封条应接触严密

门窗扇关闭时应保证气密、水密和隔声达到设计要求,密封条的接触紧密是关键。使用中,经常出现由于断裂、收缩、低温变硬、关闭不严等缺陷造成门窗渗水、漏气,所以本条特别指出密封条应接触严密。这就要求门窗关闭时密封条应能保持被压缩的状态,涉及门窗机械锁定质量,更涉及密封条材质和安装质量。密封条应镶嵌牢固、位置正确、对接严密。施工质量详见现行行业标准《玻璃幕墙工程技术规范》JGJ 102—2003 第 10 章。

门窗的密封条经常采用的品种有三元乙丙橡胶、氯丁橡胶条、硅橡胶条等。应满足现行国家标准《建筑门窗、幕墙用密封胶条》GB/T 24498—2009、《建筑门窗复合密封条》JG/T 386—2012、《中空玻璃用复合密封胶条》JC/T 1022—2007 的要求。

主要检验的内容:质量证明文件,且包括物理性能检测报告。主要质量检查的内容:现场观察检查密封条的外观和窗扇安装的质量,观察密封条的安装是否符合要求,安装是否牢固,接头处是否开裂,关闭后密封条是否处于压缩状态或与型材紧密接触。

【要点 21】围护结构节能工程现场实体检验要求

【规范条文】

> 6.2.14 建筑围护结构节能工程施工完成后,应进行现场实体检验,并符合下

列规定：

　　1　应对建筑外墙节能构造包括墙体保温材料的种类、保温层厚度和保温构造做法进行现场实体检验。

　　2　下列建筑的外窗应进行气密性能实体检验：

　　1）严寒、寒冷地区建筑；

　　2）夏热冬冷地区高度大于或等于 24m 的建筑和有集中供暖或供冷的建筑；

　　3）其他地区有集中供冷或供暖的建筑。

【要点解析】

1. 现场实体检验是验证节能工程质量的有效手段

建筑节能围护结构外墙保温和外窗是影响节能效果的两大关键因素，在严寒和寒冷地区，外窗的空气渗透热损失和外墙的传热热损失甚至约占到了建筑物能耗全部损失的 50％。围护结构节能施工一般在高空作业，工作地点分散，施工人员操作技术水平参差不齐，随时隐蔽的工序较多，虽然在施工过程中采取了多种质量控制手段，但是其实际质量和节能效果到底如何，需要进行实体检验进行确认。

本条规定了对建筑围护结构外墙保温材料的种类、保温层厚度和保温构造和部分地区的外窗气密性进行现场实体检验。通规要求检验应为现场实体检验，检验项目 2 个：围护墙保温层节能构造、建筑物外窗气密性。检验时间为建筑围护结构节能工程施工完成后，节能分部工程验收前。现场实体检验应由监理工程师见证，由建设单位委托有资质的检测机构实施，也可以在监理工程师见证下，由施工单位实施。

现场实体检验的抽样数量应按单位工程进行，抽样数量的方法：一种是可以在合同中约定，另一种是本标准规定的最低数量。最低数量是外墙节能构造实体检验，每种节能构造的外墙检验不得少于 3 处，每处检查一个点；外窗气密性能现场实体检验应按单位工程进行，每种材质、开启方式、型材系列的外窗检验不得少于 3 樘。

具体检验方法及数量详见《建筑节能工程施工质量验收标准》GB 50411—2019 第 17.1 节　围护结构现场实体检验相关规定。

2. 钻芯取样现场检验要求

建筑外墙节能构造的现场实体检验应包括墙体保温材料的种类、保温层厚度和保温构造做法。检验应在监理工程师见证下实施。钻芯检验外墙节能构造的取样部位和数量，应符合下列规定：取样部位应由检测人员随机抽样确定，不得在外墙施工前预先确定；取样部位应选取节能构造有代表性的外墙上相对隐蔽的部位，并宜兼顾不同朝向和楼层；外墙取样数量为一个单位工程每种节能保温做法至少取 3 个芯样。取样部位宜均匀分布，不宜在同一个房间外墙上取 2 个或 2 个以上芯样。外墙取样部位的修补，可采用聚苯板或其他保温材料制成的圆柱形塞填充并用建筑密封胶密封。修补后宜在取样部位挂贴注有"外墙节能构造检验点"的标志牌。

检验方法详见《建筑节能工程施工质量验收标准》GB 50411—2019 附录 F 外墙节能构造钻芯检验方法。

3. 外门窗现场检测要求

外窗气密性现场检验应当在建筑外窗安装完成后，由建设单位委托具有相应资质的检测机构进行外窗气密性性能指标现场实体检测，详见现行行业标准《建筑门窗工程检测技术规程》JGJ/T 205—2010 第 7 部分"门窗工程性能现场检测"。外窗空气隔声性能的检测应符合现行国家标准《声学 建筑和建筑构件隔声测量 第 5 部分：外墙构件和外墙空气声隔声的现场测量》GB/T 19889.5—2006 的有关规定。检测结果应给出是否符合设计要求或者按照现行国家标准《建筑外门窗气密、水密、抗风压性能检测方法》GB/T 7106—2019 确定检测分级指标值。

外窗气密性能现场实体检验数量应按单位工程进行，每种材质、开启方式、型材系列的外窗检验不得少于 3 樘。同工程项目、同施工单位且同期施工的多个单位工程，可合并计算建筑面积；每 $30000m^2$ 可视为一个单位工程进行抽样，不足 $30000m^2$ 也视为一个单位工程。

4. 检测结果判定与处理

当外墙节能构造或外窗气密性能现场实体检验结果不符合设计要求和标准规定时，应委托有资质的检测机构扩大一倍数量抽样，对不符合要求的项目或参数进行再次检验。仍然不符合要求时应给出"不符合设计要求"的结论，并应符合下列规定：

1）对于不符合设计要求的围护结构节能构造应查找原因，对因此造成的建筑节能的影响程度进行计算或评估，采取技术措施予以弥补或消除后重新进行检测，合格后方可通过验收。

2）对于建筑外窗气密性能不符合设计要求和国家现行标准规定的，应查找原因，经过整改使其达到要求后重新进行检测，合格后方可通过验收。

详见《建筑节能工程施工质量验收标准》GB 50411—2019 第 17.1.8 条的规定。

【要点 22】供暖通风空调节能材料构件设备进场复试要求

【规范条文】

6.3.1 供暖通风空调系统节能工程采用的材料、构件和设备施工进场复验应包括下列内容：

1 散热器的单位散热量、金属热强度；

2 风机盘管机组的供冷量、供热量、风量、水阻力、功率及噪声；

3 绝热材料的导热系数或热阻、密度、吸水率。

【要点解析】

1. 供暖通风与空调节能工程重要性

供暖系统的基本工作原理：低温热媒在热源中被加热，吸收热量后，变为高温热媒（高温水或蒸汽），经输送管道送往室内，通过散热设备放出热量，使室内的温度升高；散热后温度降低，变成低温热媒（低温水），再通过回收管道返回热源，进行循环使用。如此不断循环，从而不断将热量从热源送到室内，以补充室内的热量损耗，使室内保持一定的温度。供暖系统由热源（热媒制备）、热循环系统（管网或热媒输送）及散热设备（热媒利用）三个主要部分组成。

通风空调由通风系统和空调系统组成。通风系统由送排风机、风道、风道部件、消声器等组成。空调系统由空调冷热源、空气处理机、空气输送管道输送与分配，以及空调对室内温度、湿度、气流速度及清洁度的自动控制和调节等组成。

供暖通风与空调节能工程涉及的材料和设备比较多，本条对散热器、风机盘管机组、绝热材料三种材料和设备的复验内容进行了要求，主要是该三种材料和设备用量较多，质量控制难度比较大，特别是散热器的单位散热量、金属热强度；风机盘管的供冷量、供热量、风量、噪声、功率、水阻力；绝热材料的导热系数、材料密度、吸水率等技术性能是节能过程中重要的参数，是否符合设计要求，会直接影响供暖、通风与空调节能工程的节能效果和运行的可靠性。

2. 散热器进场复验要求

供暖节能工程使用的散热设备、热计量装置、温度调控装置、自控阀门、仪表、保温材料等产品应首先进行进场验收，验收结果应经监理工程师检查认可，且应形成相应的验收记录。各种材料和设备的质量证明文件与相关技术资料应齐全，并应符合设计要求和国家现行有关标准的规定。检验方法：观察、尺量检查，核查质量证明文件。在散热器在进场验收合格后，应对其热工等技术性能参数进行复验，复验应为见证取样检验，主要复验项目：散热器的单位散热量、金属热强度；复验要求详见《建筑节能工程施工质量验收标准》GB 50411—2019 第 9.2.2 条的规定。主要要求如下：

检查数量：同厂家、同材质的散热器，数量在 500 组及以下时，抽检 2 组；当数量每增加 1000 组时应增加抽检 1 组。同工程项目、同施工单位且同期施工的多个单位工程可合并计算。"同厂家、同材质的散热器"，是指由同一个生产厂家生产的相同材质的散热器。在同一单位工程对散热器进行抽检时，应包含不同结构形式、不同长度（片数）的散热器，检验抽样样本应随机抽取，满足分布均匀、具有代表性的要求。

3. 通风与空调节能材料设备进场验收要求

通风与空调节能工程使用的设备、管道、自控阀门、仪表、绝热材料等产品同样应首先进行进场验收，并应对产品的技术性能参数和功能进行核查。验收与核查的结果应经监理工程师检查认可，且应形成相应的验收记录。各种材料和设备的质量证明文件与相关技术资料应齐全，并应符合设计要求和国家现行有关标准的规定。主要材料设备如下：

1）组合式空调机组、柜式空调机组、新风机组、单元式空调机组及多联机空调系统室内机等设备的供冷量、供热量、风量、风压、噪声及功率，风机盘管的供冷量、供热量、风量、出口静压、噪声及功率。

2）风机的风量、风压、功率、效率。

3）空气能量回收装置的风量、静压损失、出口全压及输入功率；装置内部或外部漏风率、有效换气率、交换效率、噪声。

4）阀门与仪表的类型、规格、材质及公称压力。

5）成品风管的规格、材质及厚度。

6）绝热材料的导热系数、密度、厚度、吸水率。

检验方法详见《建筑节能工程施工质量验收标准》GB 50411—2019 第 10.2.1 条的规定。

4. 风机盘管机组和绝热材料进场复验要求

通风与空调节能工程中风机盘管机组和绝热材料的用量较多，且其供冷量、供热量、风量、出口静压、噪声、功率、水阻力及绝热材料的导热系数、材料密度、吸水率等技术性能参数是否符合设计要求，会直接影响通风与空调节能工程的节能效果和运行的可靠性。因此，通风与空调节能工程使用的设备、管道、自控阀门、仪表、绝热材料等产品在进场验收合格的基础上，按本条要求应对以下项目进行复验：

1）风机盘管机组的供冷量、供热量、风量、水阻力、功率及噪声。

2）绝热材料的导热系数或热阻、密度、吸水率。

《风机盘管机组》GB/T 19232—2019 对风机盘管的分类有：按特征分有单盘管、双盘管；按安装形式分有明装、暗装；按结构形式分有立式、卧式、卡式及壁挂式。

风机盘管应按不同结构形式进行抽检复验。详见《建筑节能工程施工质量验收标准》GB 50411—2019 第 10.2.2 条的规定。主要要求如下：检验方法：核查复验报告。检查数量：按结构形式抽检，同厂家的风机盘管机组数量在 500 台及以下时，抽检 2 台；每增加1000 台时应增加抽检 1 台。同工程项目、同施工单位且同期施工的多个单位工程可合并计算。同厂家、同材质的绝热材料，复验次数不得少于 2 次。

【要点 23】空调与供暖系统安装质量要求

【规范条文】

> 6.3.4 空调与供暖系统水力平衡装置、热计量装置及温度调控装置的安装位置和方向应符合设计要求，并应便于数据读取、操作、调试和维护。

【要点解析】

空调与供暖系统水力平衡装置包括平衡阀、自力式压差控制阀、电动调节阀等；热计量装置包括热量表、流量计、温度计等；温度调控装置包括散热器恒温阀、温控阀等。这些装置都是进行节能调控和计量的重要设备，其安装位置和方向对调控效果和计量的准确性都至关重要。

水力平衡装置，通过对系统水力分布的设定与调节，实现系统的水力平衡，保证获得预期的空调和供热效果；冷（热）量计量装置，是实现量化管理、节约能源的重要手段，按照用冷、热量的多少来计收空调和供暖费用，既公平合理，又有利于提高用户的节能意识。供热计量自动控制装置能够根据室外温度调节系统供热量，充分利用自由热实现系统节能，常见的供热计量自动控制装置包括气候补偿器。自控阀门和仪表，是实现系统节能运行的必要装置。当空调负荷发生变化时，可以通过调节电动两通调节阀的开度，使空调冷水系统实现变流量节能运行。

具体应用上，有些工程为了降低造价，不考虑日后的节能运行和减少运行费用等问题，未经设计人员同意，就擅自去掉一些自控阀门与仪表，或将自控阀门更换为不具备主动节能功能的手动阀门，或将平衡阀、热计量装置去掉；有的工程虽然安装了自控阀门与仪表，但是其进、出口方向和安装位置却不符合产品及设计要求。这些不良做法，导致了空调与供暖水系统的水力失调，无法进行节能运行和冷（热）量计量，能耗及运行费用大大增加。

为避免上述现象的发生，本条明确要求，应严格按照设计图纸进行安装，且安装位置正确，便于操作、调试、观察、读取和维护。

【要点 24】分户温度调控装置和热计量装置要求

【规范条文】

> 6.3.5 供暖系统安装的温度调控装置和热计量装置，应满足分室（户或区）温度调控、热计量功能。

【要点解析】

供暖系统安装的温度调控装置和热计量装置是实现量化管理，节约能源的重要手段。温度调控和热量计量，一方面是为了通过对各场所室温的调节达到舒适度要求；另一方面是为了通过调节室温而达到节能的目的。

对有分栋、分室（区）热计量要求的建筑物，要求其供暖系统安装完毕后，能够通过热量计量装置实现热计量。温度调控装置和热计量装置安装时，应实现设计要求的分户或分室（区）温度调控、楼栋热计量等功能；安装完毕后，应通过观察检查、核查调试报告，进行全数核查。

供暖系统的安装主要要求：供暖系统的形式应符合设计要求；散热设备、阀门、过滤器、温度、流量、压力等测量仪表应按设计要求安装齐全，不得随意增减或更换；水力平衡装置、热计量装置、室内温度调控装置的安装位置和方向应符合设计要求，并便于数据读取、操作、调试和维护。散热器及其安装应每组散热器的规格、数量及安装方式应符合设计要求；散热器外表面应刷非金属性涂料。散热器恒温阀及其安装规格、数量应符合设计要求；明装散热器恒温阀不应安装在狭小和封闭空间，其恒温阀阀头应水平安装并远离发热体，且不应被散热器、窗帘或其他障碍物遮挡。暗装散热器恒温阀的外置式温度传感器，应安装在空气流通且能正确反映房间温度的位置上。

【要点 25】低温送风系统漏风量检测要求

【规范条文】

> 6.3.6 低温送风系统风管安装过程中，应进行风管系统的漏风量检测；风管系统漏风量应符合表 6.3.6 的规定。

风管系统允许漏风量	表 6.3.6
风管类别	允许漏风量[$m^3/(h \cdot m^2)$]
低压风管	$\leqslant 0.1056P^{0.65}$
中压风管	$\leqslant 0.0352P^{0.65}$

注：P 为系统风管工作压力（Pa）。

【要点解析】

1. 通风空调系统风管的漏风的影响

实际过程中，通风空调系统风管的漏风，不仅会产生大量的能耗，还会给环境造成很大的不适影响，特别是对于低温送风系统，漏风会导致风管漏风处出现结露现象，破坏或降低系统的保温性能，甚至产生滴水现象。因此，本条要求低温送风系统风管安装过程中，应进行风管系统的漏风量检测。

风管系统允许漏风量是指在系统工作压力条件下，系统风管的单位表面积、在单位时间内允许空气泄漏的最大数量，严格控制风管漏风量对提高能源利用效率具有较大的实际意义。

2. 风管系统的安装和检测要求

风管与部件、风管与土建风道及风管间的连接应严密、牢固，是减少系统漏风量，保证风管系统安全、正常、节能运行的重要措施。对于风管的严密性，现行国家标准《通风与空调工程施工质量验收规范》GB 50243—2016 第 4.2.1 条要求，应通过检测进行验证。

根据《通风与空调工程施工质量验收规范》GB 50243—2016 风管系统严密性的检验分为三个等级，分别规定了抽检数量和方法：

1）高压风管系统的泄漏，对系统的正常运行会产生较大的影响，应进行全数检测。

2）中压风管系统大都为低级别的净化空调系统、恒温恒湿与排烟系统等，对风管的质量有较高的要求，应进行系统漏风量的抽查检测。

3）低压系统在通风与空调工程中占有最大的数量，大都为一般的通风、排气和舒适性空调系统。因此，不再用漏光法作为检验低压风管严密性的方法，而采用漏风量测试方法进行抽样检测。

4）N1～N5 级的净化空调系统风管的过量泄漏，会严重影响洁净度目标的实现，故规定以高压系统的要求进行验收。

通风空调系统风管安装应符合设计要求或相应规定的要求，安装质量和检测要求详见《建筑节能工程施工质量验收标准》GB 50411—2019 第 10.2.4 条的规定，主要要求：

风管的安装应符合下列规定：风管的材质、断面尺寸及壁厚应符合设计要求；风管与部件、建筑风道及风管间的连接应严密、牢固；风管的严密性检验结果应符合设计和国家现行标准的有关要求。

检验方法：观察、尺量检查；核查风管系统严密性检验记录。抽检，风管的严密性检验最小抽样数量不得少于 1 个系统。

【要点 26】变风量末端装置动作试验要求

【规范条文】

> 6.3.7　变风量末端装置与风管连接前，应做动作试验，确认运行正常后再进行管道连接。变风量空调系统安装完成后，应对变风量末端装置风量准确性、控制功能及控制逻辑进行验证，验证结果应对照设计图纸和资料进行核查。

【要点解析】

变风量末端装置是通过改变空气流通截面积达到调节送风量的目的，它是一种节流型变风量末端装置。节流型变风量末端装置根据室温偏差，接受室温控制器的指令，调节送入房间的一次风送风量。当系统中其他末端装置在进行风量调节导致风管内静压变化时，它应具有稳定风量的功能。末端装置运行时产生的噪声不应对室内环境造成不利影响。

常用的节流型变风量末端装置主要由箱体、控制器、风速传感器、室温传感器、电动调节风阀等部件组成。

因此，变风量末端装置是变风量空调系统的重要部件，其规格和技术性能参数是否符合设计要求、动作是否可靠，将直接关系到变风量空调系统能否正常运行和节能效果的好坏，最终影响空调效果。同时变风量空调系统与楼宇自控系统的结合程度较高，其正常运行必须依赖楼宇自控系统，因此本条强调变风量末端装置与风管连接前，应做动作试验，确认运行正常后再进行管道连接。变风量空调系统安装完成后，应对变风量末端装置风量准确性、控制功能及控制逻辑进行验证，验证结果应对照设计图纸和资料进行核查，以确保变风量末端装置发挥应用的作用。检查数量：按总数量抽查 10%，且不得少于 2 台。

【要点 27】供暖空调系统绝热工程施工质量要求

【规范条文】

> 6.3.8　供暖空调系统绝热工程施工应在系统水压试验和风管系统严密性检验合格后进行，并应符合下列规定：
> 1　绝热材料性能及厚度应对照图纸进行核查；
> 2　绝热层与管道、设备应贴合紧密且无缝隙；
> 3　防潮层应完整，且搭接缝应顺水；
> 4　管道穿楼板和穿墙处的绝热层应连续不间断；
> 5　阀门、过滤器、法兰部位的绝热应严密，并能单独拆卸，且不得影响其操作功能；
> 6　冷热水管道及制冷剂管道与支、吊架之间应设置绝热衬垫，其厚度不应小于绝热层厚度。

【要点解析】

1. 供暖空调系统绝热工程重要性

供暖空调系统绝热材料的选用和施工质量是减少热损失的主要措施，直接影响绝热节能效果，其材料选用除了与绝热材料的材质、密度、导热系数、热阻等有着密切的关系外，还与绝热层的厚度和施工质量有直接的关系。常用绝热材料有岩棉、矿棉管壳、玻璃棉壳及聚氨酯硬质泡沫保温管等。

绝热层的厚度越大，热阻就越大，管道的冷（热）损失也就越少，绝热节能效果就好。如果厚度等技术性能达不到设计要求，或者保温层与管道粘贴不紧密、不牢固，以及设在地沟及潮湿环境内的保温管道不做防潮层或防潮层做得不完整或有缝隙，都将会严重影响供暖效果。

绝热层的连续不间断也是保证绝热效果，防止产生热损失和凝结水的关键，因此，要求管道穿楼板和穿墙处，阀门、过滤器、法兰等部位的绝热应连续、严密，阀门、过滤器、法兰等部位能单独拆卸且不得影响其操作功能，是为了方便维修保养和运行管理。

因此，本条对供暖空调系统绝热工程施工顺序（在系统水压试验和风管系统严密性检验合格后进行）和施工质量要求提出了比较详细的规定。

2. 供暖管道保温层和防潮层的施工要求

《建筑节能工程施工质量验收标准》GB 50411—2019 第 9.2.9 条规定的主要要求：

1）保温材料的燃烧性能、材质及厚度等应符合设计要求。

2）保温管壳的捆扎、粘贴应牢固，铺设应平整。硬质或半硬质的保温管壳每节至少应采用防腐金属丝、耐腐蚀织带或专用胶带捆扎 2 道，其间距为 300～350mm，且捆扎应紧密，无滑动、松弛及断裂现象。

3）硬质或半硬质保温管壳的拼接缝隙不应大于 5mm，并用粘结材料勾缝填满；纵缝应错开，外层的水平接缝应设在侧下方。

4）松散或软质保温材料应按规定的密度压缩其体积，疏密应均匀，搭接处不应有空隙。

5）防潮层应紧密粘贴在保温层上，封闭良好，不得有虚粘、气泡、褶皱、裂缝等缺陷；防潮层外表面搭接应顺水。

6）立管的防潮层应由管道的低端向高端敷设，横向搭接缝应朝向低端；纵向搭接缝应位于管道的侧面，并顺水。

7）卷材防潮层采用螺旋形缠绕的方式施工时，卷材的搭接宽度宜为 30～50mm。

8）阀门及法兰部位的保温应严密，且能单独拆卸并不得影响其操作功能。

检验方法：观察检查；用钢针刺入保温层、尺量。检查数量：按规定抽检，最小抽样数量不得少于 5 处。

3. 空调风管系统及部件的绝热层和防潮层施工要求

《建筑节能工程施工质量验收标准》GB 50411—2019 第 10.2.8 条规定的主要要求：

1）绝热材料的燃烧性能、材质、规格及厚度等应符合设计要求。

2）绝热层与风管、部件及设备应紧密贴合，无裂缝、空隙等缺陷，且纵、横向的接缝应错开。

3）绝热层表面应平整，当采用卷材或板材时，其厚度允许偏差为 5mm；采用涂抹或其他方式时，其厚度允许偏差为 10mm。

4）风管法兰部位绝热层的厚度，不应低于风管绝热层厚度的 80%。

5）风管穿楼板和穿墙处的绝热层应连续不间断。

6）防潮层（包括绝热层的端部）应完整，且封闭良好，其搭接缝应顺水。

7）带有防潮层隔汽层绝热材料的拼缝处，应用胶带封严，粘胶带的宽度不应小于 50mm。

8）风管系统阀门等部件的绝热，不得影响其操作功能。

检验方法：观察检查；用钢针刺入绝热层、尺量。检查数量：按规定抽检，最小抽样数量绝热层不得少于 10 段、防潮层不得少于 10m、阀门等配件不得少于 5 个。

4. 空调水系统管道、制冷剂管道及配件绝热层和防潮层的施工要求

《建筑节能工程施工质量验收标准》GB 50411—2019 第 10.2.9 条规定的主要要求：

1）绝热材料的燃烧性能、材质、规格及厚度等应符合设计要求。

2）绝热管壳的捆扎、粘贴应牢固，铺设应平整。硬质或半硬质的绝热管壳每节至少应用防腐金属丝、耐腐蚀织带或专用胶带捆扎 2 道，其间距为 300～350mm，且捆扎应紧密，无滑动、松弛及断裂现象。

3）硬质或半硬质绝热管壳的拼接缝隙，保温时不应大于 5mm、保冷时不应大于 2mm，并用粘结材料勾缝填满；纵缝应错开，外层的水平接缝应设在侧下方。

4）松散或软质保温材料应按规定的密度压缩其体积，疏密应均匀，搭接处不应有空隙。

5）防潮层与绝热层应结合紧密，封闭良好，不得有虚粘、气泡、褶皱、裂缝等缺陷。

6）立管的防潮层应由管道的低端向高端敷设，横向搭接缝应朝向低端；纵向搭接缝应位于管道的侧面，并顺水。

7）卷材防潮层采用螺旋形缠绕的方式施工时，卷材的搭接宽度宜为 30～50mm。

8）空调冷热水管穿楼板和穿墙处的绝热层应连续不间断，且绝热层与穿楼板和穿墙处的套管之间应用不燃材料填实不得有空隙；套管两端应进行密封封堵。

9）管道阀门、过滤器及法兰部位的绝热应严密，并能单独拆卸，且不得影响其操作功能。

检验方法：观察检查；用钢针刺入绝热层、尺量。检查数量：按本规定抽检，最小抽样数量绝热层不得少于 10 段、防潮层不得少于 10m、阀门等配件不得少于 5 个。

【要点 28】供暖空调系统的试运转与调试要求

【规范条文】

> 6.3.9 空调与供暖系统冷热源和辅助设备及其管道和管网系统安装完毕后，应按下列规定进行系统的试运转与调试：
>
> 1 冷热源和辅助设备应进行单机试运转与调试；
>
> 2 冷热源和辅助设备应进行控制功能和控制逻辑的验证；
>
> 3 冷热源和辅助设备应同建筑物室内空调系统或供暖系统进行联合试运转与调试。

【要点解析】

空调与供暖系统节能工程安装完工后，为达到系统正常运行和节能的预期目标，规定必须进行空调与供暖系统冷热源和辅助设备的单机试运转及调试和各系统的联合试运转及调试。

空调与供暖系统工程的系统调试是一项技术性很强的工作，调试的质量会直接影响到工程系统功能的实现及节能效果。通风与空调工程的调试，首先应编制专项调试方案。单机试运转及调试是进行系统联合试运转及调试的先决条件，系统的联合试运转及调试是指系统在有冷热负荷和冷热源的实际工况下的试运行和调试，且试运转和调试结果应符合设计要求。

因此，空调与供暖系统安装完毕，本条具体规定了系统的试运转与调试项目，并应进行系统的风量平衡调试，单机试运转和调试结果应符合设计要求；系统的总风量与设计风量的允许偏差不应大于10%，风口的风量与设计风量的允许偏差不应大于15%。

需要注意的是，供暖系统安装完毕后，应在供暖期内与热源进行联合试运转和调试，试运转和调试结果应符合设计要求。供暖系统工程竣工如果是在非供暖期或虽然在供暖期却还不具备热源条件时，应对供暖系统进行水压试验，试验压力应符合设计要求；但是，这种水压试验，并不代表系统已进行调试和达到平衡，不能保证供暖房间的室内温度能达到设计要求；因此，施工单位和建设单位应在工程（保修）合同中进行约定，在具备热源条件后的第一个供暖期间再进行联合试运转及调试，并补做"室内平均温度"项的检测，补做的联合试运转及调试报告应经监理工程师签字确认后，以补充完善验收资料。

【要点29】公共建筑采用集中空调系统调适要求

【规范条文】

> 6.3.12　当建筑面积大于100000m² 的公共建筑采用集中空调系统时，应对空调系统进行调适。

【要点解析】

1. 调适定义及意义

"调适"是以不同的方式调节或缓和人与人、群体与群体之间的冲突的一种互动方式。针对冲突的具体调适方式有和解、妥协、容忍、调节和仲裁等。

"系统调适"是通过对设备系统的调试验证、性能测试验证、运行工况验证和综合效果验收，使系统满足不同负荷工况和用户使用的需求。

"暖通空调系统调适"是通过对建筑暖通空调系统进行检查、测试、调整、优化、验证等工作，使建筑机电系统满足设计和使用要求的程序和方法。

"联合运行调适"是基于楼宇自控系统，对暖通空调设备、系统的联合运行效果及功能进行动态验证和优化的过程。

空调系统调适作为提升建筑品质、提高空调系统实际运行能效的重要手段，已在欧美等发达国家得到充分重视，美国采暖制冷与空调工程师学会（ASHRAE）等相关机构和组织制定了相对完善的标准与规范。美国总务管理局（GSA）和美国国家航空航天局（NASA）明确其所有新建建筑和主要的改造项目都要进行机电系统调适作为工程质量的保证手段，同时也是美国绿色建筑认证（LEED）的必要条件。

根据美国劳伦斯伯克利国家实验室 2019 的报告数据，新建建筑调适大约能获得 13% 节能量。随着我国对建筑空调系统实际运行效果和能效要求的不断提高，调适技术已经在我国得到快速发展，编制了相应的技术标准，如中国建筑节能协会的 TCABEE《绿色建筑暖通空调系统调适技术导则》，并在复杂和大型工程中进行了应用。

借鉴国外经验并结合我国的实际需求，对于建筑规模大、系统复杂的工程进行系统调适，本条规定应对建筑面积大于 100000m² 的公共建筑开展空调系统调适工作。

2. 集中空调调适技术

集中空调系统调适，是在运行阶段对集中空调系统进行调适，通过提出空调系统最优或应该的设计、施工、运行和维护的方法、形式和模式，并以此来诊断和验证实际空调系统的性能，在满足业主及用户需求的前提下，提出改善和提高空调系统性能的方案和建议，从而保证全寿命周期内建筑在能源消耗、室外环境质量、对周围环境的影响、建筑设备系统的维护管理等方面都保持较优的运行和使用情况。

集中空调系统调适时，检测组件检测集中空调系统的多种参数，中央控制器接收检测组件检测的参数，对参数进行综合处理分析，并发出控制信号。执行组件接收中央控制器所发出的控制信号，并调节集中空调系统地运行，使其调适到运行要求，让集中空调实现安全、高效的运行和控制，保证建筑的正常运行，避免造成系统故障，同时保证建筑系统能够实现节能和优化运行。

【要点 30】建筑设备系统节能性能检测要求

【规范条文】

6.3.13　建筑设备系统节能性能检测应符合下列规定：

1　冬季室内平均温度不得低于设计温度 2℃，且不应高于 1℃；夏季室内平均温度不得高于设计温度 2℃，且不应低于 1℃；

2　通风、空调（包括新风）系统的总风量与设计风量的允许偏差不应大于 10%；

3　各风口的风量与设计风量的允许偏差不应大于 15%；

4　空调机组的水流量允许偏差，定流量系统不应大于 15%，变流量系统不应大于 10%；

5　空调系统冷水、热水、冷却水的循环流量与设计流量的允许偏差不应大于 10%；

6　室外供暖管网水力平衡度为 0.9～1.2；

7　室外供暖管网热损失率不应大于 10%；

8　照度不应低于设计值的 90%，照明功率密度不应大于设计值。

【要点解析】

为进一步贯彻建筑节能法律法规及相关政策，监督节能建筑的工程质量，检测评定节能建筑的实际效果，本条强调了建筑设备系统节能性能检测内容和标准，主要依据：国家现行标准《建筑节能工程施工质量验收标准》GB 50411—2019、《居住建筑节能检测标准》JGJ/T 132—2009、《公共建筑节能检测标准》JGJ/T 177—2009、《围护结构传热系数现场检测技术规程》JGJ/T 357—2015 等。

《建筑节能工程施工质量验收标准》GB 50411—2019 第 17.2.2 条给出了供暖通风与空调、室外供暖管网、配电与照明系统节能性能检测的取样要求，结合本条规定见表 7-1。

设备系统节能性能检测主要项目及要求　　　　　　　　　　　　表 7-1

序号	检测项目	抽样数量	允许偏差或规定值
1	室内平均温度	以房间数量为受检样本基数最小抽样数量按《建筑节能工程施工质量验收标准》GB 50411—2019 第 3.4.3 条规定执行，且均匀分布，并具有代表性；对面积大于 100m² 的房间或空间，可按每 100 m² 划分为多个受检样本。公共建筑的不同典型功能区域检测部位不应少于 2 处	冬季不得低于设计计算温度 2℃，且不应高于 1℃；夏季不得高于设计计算温度 2℃，且不应低于 1℃
2	通风、空调（包括新风）系统的风量	以系统数量为受检样本基数，抽样数量按《建筑节能工程施工质量验收标准》GB 50411—2019 第 3.4.3 条规定执行，且不同功能的系统不应少于 1 个	通风、空调（包括新风）系统的总风量与设计风量的允许偏差不应大于 10%
3	各风口的风量	以风口数量为受检样本基数抽样数量按《建筑节能工程施工质量验收标准》GB 50411—2019 第 3.4.3 条规定执行，且不同功能的系统不应少于 2 个	与设计风量的允许偏差不大于 15%
4	风道系统单位风量耗功率	以风机数量为受检样本基数，抽样数量按《建筑节能工程施工质量验收标准》GB 50411—2019 第 3.4.3 条规定执行，且不同功能的风机不应少于 1 台	符合现行国家标准《公共建筑节能设计标准》GB 50189—2015 规定的值
5	空调机组的水流量	以空调机组数量为受检样本基数，抽样数量按《建筑节能工程施工质量验收标准》GB 50411—2019 第 3.4.3 条规定执行	定流量系统允许偏差为 15%，变流量系统允许偏差为 10%
6	空调系统冷水、热水、冷却水的循环流量	全数检测	与设计循环流量的允许偏差不大于 10%
7	室外供暖管网水力平衡度	热力入口总数不超过 6 个时，全数检测；超过 6 个时，应根据各个热力入口距热源距离的远近，按近端、远端、中间区域各抽检 2 个热力入口	室外供暖管网水力平衡度 0.9～1.2
8	室外供暖管网热损失率	全数检测	室外供暖管网热损失率不大于 10%
9	照度与照明功率密度	每个典型功能区域不少于 2 处，且均匀分布，并具有代表性	照度不低于设计值的 90%；照明功率密度值不应大于设计值

【要点 31】配电与照明节能材料、设备进场复验要求

【规范条文】

> 6.3.2 配电与照明节能工程采用的材料、构件和设备施工进场复验应包括下列内容：
> 1 照明光源初始光效；
> 2 照明灯具镇流器能效值；
> 3 照明灯具效率或灯具能效；
> 4 照明设备功率、功率因数和谐波含量值；
> 5 电线、电缆导体电阻值。

【要点解析】

1. 配电与照明节能工程重要性

配电与照明节能工程包括：低压配电电源；照明光源、灯具；电线电缆；附属装置等。

随着城市化进程的加快和人民生活质量的提高，我国建筑耗能总量逐年上升。就建筑运行能耗而言，电力消耗已成为建筑物的主要能耗，其中电气照明的能耗比例相当高，占到总能耗的 1/4 以上。因此，配电和照明节能工程重在照明灯具和电线电缆的选择和使用。本条明确对配电和照明材料设备的性能进行复验，包括照明光源初始光效，照明灯具镇流器能效值、效率或灯具能效，照明设备功率、功率因数和谐波含量值，电线、电缆导体电阻值。

根据现行国家标准《建筑照明设计标准》GB 50034—2013 第 3.3.2 条的规定，新建项目在满足眩光限制和配光要求条件下，应优先选用效率或效能高的灯具。即应采用高效节能的电光源、高效节能照明灯具；高效节能的灯具附属装置；电能损耗低、传输效率高电线材；高效的各种照明节能的控制设备或器件等。

2. 节能材料、构件和设备施工进场复验要求

照明光源、照明灯具及其附属装置等进场验收合格后，应进行复验，复验应为见证取样检验，取样要求详见《建筑节能工程施工质量验收标准》GB 50411—2019 第 12.2.2 条的规定。同厂家的照明光源、镇流器、灯具、照明设备，数量在 200 套（个）及以下时，抽检 2 套（个）；数量在 201～2000 套（个）时，抽检 3 套（个）；当数量在 2000 套（个）以上时，每增加 1000 套（个）时应增加抽检 1 套（个）。同工程项目、同施工单位且同期施工的多个单位工程可合并计算。

电缆材料在进场验收合格后应进行复验，复验应为见证取样检验；取样要求详见《建筑节能工程施工质量验收标准》GB 50411—2019 第 12.2.3 条规定。同一厂家抽样规格数不少于规格总数的 10%，且最少不少于 2 种规格。送到具有国家认可检验资质的检验机构进行检验，并出具检验报告。

【要点 32】建筑设备安装前能效核查要求

【规范条文】

6.3.3 建筑设备系统安装前，应对照图纸对建筑设备能效指标进行核查。

【要点解析】

能效是指在特定条件下，电器、机械设备或系统所消耗的能源与其所提供的有用输出能量之间的比率。它是衡量设备或系统能源利用效率的重要指标。

我国能效等级分为五级，从高到低依次为一级、二级、三级、四级和五级。这些等级用于衡量电器、电子设备、照明产品和建筑等的能源效率，以及它们在使用过程中所消耗的能源数量。一级能效是最高级别，表示产品或建筑具有最高的能源效率，能耗较低。相比之下，五级能效是最低级别，表示能源效率最低，能耗相对较高。

建筑供暖系统、通风与空调系统、配电与照明系统、监测与控制系统、地源热泵系统、太阳能光热光伏系统所涉及节能的设备，在安装前应对设备能效对照设计文件进行核查，核查结果应经监理工程师检查认可，且应形成相应的记录。

国家发展改革委等部门《关于发布〈重点用能产品设备能效先进水平、节能水平和准入水平（2024 年版）〉的通知》（发改环资规〔2024〕127 号），主要要求包括：

重点用能产品设备能效水平划分为先进水平、节能水平、准入水平三档。参考现行强制性能效标准要求，结合相关标准制修订情况和国内外同类产品设备技术现状，合理划定能效指标。

准入水平是相关产品设备进入市场的最低能效水平门槛，数值与现行强制性能效标准限定值一致。能效指标引用推荐性国家标准、团体标准的产品设备不设定能效准入水平。

节能水平不低于现行能效 2 级，与能效准入水平相比，更符合节能减排降碳工作要求。

先进水平不低于现行能效 1 级，是当前相关产品设备所能达到的先进能效水平。

【要点 33】太阳能系统节能材料、构件和设备进场复验要求

【规范条文】

6.4.1 太阳能系统节能工程采用的材料、构件和设备施工进场复验应包括下列内容：

1 太阳能集热器的安全性能及热性能；

2 太阳能光伏组件的发电功率及发电效率；

3 保温材料的导热系数或热阻、密度、吸水率。

【要点解析】

可再生能源是指非化石能源，在自然界中可以不断再生、永续利用的能源，具有取之不尽、用之不竭的特点，主要有太阳能、风能、海洋能、地热能等。太阳能系统是可再生能源利用技术之一。

1. 太阳能系统组成

1）太阳能光热系统：将太阳能转换成热能，进行供热、制冷等应用的系统，在建筑中主要包括太阳能供热采暖和空调系统，也称太阳能热利用系统。

太阳能光热系统主要包括集热设备、贮热设备、循环设备、供水设备、辅助热源、控制系统、管道、阀门、仪表、保温等本章所述内容，是指包括太阳能生活热水、太阳能供暖、太阳能光热转换制冷系统。

2）太阳光伏系统：利用光伏半导体材料的光生伏特效应而将太阳能转化为直流电能的设施。光伏设施的核心是太阳能电池板。用来发电的半导体材料主要有：单晶硅、多晶硅、非晶硅及碲化镉等。

太阳能光伏系统主要包括光伏组件、汇流箱、电缆、逆变器、充放电控制器、储能蓄电池、电网接入单元、主控和监视系统、触电保护和接地、配电设备及配件等产品。

2. 太阳能光热系统进场验收及复验要求

太阳能集热设备的安全性和热性能、保温材料的导热系数或热阻、密度、吸水率等技术参数，是太阳能光热系统节能工程的重要参数，这些参数是否符合设计要求，将直接影响太阳能系统的运行及节能效果。因此，为保证进场的集热设备和保温材料满足要求，本条规定在集热设备和保温材料进场时，应对集热设备的安全性、热性能，保温材料的导热系数或热阻、密度、吸水率进行复验。

进场验收，太阳能光热系统节能工程所采用的管材、设备、阀门、仪表、保温材料等产品进场时，应按设计要求对其类型、材质、规格及外观等进行逐一核对验收，验收结果应经监理工程师检查认可，并应形成相应的验收记录。各种材料和设备的质量证明文件与相关技术资料应齐全，并应符合设计要求和国家现行有关标准的规定。

进场验收重点检查下列项目：出厂格证、检测报告、产品说明书等各种质量证明文件和技术资料；集热设备的规格、集热量、集热效率、集热器采光面积；辅助热源的额定制热量、功率；管材的外观、长度、颜色、不圆度、外径及壁厚、生产日期，与管材连接的管件等配件；水泵的检查报告；保温材料的厚度、等级；仪表、阀门的规格性能等是否满足相关规范和设计要求。

按本条对太阳能集热器的安全性能及热性能、保温材料的导热系数或热阻、密度、吸水率进场复验，详见《建筑节能工程施工质量验收标准》GB 50411—2019 第 15.2.2 条的规定。

复验检查数量：同厂家、同类型的太阳能集热器或太阳能热水器 200 台及以下时，抽检 1 台（套）；200 台以上抽检 2 台（套）。同工程项目、同施工单位且同期施工的多个单位工程可合并计算。同厂家、同材质的保温材料复验次数不得少于 2 次。

3. 太阳能光伏系统进场验收及复验要求

太阳能光伏组件的发电功率及发电效率等技术参数，是太阳能光伏系统节能工程的重要性能参数，这些参数是否符合设计要求，将直接影响太阳能系统的运行及节能效果。因此，为保证进场的材料满足要求，本条要求对光伏组件的发电功率及发电效率进场复验。

进场验收，太阳能光伏系统工程中与节能有关的光伏组件、汇流箱、电缆、逆变器、充放电控制器、能蓄电池、电网接入单元、主控和监视系统、触电保护和接地、配电设备及配件等部品应进行进场验收，验收一般应由供货商、监理、施工单位的代表共同参加，并应经监理工程师（建设单位代表）检查认可，形成相应的验收记录。各种材料和设备的质量证明文件和相关技术资料应齐全，并应符合设计要求和国家现行有关标准的规定。

对太阳能光伏组件的发电功率及发电效率进场复验。检测依据详见《光伏发电效率技术规范》GB/T 39857—2021 等标准的规定。

【要点 34】太阳能系统安装要求

【规范条文】

> 6.4.4 太阳能系统的施工安装不得破坏建筑物的结构、屋面、地面防水层和附属设施，不得削弱建筑物在寿命期内承受荷载的能力。

【要点解析】

太阳能系统具有一定的重量，设计应结合其重量和施工安装过程影响，综合考虑太阳能系统对建筑物寿命期的承载力，其受力措施应提前纳入设计阶段，做好预留预埋设计工作。在既有建筑上增设或改造太阳能光热系统时，应充分考虑建筑的结构安全和其他相应的安全性，当涉及主体和承重结构改动或增加荷载时，必须由原结构设计单位或具备相应资质（不低于原设计单位资质）的设计单位核查有关原始资料，对既有建筑结构的安全性进行核验、确认；同时，不得遮挡相邻建筑的日照，影响相邻建筑的采光和日照要求。

太阳能系统安装一般是在屋面防水等建筑施工完成后进行，应严格按设计和设备安装要求施工，不得破坏建筑物的结构、屋面、地面防水层和附属设施，特别在既有建筑上施工安装时，更要加强管理，做好对既有建筑物的结构、屋面、地面防水层和附属设施保护和安全施工的专项方案，并严格落实。由于太阳能系统安装和使用过程中经常会出现破坏结构和屋面防水等现象，因此本条对太阳能系统的施工安装不得破坏建筑物的结构、屋面、地面防水层和附属设施，不得削弱建筑物在寿命期内承受荷载的能力进行了明确要求。

【要点 35】太阳能系统检测要求

【规范条文】

> 6.4.6 太阳能系统性能检测应符合下列规定：
> 1 应对太阳能热利用系统的太阳能集热系统得热量、集热效率、太阳能保证率进行检测，检测结果应对照设计要求进行核查；

> 2 应对太阳能光伏发电系统年发电量和组件背板最高工作温度进行检测，检测结果应对照设计要求进行核查。

【要点解析】

太阳能系统工程是否满足设计要求，需要对一些性能指标进行衡量，本条指出了影响太阳能系统运行效果需要检测的主要项目，包括太阳能集热系统得热量、集热效率、太阳能保证率；光伏发电系统年发电量和组件背板最高工作温度，并要求检测结果应对照设计要求进行核查。

测试方法可按现行国家标准《可再生能源建筑应用工程评价标准》GB/T 50801—2013 第 4.2 节中进行短期测试时的规定进行。短期测试方法要求系统热工性能检验记录的报告内容应包括至少 4 天（该 4 天应有不同的太阳辐照条件，日太阳辐照量的分布范围见《可再生能源建筑应用工程评价标准》GB/T 50801—2013 附录 C），检测结果应对照设计要求进行核查。

【要点 36】浅层地埋管换热系统的安装要求

【规范条文】

> 6.4.2 浅层地埋管换热系统的安装应符合下列规定：
> 1 地埋管与环路集管连接应采用热熔或电熔连接，连接应严密且牢固；
> 2 竖直地埋管换热器的 U 形弯管接头应选用定型产品；
> 3 竖直地埋管换热器 U 形管的开口端部应密封保护；
> 4 回填应密实；
> 5 地埋管换热系统水压试验应合格。

【要点解析】

浅层地埋管换热系统是再生能源利用技术之一，系统地埋管属于压力管线敷设，位于地表以下，隐蔽性强，一旦出现渗漏、堵管等质量问题，很难处理，因此地埋管不允许有接头。浅层地埋管换热系统连接的薄弱位置在于地埋管与环路集管连接，连接的严密和牢固直接影响系统运行，因此，本条明确地埋管与环路集管连接应采用热熔或电熔连接；竖直地埋管换热器的 U 形弯管接头应选用定型产品，U 形管的开口端部应密封保护。密实的回填是地埋管系统实现有效换热的保障，因此，本条要求回填土应密实。地埋管换热系统管网材料和连接严密和牢固是管网施工质量的基础，水压试验是检验其质量的必要检测措施，因此，本条还要求地埋管换热系统水压试验应合格。

回填材料的选择以及正确的回填施工对于保证地埋管换热器的性能有重要的意义。U 形管安装完毕后应立即用回填材料封孔，根据不同的地质情况选择合理的回填材料。垂直回灌回填是地埋管换热器施工过程中的重要环节。回填料介于地埋管换热器的埋管与钻孔壁之间，用来增强埋管和周围岩土的换热；同时防止地面水通过钻孔向地下渗透，以保护地下水不受地表污染物的污染，并防止各个蓄水层之间的交叉污染。回灌材料应具备高热传导性和低黏度的物理性，以提高竖直埋管与钻孔壁间的导热性能和减少在回灌过程中形成空穴，提高其回灌的密封性和传热效果。

浅层地埋管换热系统按照现行国家标准《地源热泵系统工程技术规范》GB 50366—2005（2009 年版）[1] 规定，地源热泵地埋管换热系统管道应采用化学稳定性好、耐腐蚀、导热系数大、流动阻力小的塑料管材及管件，宜采用聚乙烯管（PE80 或 PE100）或聚丁烯管（PB），不宜采用聚氯乙烯（PVC）管，管件与管材应为相同材料。地埋管质量应符合国家现行标准中的各项规定。管材的公称压力及使用温度应满足设计要求，且管材的公称压力不应小于 1.0MPa。进场地埋管及管件应符合设计要求，且应具有质量检验报告和生产厂的合格证。

浅层地埋管换热系统管道应符合现行行业标准《埋地塑料给水管道工程技术规程》CJJ 101—2016 的有关规定。

地埋管换热系统水压试验应严格按照《地源热泵系统工程技术规范》GB 50366—2005（2009 年版）的有关规定进行。系统试压前应进行充水浸泡，时间不应少于 12h。管道充水后应对未回填的外露连接点（包括管道与管道附件连接部位）进行检查，发现渗漏应进行排除。不得将气压试验代替水压试验。管道水压试验长度不宜大于 1000m。对中间设有附件的管段，水压试验分段长度不宜大于 500m，系统中不同材质的管道应分别进行试压。试验压力：当工作压力小于等于 1.0MPa 时，应为工作压力的 1.5 倍，且不应小于 0.6MPa；当工作压力大于 1.0MPa 时，应为工作压力加 0.5MPa。

【要点 37】热源井抽水试验和回灌试验要求

【规范条文】

6.4.3 地下水源热泵的热源井应进行抽水试验和回灌试验，并应单独验收，其持续出水量和回灌量应稳定，且应对照图纸核查；抽水试验结束前应在抽水设备的出口处采集水样进行水质和含砂量测定，水质和含砂量应满足系统设备的使用要求。

【要点解析】

地源热泵换热系统热源井可靠的抽水和回灌功能是地源热泵系统正常运行的基础，且只能用于置换地下冷量或热量，不得用于取水等其他用途。热源井可靠回灌措施是指将地下水通过回灌井全部送回原来的取水层的措施，要求从哪层取水必须再灌回哪层。热源井均应具备连续抽水和回灌的功能，热源井抽水井与回灌井应能相互转换，有利于开采、洗

---

[1] 该规范相关强制性条文第 3.1.1、5.1.1 条已废止。

井、岩土体和含水层的热平衡。抽水、回灌过程中应采取密闭等措施，不得对地下水造成污染。

地下水源热泵系统的验收，本条明确其热源井应进行抽水试验和回灌试验并应单独验收，其持续出水量和回灌量应稳定，并应满足设计要求；抽水试验结束前应在抽水设备的出口处采集水样进行水质和含砂量的测定，水质和含砂量应满足系统设备的使用要求。

热源井的抽水试验应稳定延续 12h，出水量不应小于设计出水量，降深不应大于 5m；回灌试验应稳定延续 36h 以上，回灌量应大于设计回灌量，热源井持续出水量和回灌量应稳定，并应满足设计要求。抽水试验结束前应采集水样，进行水质测定和含砂量测定，应满足设计要求。抽水井和回灌井的过滤器应符合《管井技术规范》GB 50296—2014 的要求。

除此之外，地源热泵换热系统交付使用前的整体运转、调试应符合设计要求。地源热泵系统整体验收前，应进行冬、夏两季运行测试，并对地源热泵系统的实测性能做出评价。

【要点 38】节能工程验收要求

【规范条文】

> 6.1.3　建筑节能工程质量验收合格，应符合下列规定：
> 1　建筑节能各分项工程应全部合格；
> 2　质量控制资料应完整；
> 3　外墙节能构造现场实体检验结果应对照图纸进行核查，并符合要求；
> 4　建筑外窗气密性能现场实体检验结果应对照图纸进行核查，并符合要求；
> 5　建筑设备系统节能性能检测结果应合格；
> 6　太阳能系统性能检测结果应合格。

【要点解析】

1. 建筑节能验收要求

根据国家有关规定，建设工程必须节能，节能达不到要求的建筑工程不得验收交付使用。因此，规定单位工程竣工验收应在建筑节能分部工程验收合格后进行，即建筑节能验收是单位工程验收的先决条件，具有"一票否决权"。

建筑节能工程其实际节能性能非常重要。因此，本条规定除符合《建筑工程施工质量验收统一标准》GB 50300—2013 外，结合建筑节能工程的特点，又规定了在工程验收之前，进行主要节能构造、外窗气密性能、设备系统节能性能、太阳能系统性能的现场实体检验和系统性能检测，更真实地反映工程的节能性能，保证最终的节能效果。

1）节能分项工程应全部合格，是指在节能工程中的所有分项工程都应该合格。建筑节能工程作为建筑工程十个分部工程之一，由 5 个子分部、13 个子分项和若干个验收批组成。详见现行国家标准《建筑工程施工质量验收统一标准》GB 50300—2013 和《建筑节能工程施工质量验收标准》GB 50411—2019 第 3.4 节的规定：

围护结构子分部（墙体节能工程、幕墙节能工程、门窗节能工程、屋面节能工程、地面节能工程，5 个分项工程）；

供暖空调节能工程子分部（供暖节能工程、通风与空调节能工程、冷热源及管网节能工程，3 个分项工程）；

配电照明节能工程子分部（配电与照明节能工程，1 个分项工程）；

监测控制节能工程子分部（监测与控制节能工程，1 个分项工程）；

可再生能源节能工程子分部（地源热泵换热系统节能工程、太阳能光热系统节能工程、太阳能光伏节能工程，3 个分项工程）。

2）质量控制资料应完整，即：承担建筑节能工程的施工企业应具备相应的资质，施工现场应建立相应的质量管理体系、施工质量控制和检验制度，具有相应的施工技术标准，且施工过程有关材料验收、试验、检测等资料均符合要求。

3）外墙节能构造现场实体检验结果应符合设计要求。

外墙节能构造施工完成后，应由建设单位委托有资质的检测机构对围护结构的外墙节能构造进行现场实体检验，并出具报告。

建筑外墙节能构造带有保温层的现场实体检验，应按照现行国家标准《建筑节能工程施工质量验收标准》GB 50411—2019 附录 E 外墙节能构造钻芯检验方法对墙体保温材料的种类、保温层厚度、保温层构造做法等进行检查验证。当条件具备时，也可直接对围护结构的传热系数或热阻进行检验。

建筑外墙节能构造采用保温砌块、预制构件、定型产品的现场实体检验应按照国家现行有关标准的规定对其主体部位的传热系数或热阻进行检测。验证建筑外墙主体部位的传热系数或热阻是否符合节能设计要求和国家有关标准的规定。

4）严寒和寒冷地区、夏热冬冷地区和夏热冬暖地区有集中供冷供暖系统建筑的外窗气密性能现场实体检验结果应合格。

建筑围护结构施工完成后，应由建设单位委托有资质的检测机构对严寒和寒冷地区、夏热冬冷地区和夏热冬暖地区有集中供冷供暖系统建筑的外窗气密性能进行现场实体检验，并出具报告。

5）建筑设备系统节能性能检测结果应合格。

供暖、通风与空调、配电与照明工程安装完成后，应进行系统节能性能的检测，且应由建设单位委托具有相应检测资质的检测机构检测并出具报告。受季节影响未进行的节能性能检测项目，应在保修期内补做。

6）太阳能系统性能检测应符合规范第 6.4.6 条的规定。

2. 节能工程验收人员要求

参加建筑节能工程验收的各方人员应具备相应的资格，其程序和组织应符合下列规定：

1）节能工程检验批验收和隐蔽工程验收应由专业监理工程师组织并主持，施工单位相关专业的质量检查员与施工员参加验收。

2）节能分项工程验收应由专业监理工程师组织并主持，施工单位项目技术负责人和相关专业的质量检查员、施工员参加验收；必要时可邀请主要设备、材料供应商及分包单位、设计单位相关专业的人员参加验收。

3）节能分部工程验收应由总监理工程师组织并主持，施工单位项目负责人、项目技术负责人和相关专业的负责人、质量检查员、施工员参加验收；施工单位的质量、技术负责人应参加验收；设计单位项目负责人及相关专业负责人应参加验收；主要设备、材料供应商及分包单位负责人应参加验收。

【要点39】节能验收资料要求

【规范条文】

6.1.4 建筑节能验收时应对下列资料进行核查：

1 设计文件、图纸会审记录、设计变更和洽商；

2 主要材料、设备、构件的质量证明文件、进场检验记录、进场复验报告、见证试验报告；

3 隐蔽工程验收记录和相关图像资料；

4 分项工程质量验收记录；

5 建筑外墙节能构造现场实体检验报告或外墙传热系数检验报告；

6 外窗气密性能现场检验记录；

7 风管系统严密性检验记录；

8 设备单机试运转调试记录；

9 设备系统联合试运转及调试记录；

10 分部（子分部）工程质量验收记录；

11 设备系统节能性和太阳能系统性能检测报告。

【要点解析】

工程资料缺失、不准确现象普遍存在，真实、详细和完整可追溯的验收资料是系统运行、故障诊断、改造等的重要依据，建筑节能工程涉及材料、设备的运营和维护，工程资料更为重要，因此，本条规定，建筑节能验收时进一步对设计及图纸会审记录、设计变更和洽商相关资料，材料、设备、构件进场验收及复验报告，隐蔽工程验收记录，分项工程验收记录，以及节能工程施工安装过程及验收相关重要的检验试验等资料进行全面核查，并满足设计等有关规定的要求。

建筑节能工程应单独填写检查验收表格，单独组卷。单独组卷的节能验收资料，至少包括节能材料的验收资料和节能工程的检验批、分项、分部工程验收资料，以及节能工程实体检验等资料。

详见《建筑节能工程施工质量验收标准》GB 50411—2019 以及地方管理规定。

附录：《建筑节能与可再生能源利用通用规范》GB 55015—2021 节选
（引自住房和城乡建设部官网）

目　　次

1 总则

1.0.1 为执行国家有关节约能源、保护生态环境、应对气候变化的法律、法规，落实碳达峰、碳中和决策部署，提高能源资源利用效率，推动可再生能源利用，降低建筑碳排放，营造良好的建筑室内环境，满足经济社会高质量发展的需要，制定本规范。

1.0.2 新建、扩建和改建建筑以及既有建筑节能改造工程的建筑节能与可再生能源建筑应用系统的设计、施工、验收及运行管理必须执行本规范。

1.0.3 建筑节能应以保证生活和生产所必需的室内环境参数和使用功能为前提，遵循被动节能措施优先的原则。应充分利用天然采光、自然通风，改善围护结构保温隔热性能，提高建筑设备及系统的能源利用效率，降低建筑的用能需求。应充分利用可再生能源，降低建筑化石能源消耗量。

1.0.4 工程建设所采用的技术方法和措施是否符合本规范要求，由相关责任主体判定。其中，创新性的技术方法和措施，应进行论证并符合本规范中有关性能的要求。

2 基本规定

2.0.1 新建居住建筑和公共建筑平均设计能耗水平应在 2016 年执行的节能设计标准的基础上分别降低 30% 和 20%。不同气候区平均节能率应符合下列规定：

1 严寒和寒冷地区居住建筑平均节能率应为 75%；

2 除严寒和寒冷地区外，其他气候区居住建筑平均节能率应为 65%；

3 公共建筑平均节能率应为 72%。

2.0.2 标准工况下，不同气候区的各类新建建筑平均能耗指标应按本规范附录 A 确定。

2.0.3 新建的居住和公共建筑碳排放强度应分别在 2016 年执行的节能设计标准的基础上平均降低 40%，碳排放强度平均降低 $7kgCO_2/（m^2·a）$ 以上。

2.0.4 新建建筑群及建筑的总体规划应为可再生能源利用创造条件，并应有利于冬季增加日照和降低冷风对建筑影响，夏季增强自然通风和减轻热岛效应。

2.0.5 新建、扩建和改建建筑以及既有建筑节能改造均应进行建筑节能设计。建设项目可行性研究报告、建设方案和初步设计文件应包含建筑能耗、可再生能源利用及建筑碳排放分析报告。施工图设计文件应明确建筑节能措施及可再生能源利用系统运营管理的技术要求。

2.0.6 不同类型的建筑应按建筑分类分别满足相应性能要求。建筑分类及参数计算应符合本规范附录 B 的规定。

2.0.7 当工程设计变更时，建筑节能性能不得降低。

2.0.8 供冷系统及非供暖房间的供热系统的管道均应进行保温设计。

3 新建建筑节能设计

3.1 建筑和围护结构

3.1.1 建筑和围护结构热工设计应满足本节性能要求；其中，本规范第3.1.2条、第3.1.4条、第3.1.6～3.1.10条、第3.1.12条应允许按本规范附录C的规定通过围护结构热工性能权衡判断满足要求。

3.1.2 居住建筑体形系数应符合表3.1.2的规定。

居住建筑体形系数限值 表3.1.2

热工区划	建筑层数	
	≤3层	>3层
严寒地区	≤0.55	≤0.30
寒冷地区	≤0.57	≤0.33
夏热冬冷A区	≤0.60	≤0.40
温和A区	≤0.60	≤0.45

3.1.3 严寒和寒冷地区公共建筑体形系数应符合表3.1.3的规定。

严寒和寒冷地区公共建筑体形系数限值 表3.1.3

单栋建筑面积 $A(m^2)$	建筑体形系数
$300 < A \leqslant 800$	≤0.50
$A > 800$	≤0.40

3.1.4 居住建筑的窗墙面积比应符合表3.1.4的规定；其中，每套住宅应允许一个房间在一个朝向上的窗墙面积比不大于0.6。

居住建筑窗墙面积比限值 表3.1.4

朝向	窗墙面积比				
	严寒地区	寒冷地区	夏热冬冷地区	夏热冬暖地区	温和A区
北	≤0.25	≤0.30	≤0.40	≤0.40	≤0.40
东、西	≤0.30	≤0.35	≤0.35	≤0.30	≤0.35
南	≤0.45	≤0.50	≤0.45	≤0.40	≤0.50

3.1.5 居住建筑的屋面天窗与所在房间屋面面积的比值应符合表3.1.5的规定。

居住建筑屋面天窗面积的限值 表3.1.5

屋面天窗面积与所在房间屋面面积的比值				
严寒地区	寒冷地区	夏热冬冷地区	夏热冬暖地区	温和A区
≤10%	≤15%	≤6%	≤4%	≤10%

3.1.6 甲类公共建筑的屋面透光部分面积不应大于屋面总面积的 20%。

3.1.7 设置供暖、空调系统的工业建筑总窗墙面积比不应大于 0.50，且屋顶透光部分面积不应大于屋顶总面积的 15%。

3.1.8 居住建筑非透光围护结构的热工性能指标应符合表 3.1.8-1～表 3.1.8-11 的规定。

严寒 A 区居住建筑围护结构热工性能参数限值　　　　　　　表 3.1.8-1

围护结构部位	传热系数 $K[W/(m^2 \cdot K)]$	
	≤3 层	>3 层
屋面	≤0.15	≤0.15
外墙	≤0.25	≤0.35
架空或外挑楼板	≤0.25	≤0.35
阳台门下部芯板	≤1.20	≤1.20
非供暖地下室顶板（上部为供暖房间时）	≤0.35	≤0.35
分隔供暖与非供暖空间的隔墙、楼板	≤1.20	≤1.20
分隔供暖与非供暖空间的户门	≤1.50	≤1.50
分隔供暖设计温度温差大于 5K 的隔墙、楼板	≤1.50	≤1.50
围护结构部位	保温材料层热阻 $R[(m^2 \cdot K)/W]$	
周边地面	≥2.00	≥2.00
地下室外墙（与土壤接触的外墙）	≥2.00	≥2.00

严寒 B 区居住建筑围护结构热工性能参数限值　　　　　　　表 3.1.8-2

围护结构部位	传热系数 $K[W/(m^2 \cdot K)]$	
	≤3 层	>3 层
屋面	≤0.20	≤0.20
外墙	≤0.25	≤0.35
架空或外挑楼板	≤0.25	≤0.35
阳台门下部芯板	≤1.20	≤1.20
非供暖地下室顶板（上部为供暖房间时）	≤0.40	≤0.40
分隔供暖与非供暖空间的隔墙、楼板	≤1.20	≤1.20
分隔供暖与非供暖空间的户门	≤1.50	≤1.50
分隔供暖设计温度温差大于 5K 的隔墙、楼板	≤1.50	≤1.50
围护结构部位	保温材料层热阻 $R[(m^2 \cdot K)/W]$	
周边地面	≥1.80	≥1.80
地下室外墙（与土壤接触的外墙）	≥2.00	≥2.00

严寒 C 区居住建筑围护结构热工性能参数限值　　　　表 3.1.8-3

围护结构部位	传热系数 $K[W/(m^2 \cdot K)]$	
	≤3 层	>3 层
屋面	≤0.20	≤0.20
外墙	≤0.30	≤0.40
架空或外挑楼板	≤0.30	≤0.40
阳台门下部芯板	≤1.20	≤1.20
非供暖地下室顶板（上部为供暖房间时）	≤0.45	≤0.45
分隔供暖与非供暖空间的隔墙、楼板	≤1.50	≤1.50
分隔供暖与非供暖空间的户门	≤1.50	≤1.50
分隔供暖设计温度温差大于 5K 的隔墙、楼板	≤1.50	≤1.50
围护结构部位	保温材料层热阻 $R[(m^2 \cdot K)/W]$	
周边地面	≥1.80	≥1.80
地下室外墙（与土壤接触的外墙）	≥2.00	≥2.00

寒冷 A 区居住建筑围护结构热工性能参数限值　　　　表 3.1.8-4

围护结构部位	传热系数 $K[W/(m^2 \cdot K)]$	
	≤3 层	>3 层
屋面	≤0.25	≤0.25
外墙	≤0.35	≤0.45
架空或外挑楼板	≤0.35	≤0.45
阳台门下部芯板	≤1.70	≤1.70
非供暖地下室顶板（上部为供暖房间时）	≤0.50	≤0.50
分隔供暖与非供暖空间的隔墙、楼板	≤1.50	≤1.50
分隔供暖与非供暖空间的户门	≤2.00	≤2.00
分隔供暖设计温度温差大于 5K 的隔墙、楼板	≤1.50	≤1.50
围护结构部位	保温材料层热阻 $R[(m^2 \cdot K)/W]$	
周边地面	≥1.60	≥1.60
地下室外墙（与土壤接触的外墙）	≥1.80	≥1.80

寒冷 B 区居住建筑围护结构热工性能参数限值　　　　表 3.1.8-5

围护结构部位	传热系数 $K[W/(m^2 \cdot K)]$	
	≤3 层	>3 层
屋面	≤0.30	≤0.30
外墙	≤0.35	≤0.45
架空或外挑楼板	≤0.35	≤0.45
阳台门下部芯板	≤1.70	≤1.70
非供暖地下室顶板（上部为供暖房间时）	≤0.50	≤0.50

续表3.1.8-5

围护结构部位	传热系数 K[W/(m²·K)]	
	≤3层	>3层
分隔供暖与非供暖空间的隔墙、楼板	≤1.50	≤1.50
分隔供暖与非供暖空间的户门	≤2.00	≤2.00
分隔供暖设计温度温差大于5K的隔墙、楼板	≤1.50	≤1.50
围护结构部位	保温材料层热阻 R[(m²·K)/W]	
周边地面	≥1.50	≥1.50
地下室外墙(与土壤接触的外墙)	≥1.60	≥1.60

夏热冬冷 A 区居住建筑围护结构热工性能参数限值　　　　　　表 3.1.8-6

围护结构部位	传热系数 K[W/(m²·K)]	
	热惰性指标 D≤2.5	热惰性指标 D>2.5
屋面	≤0.40	≤0.40
外墙	≤0.60	≤1.0
底面接触室外空气的架空或外挑楼板	≤1.00	
分户墙、楼梯间隔墙、外走廊隔墙	≤1.50	
楼板	≤1.80	
户门	≤2.00	

夏热冬冷 B 区居住建筑围护结构热工性能参数限值　　　　　　表 3.1.8-7

围护结构部位	传热系数 K[W/(m²·K)]	
	热惰性指标 D≤2.5	热惰性指标 D>2.5
屋面	≤0.40	≤0.40
外墙	≤0.80	≤1.20
底面接触室外空气的架空或外挑楼板	≤1.20	
分户墙、楼梯间隔墙、外走廊隔墙	≤1.50	
楼板	≤1.80	
户门	≤2.00	

夏热冬暖 A 区居住建筑围护结构热工性能参数限值　　　　　　表 3.1.8-8

围护结构部位	传热系数 K[W/(m²·K)]	
	热惰性指标 D≤2.5	热惰性指标 D>2.5
屋面	≤0.40	≤0.40
外墙	≤0.70	≤1.50

夏热冬暖 B 区居住建筑围护结构热工性能参数限值　　　　表 3.1.8-9

围护结构部位	传热系数 $K[W/(m^2 \cdot K)]$	
	热惰性指标 $D \leqslant 2.5$	热惰性指标 $D > 2.5$
屋面	$\leqslant 0.40$	$\leqslant 0.40$
外墙	$\leqslant 0.70$	$\leqslant 1.50$

温和 A 区居住建筑围护结构热工性能参数限值　　　　表 3.1.8-10

围护结构部位	传热系数 $K[W/(m^2 \cdot K)]$	
	热惰性指标 $D \leqslant 2.5$	热惰性指标 $D > 2.5$
屋面	$\leqslant 0.40$	$\leqslant 0.40$
外墙	$\leqslant 0.60$	$\leqslant 1.00$
底面接触室外空气的架空或外挑楼板	$\leqslant 1.00$	
分户墙、楼梯间隔墙、外走廊隔墙	$\leqslant 1.50$	
楼板	$\leqslant 1.80$	
户门	$\leqslant 2.00$	

温和 B 区居住建筑围护结构热工性能参数限值　　　　表 3.1.8-11

围护结构部位	传热系数 $K[W/(m^2 \cdot K)]$
屋面	$\leqslant 1.00$
外墙	$\leqslant 1.80$

3.1.9　居住建筑透光围护结构的热工性能指标应符合表 3.1.9-1～表 3.1.9-5 的规定。

严寒地区居住建筑透光围护结构热工性能参数限值　　　　表 3.1.9-1

外窗		传热系数 $K[W/(m^2 \cdot K)]$	
		$\leqslant 3$ 层建筑	> 3 层建筑
严寒 A 区	窗墙面积比 $\leqslant 0.30$	$\leqslant 1.40$	$\leqslant 1.60$
	$0.30 <$ 窗墙面积比 $\leqslant 0.45$	$\leqslant 1.40$	$\leqslant 1.60$
	天窗	$\leqslant 1.40$	$\leqslant 1.40$
严寒 B 区	窗墙面积比 $\leqslant 0.30$	$\leqslant 1.40$	$\leqslant 1.80$
	$0.30 <$ 窗墙面积比 $\leqslant 0.45$	$\leqslant 1.40$	$\leqslant 1.60$
	天窗	$\leqslant 1.40$	$\leqslant 1.40$
严寒 C 区	窗墙面积比 $\leqslant 0.30$	$\leqslant 1.60$	$\leqslant 2.00$
	$0.30 <$ 窗墙面积比 $\leqslant 0.45$	$\leqslant 1.40$	$\leqslant 1.80$
	天窗	$\leqslant 1.60$	$\leqslant 1.60$

寒冷地区居住建筑透光围护结构热工性能参数限值　　　表 3.1.9-2

外窗		传热系数 K [W/(m² · K)]		太阳得热系数 $SHGC$
		≤3 层建筑	>3 层建筑	
寒冷 A 区	窗墙面积比≤0.30	≤1.80	≤2.20	—
	0.30<窗墙面积比≤0.50	≤1.50	≤2.00	—
	天窗	≤1.80	≤1.80	
寒冷 B 区	窗墙面积比≤0.30	≤1.80	≤2.20	—
	0.30<窗墙面积比≤0.50	≤1.50	≤2.00	夏季东西向 ≤0.55
	天窗	≤1.80	≤1.80	≤0.45

夏热冬冷地区居住建筑透光围护结构热工性能参数限值　　　表 3.1.9-3

外窗		传热系数 K [W/(m² · K)]	太阳得热系数 $SHGC$ （东、西向/南向）
夏热冬冷 A 区	窗墙面积比≤0.25	≤2.80	—/—
	0.25<窗墙面积比≤0.40	≤2.50	夏季≤0.40/—
	0.40<窗墙面积比≤0.60	≤2.00	夏季≤0.25/冬季≥0.50
	天窗	≤2.80	夏季≤0.20/—
夏热冬冷 B 区	窗墙面积比≤0.25	≤2.80	—/—
	0.25<窗墙面积比≤0.40	≤2.80	夏季≤0.40/—
	0.40<窗墙面积比≤0.60	≤2.50	夏季≤0.25/冬季≥0.50
	天窗	≤2.80	夏季≤0.20/—

夏热冬暖区居住建筑透光围护结构热工性能参数限值　　　表 3.1.9-4

外窗		传热系数 K [W/(m² · K)]	夏季太阳得热系数 $SHGC$ （西向/东、南向/北向）
夏热冬暖 A 区	窗墙面积比≤0.25	≤3.00	0.35/≤0.35/≤0.35
	0.25<窗墙面积比≤0.35	≤3.00	≤0.30/≤0.30/≤0.35
	0.35<窗墙面积比≤0.40	≤2.50	≤0.20/≤0.30/≤0.35
	天窗	≤3.00	≤0.20
夏热冬暖 B 区	窗墙面积比≤0.25	≤3.50	≤0.30/≤0.35/≤0.35
	0.25<窗墙面积比≤0.35	≤3.00	≤0.25/≤0.30/≤0.30
	0.35<窗墙面积比≤0.40	≤3.00	≤0.20/≤0.30/≤0.30
	天窗	≤3.50	≤0.20

温和地区居住建筑透光围护结构热工性能参数限值　　　　表 3.1.9-5

外窗		传热系数 K [W/(m²·K)]	太阳得热系数 SHGC （东、西向/南向）
温和 A 区	窗墙面积比≤0.20	≤2.80	—
	0.20<窗墙面积比≤0.40	≤2.50	—/冬季≥0.50
	0.40<窗墙面积比≤0.50	≤2.00	—/冬季≥0.50
	天窗	≤2.80	夏季≤0.30/冬季≥0.50
温和 B 区	东西向外窗	≤4.00	夏季≤0.40/—
	天窗	—	夏季≤0.30/冬季≥0.50

3.1.10　甲类公共建筑的围护结构热工性能应符合表 3.1.10-1～表 3.1.10-6 的规定。

严寒 A、B 区甲类公共建筑围护结构热工性能限值　　　　表 3.1.10-1

围护结构部位		体形系数≤0.30	0.30<体形系数≤0.50
		传热系数 K[W/(m²·K)]	
屋面		≤0.25	≤0.20
外墙（包括非透光幕墙）		≤0.35	≤0.30
底面接触室外空气的架空或外挑楼板		≤0.35	≤0.30
地下车库与供暖房间之间的楼板		≤0.50	≤0.50
非供暖楼梯间与供暖房间之间的隔墙		≤0.80	≤0.80
单一立面外窗 （包括透光幕墙）	窗墙面积比≤0.20	≤2.50	≤2.20
	0.20<窗墙面积比≤0.30	≤2.30	≤2.00
	0.30<窗墙面积比≤0.40	≤2.00	≤1.60
	0.40<窗墙面积比≤0.50	≤1.70	≤1.50
	0.50<窗墙面积比≤0.60	≤1.40	≤1.30
	0.60<窗墙面积比≤0.70	≤1.40	≤1.30
	0.70<窗墙面积比≤0.80	≤1.30	≤1.20
	窗墙面积比>0.80	≤1.20	≤1.10
屋顶透光部分（屋顶透光部分面积≤20%）		≤1.80	
围护结构部位		保温材料层热阻 R[(m²·K)/W]	
周边地面		≥1.10	
供暖地下室与土壤接触的外墙		≥1.50	
变形缝（两侧墙内保温时）		≥1.20	

严寒 C 区甲类公共建筑围护结构热工性能限值　　　　表 3.1.10-2

围护结构部位	体形系数≤0.30	0.30<体形系数≤0.50
	传热系数 K[W/(m²·K)]	
屋面	≤0.30	≤0.25
外墙（包括非透光幕墙）	≤0.38	≤0.35

续表3.1.10-2

围护结构部位		体形系数≤0.30	0.30<体形系数≤0.50
		传热系数 $K[\mathrm{W}/(\mathrm{m}^2 \cdot \mathrm{K})]$	
底面接触室外空气的架空或外挑楼板		≤0.38	≤0.35
地下车库与供暖房间之间的楼板		≤0.70	≤0.70
非供暖楼梯间与供暖房间之间的隔墙		≤1.00	≤1.00
单一立面外窗 （包括透光幕墙）	窗墙面积比≤0.20	≤2.70	≤2.50
	0.20<窗墙面积比≤0.30	≤2.40	≤2.00
	0.30<窗墙面积比≤0.40	≤2.10	≤1.90
	0.40<窗墙面积比≤0.50	≤1.70	≤1.60
单一立面外窗 （包括透光幕墙）	0.50<窗墙面积比≤0.60	≤1.50	≤1.50
	0.60<窗墙面积比≤0.70	≤1.50	≤1.50
	0.70<窗墙面积比≤0.80	≤1.40	≤1.40
	窗墙面积比>0.80	≤1.30	≤1.20
屋顶透光部分(屋顶透光部分面积≤20%)		≤2.30	
围护结构部位		保温材料层热阻 $R[(\mathrm{m}^2 \cdot \mathrm{K})/\mathrm{W}]$	
周边地面		≥1.10	
供暖地下室与土壤接触的外墙		≥1.50	
变形缝（两侧墙内保温时）		≥1.20	

寒冷地区甲类公共建筑围护结构热工性能限值　　　　　表 3.1.10-3

围护结构部位		体形系数≤0.30		0.30<体形系数≤0.50	
		传热系数 K $[\mathrm{W}/(\mathrm{m}^2 \cdot \mathrm{K})]$	太阳得热系数 $SHGC$(东、南、 西向/北向)	传热系数 K $[\mathrm{W}/(\mathrm{m}^2 \cdot \mathrm{K})]$	太阳得热系数 $SHGC$(东、南、 西向/北向)
屋面		≤0.40	—	≤0.35	—
外墙(包括非透光幕墙)		≤0.50	—	≤0.45	—
底面接触室外空气的架空或外挑楼板		≤0.50	—	≤0.45	—
地下车库与供暖房间之间的楼板		≤1.00	—	≤1.00	—
非供暖楼梯间与供暖房间之间的隔墙		≤1.20	—	≤1.20	—
单一立面外窗 （包括透光幕墙）	窗墙面积比≤0.20	≤2.50	—	≤2.50	—
	0.20<窗墙面积比≤0.30	≤2.50	≤0.48/—	≤2.40	≤0.48/—
	0.30<窗墙面积比≤0.40	≤2.00	≤0.40/—	≤1.80	≤0.40/—
单一立面外窗 （包括透光幕墙）	0.40<窗墙面积比≤0.50	≤1.90	≤0.40/—	≤1.70	≤0.40/—
	0.50<窗墙面积比≤0.60	≤1.80	≤0.35/—	≤1.60	≤0.35/—
	0.60<窗墙面积比≤0.70	≤1.70	≤0.30/0.40	≤1.60	≤0.30/0.40
	0.70<窗墙面积比≤0.80	≤1.50	≤0.30/0.40	≤1.40	≤0.30/0.40
	窗墙面积比>0.80	≤1.30	≤0.25/0.40	≤1.30	≤0.25/0.40
屋顶透光部分(屋顶透光部分面积≤20%)		≤2.40	≤0.35	≤2.40	≤0.35

续表3.1.10-3

围护结构部位	体形系数≤0.30		0.30<体形系数≤0.50	
	传热系数 K [W/(m²·K)]	太阳得热系数 $SHGC$（东、南、西向/北向）	传热系数 K [W/(m²·K)]	太阳得热系数 $SHGC$（东、南、西向/北向）
围护结构部位	保温材料层热阻 R[(m²·K)/W]			
周边地面	≥0.60			
供暖、空调地下室外墙（与土壤接触的墙）	≥0.90			
变形缝（两侧墙内保温时）	≥0.90			

夏热冬冷地区甲类公共建筑围护结构热工性能限值　　　　**表 3.1.10-4**

围护结构部位		传热系数 K [W/(m²·K)]	太阳得热系数 $SHGC$（东、南、西向/北向）
屋面		≤0.40	—
外墙（包括非透光幕墙）	围护结构热惰性指标 D≤2.5	≤0.60	
	围护结构热惰性指标 D>2.5	≤0.80	
底面接触室外空气的架空或外挑楼板		≤0.70	
单一立面外窗（包括透光幕墙）	窗墙面积比≤0.20	≤3.00	≤0.45
	0.20<窗墙面积比≤0.30	≤2.60	≤0.40/0.45
	0.30<窗墙面积比≤0.40	≤2.20	≤0.35/0.40
单一立面外窗（包括透光幕墙）	0.40<窗墙面积比≤0.50	≤2.20	≤0.30/0.35
	0.50<窗墙面积比≤0.60	≤2.10	≤0.30/0.35
	0.60<窗墙面积比≤0.70	≤2.10	≤0.25/0.30
	0.70<窗墙面积比≤0.80	≤2.00	≤0.25/0.30
	窗墙面积比>0.80	≤1.80	≤0.20
屋顶透光部分（屋顶透光部分面积≤20%）		≤2.20	≤0.30

夏热冬暖地区甲类公共建筑围护结构热工性能限值　　　　**表 3.1.10-5**

围护结构部位		传热系数 K [W/(m²·K)]	太阳得热系数 $SHGC$（东、南、西向/北向）
屋面		≤0.40	—
外墙（包括非透光幕墙）	围护结构热惰性指标 D≤2.5	≤0.70	—
	围护结构热惰性指标 D>2.5	≤1.50	
单一立面外窗（包括透光幕墙）	窗墙面积比≤0.20	≤4.00	≤0.40
	0.20<窗墙面积比≤0.30	≤3.00	≤0.35/0.40
	0.30<窗墙面积比≤0.40	≤2.50	≤0.30/0.35
	0.40<窗墙面积比≤0.50	≤2.50	≤0.25/0.30
	0.50<窗墙面积比≤0.60	≤2.40	≤0.20/0.25
	0.60<窗墙面积比≤0.70	≤2.40	≤0.20/0.25

续表3.1.10-5

围护结构部位		传热系数 K [W/(m²·K)]	太阳得热系数 SHGC (东、南、西向/北向)
单一立面外窗 (包括透光幕墙)	0.70<窗墙面积比≤0.80	≤2.40	≤0.18/0.24
	窗墙面积比>0.80	≤2.00	≤0.18
屋顶透光部分(屋顶透光部分面积≤20%)		≤2.50	≤0.25

温和 A 区甲类公共建筑围护结构热工性能限值　　　　表 3.1.10-6

围护结构部位		传热系数 K [W/(m²·K)]	太阳得热系数 SHGC (东、南、西向/北向)
屋面	围护结构热惰性指标 D<2.5	≤0.50	—
	围护结构热惰性指标 D>2.5	≤0.80	
外墙 (包括非透光幕墙)	围护结构热惰性指标 D<2.5	≤0.80	—
	围护结构热惰性指标 D>2.5	≤1.50	
底面接触室外空气的架空或外挑楼板		≤1.50	
单一立面外窗 (包括透光幕墙)	窗墙面积比≤0.20	≤5.20	—
	0.20<窗墙面积比≤0.30	≤4.00	≤0.40/0.45
	0.30<窗墙面积比≤0.40	≤3.00	≤0.35/0.40
	0.40<窗墙面积比≤0.50	≤2.70	≤0.30/0.35
	0.50<窗墙面积比≤0.60	≤2.50	≤0.30/0.35
	0.60<窗墙面积比≤0.70	≤2.50	≤0.25/0.30
	0.70<窗墙面积比≤0.80	≤2.50	≤0.25/0.30
	窗墙面积比>0.80	≤2.00	≤0.20
屋顶透光部分(屋顶透光部分面积≤20%)		≤3.00	≤0.30

3.1.11　乙类公共建筑的围护结构热工性能应符合表 3.1.11-1 和表 3.1.11-2 的规定。

乙类公共建筑屋面、外墙、楼板热工性能限值　　　　表 3.1.11-1

围护结构部位	传热系数 K[W/(m²·K)]				
	严寒 A、B 区	严寒 C 区	寒冷地区	夏热冬冷地区	夏热冬暖地区
屋面	≤0.35	≤0.45	≤0.55	≤0.60	≤0.60
外墙(包括非透光幕墙)	≤0.45	≤0.50	≤0.60	≤1.00	≤1.50
底面接触室外空气的架空或外挑楼板	≤0.45	≤0.50	≤0.60	≤1.00	
地下车库和供暖房间之间的楼板	≤0.50	≤0.70	≤1.00	—	—

乙类公共建筑外窗(包括透光幕墙)热工性能限值　　　　表 3.1.11-2

围护结构部位	传热系数 K[W/(m²·K)]					太阳得热系数 SHGC		
外窗(包括透光幕墙)	严寒 A、B 区	严寒 C 区	寒冷 地区	夏热冬冷 地区	夏热冬暖 地区	寒冷 地区	夏热冬冷 地区	夏热冬暖 地区

续表3.1.11-2

围护结构部位	传热系数 $K[\mathrm{W}/(\mathrm{m}^2 \cdot \mathrm{K})]$					太阳得热系数 SHGC		
单一立面外窗 (包括透光幕墙)	≤2.00	≤2.20	≤2.50	≤3.00	≤4.00	—	≤0.45	≤0.40
屋顶透光部分 (屋顶透光部分面积≤20%)	≤2.00	≤2.20	≤2.50	≤3.00	≤4.00	≤0.40	≤0.35	≤0.30

3.1.12　设置供暖空调系统的工业建筑围护结构热工性能应符合表3.1.12-1~表3.1.12-9的规定。

严寒 A 区工业建筑围护结构热工性能限值　　　　表 3.1.12-1

围护结构部位		传热系数 $K[\mathrm{W}/(\mathrm{m}^2 \cdot \mathrm{K})]$		
		体形系数≤0.10	0.10<体形系数≤0.15	体形系数>0.15
屋面		≤0.40	≤0.35	≤0.35
外墙		≤0.50	≤0.45	≤0.40
立面 外窗	窗墙面积比≤0.20	≤2.70	≤2.50	≤2.50
	0.20<窗墙面积比≤0.30	≤2.50	≤2.20	≤2.20
	窗墙面积比>0.30	≤2.20	≤2.00	≤2.00
屋面透光部分		≤2.50		

严寒 B 区工业建筑围护结构热工性能限值　　　　表 3.1.12-2

围护结构部位		传热系数 $K[\mathrm{W}/(\mathrm{m}^2 \cdot \mathrm{K})]$		
		体形系数≤0.10	0.10<体形系数≤0.15	体形系数>0.15
屋面		≤0.45	≤0.45	≤0.40
外墙		≤0.60	≤0.55	≤0.45
立面 外窗	窗墙面积比≤0.20	≤3.00	≤2.70	≤2.70
	0.20<窗墙面积比≤0.30	≤2.70	≤2.50	≤2.50
	窗墙面积比>0.30	≤2.50	≤2.20	≤2.20
屋面透光部分		≤2.70		

严寒 C 区工业建筑围护结构热工性能限值　　　　表 3.1.12-3

围护结构部位		传热系数 $K[\mathrm{W}/(\mathrm{m}^2 \cdot \mathrm{K})]$		
		体形系数≤0.10	0.10<体形系数≤0.15	体形系数>0.15
屋面		≤0.55	≤0.50	≤0.45
外墙		≤0.65	≤0.60	≤0.50
立面 外窗	窗墙面积比≤0.20	≤3.30	≤3.00	≤3.00
	0.20<窗墙面积比≤0.30	≤3.00	≤2.70	≤2.70
	窗墙面积比>0.30	≤2.70	≤2.50	≤2.50
屋面透光部分		≤3.00		

寒冷 A 区工业建筑围护结构热工性能限值　　表 3.1.12-4

围护结构部位		传热系数 $K[\mathrm{W/(m^2 \cdot K)}]$		
		体形系数≤0.10	0.10<体形系数≤0.15	体形系数>0.15
屋面		≤0.60	≤0.55	≤0.50
外墙		≤0.70	≤0.65	≤0.60
立面外窗	窗墙面积比≤0.20	≤3.50	≤3.30	≤3.30
	0.20<窗墙面积比≤0.30	≤3.30	≤3.00	≤3.00
	窗墙面积比>0.30	≤3.00	≤2.70	≤2.70
屋面透光部分		≤3.30		

寒冷 B 区工业建筑围护结构热工性能限值　　表 3.1.12-5

围护结构部位		传热系数 $K[\mathrm{W/(m^2 \cdot K)}]$		
		体形系数≤0.10	0.10<体形系数≤0.15	体形系数>0.15
屋面		≤0.65	≤0.60	≤0.55
外墙		≤0.75	≤0.70	≤0.65
立面外窗	窗墙面积比≤0.20	≤3.70	≤3.50	≤3.50
	0.20<窗墙面积比≤0.30	≤3.50	≤3.00	≤3.30
	窗墙面积比>0.30	≤3.30	≤3.00	≤2.70
屋面透光部分		≤3.50		

夏热冬冷地区工业建筑围护结构热工性能限值　　表 3.1.12-6

围护结构部位		传热系数 $K[\mathrm{W/(m^2 \cdot K)}]$	
屋面		≤0.70	
外墙		≤1.10	
外窗		传热系数 $K[\mathrm{W/(m^2 \cdot K)}]$	太阳得热系数 SHGC(东、南、西向/北向)
立面外窗	窗墙面积比≤0.20	≤3.60	—
	0.20<窗墙面积比≤0.40	≤3.40	≤0.60/—
	窗墙面积比>0.40	≤3.20	≤0.45/0.55
屋面透光部分		≤3.50	≤0.45

夏热冬暖地区工业建筑围护结构热工性能限值　　表 3.1.12-7

围护结构部位		传热系数 $K[\mathrm{W/(m^2 \cdot K)}]$	
屋面		≤0.90	
外墙		≤1.50	
外窗		传热系数 $K[\mathrm{W/(m^2 \cdot K)}]$	太阳得热系数 SHGC(东、南、西向/北向)
立面外窗	窗墙面积比≤0.20	≤4.00	—
	0.20<窗墙面积比≤0.40	≤3.60	≤0.50/0.60
	窗墙面积比>0.40	≤3.40	≤0.40/0.50
屋面透光部分		≤4.00	≤0.40

温和 A 区工业建筑围护结构热工性能限值 表 3.1.12-8

围护结构部位		传热系数 $K[W/(m^2 \cdot K)]$	
屋面		≤0.70	
外墙		≤1.10	
外窗		传热系数 $K[W/(m^2 \cdot K)]$	太阳得热系数 SHGC(东、南、西向/北向)
立面外窗	窗墙面积比≤0.20	≤3.60	—
	0.20<窗墙面积比≤0.40	≤3.40	≤0.60/—
	窗墙面积比>0.40	≤3.20	≤0.45/0.55
屋面透光部分		≤3.50	≤0.45

工业建筑地面和地下室外墙热阻限值 表 3.1.12-9

热工区划	围护结构部位		热阻 $R[(m^2 \cdot K)/W]$
严寒地区	地面	周边地面	≥1.1
		非周边地面	≥1.1
	供暖地下室外墙(与土壤接触的墙)		≥1.1
寒冷地区	地面	周边地面	≥0.5
		非周边地面	≥0.5
	供暖地下室外墙(与土壤接触的墙)		≥0.5

注：1 地面热阻系指建筑基础持力层以上各层材料的热阻之和；
　　2 地下室外墙热阻系指土壤以内各层材料的热阻之和。

3.1.13 当公共建筑入口大堂采用全玻幕墙时，全玻幕墙中非中空玻璃的面积不应超过该建筑同一立面透光面积（门窗和玻璃幕墙）的15%，且应按同一立面透光面积（含全玻幕墙面积）加权计算平均传热系数。

3.1.14 外窗的通风开口面积应符合下列规定：

1 夏热冬暖、温和 B 区居住建筑外窗的通风开口面积不应小于房间地面面积的10%或外窗面积的45%，夏热冬冷、温和 A 区居住建筑外窗的通风开口面积不应小于房间地面面积的5%；

2 公共建筑中主要功能房间的外窗（包括透光幕墙）应设置可开启窗扇或通风换气装置。

3.1.15 建筑遮阳措施应符合下列规定：

1 夏热冬暖、夏热冬冷地区，甲类公共建筑南、东、西向外窗和透光幕墙应采取遮阳措施；

2 夏热冬暖地区，居住建筑的东、西向外窗的建筑遮阳系数不应大于0.8。

3.1.16 居住建筑幕墙、外窗及敞开阳台的门在10Pa压差下，每小时每米缝隙的空气渗透量 q_1 不应大于 $1.5m^3$，每小时每平方米面积的空气渗透量 q_2 不应大于 $4.5m^3$。

3.1.17 居住建筑外窗玻璃的可见光透射比不应小于0.40。

3.1.18 居住建筑的主要使用房间（卧室、书房、起居室等）的房间窗地面积比不应小于1/7。

3.1.19 外墙保温工程应采用预制构件、定型产品或成套技术，并应具备同一供应商提供配套的组成材料和型式检验报告。型式检验报告应包括配套组成材料的名称、生产单位、规格型号、主要性能参数。外保温系统型式检验报告还应包括耐候性和抗风压性能检验项目。

3.1.20 电梯应具备节能运行功能。两台及以上电梯集中排列时,应设置群控措施。电梯应具备无外部召唤且轿厢内一段时间无预置指令时,自动转为节能运行模式的功能。自动扶梯、自动人行步道应具备空载时暂停或低速运转的功能。

3.2 供暖、通风与空调

3.2.1 除乙类公共建筑外,集中供暖和集中空调系统的施工图设计,必须对设置供暖、空调装置的每一个房间进行热负荷和逐项逐时冷负荷计算。

3.2.2 对于严寒和寒冷地区居住建筑,只有当符合下列条件之一时,应允许采用电直接加热设备作为供暖热源:

1 无城市或区域集中供热,采用燃气、煤、油等燃料受到环保或消防限制,且无法利用热泵供暖的建筑。

2 利用可再生能源发电,其发电量能满足自身电加热用电量需求的建筑。

3 利用蓄热式电热设备在夜间低谷电进行供暖或蓄热,且不在用电高峰和平段时间启用的建筑。

4 电力供应充足,且当地电力政策鼓励用电供暖时。

3.2.3 对于公共建筑,只有当符合下列条件之一时,应允许采用电直接加热设备作为供暖热源:

1 无城市或区域集中供热,采用燃气、煤、油等燃料受到环保或消防限制,且无法利用热泵供暖的建筑。

2 利用可再生能源发电,其发电量能满足自身电加热用电量需求的建筑。

3 以供冷为主、供暖负荷非常小,且无法利用热泵或其他方式提供供暖热源的建筑。

4 以供冷为主、供暖负荷小,无法利用热泵或其他方式提供供暖热源,但可以利用低谷电进行蓄热且电锅炉不在用电高峰和平段时间启用的空调系统。

5 室内或工作区的温度控制精度小于 0.5℃,或相对湿度控制精度小于 5%的工艺空调系统。

6 电力供应充足,且当地电力政策鼓励用电供暖时。

3.2.4 只有当符合下列条件之一时,应允许采用电直接加热设备作为空气加湿热源:

1 冬季无加湿用蒸汽源,且冬季室内相对湿度控制精度要求高的建筑。

2 利用可再生能源发电,且其发电量能满足自身加湿用电量需求的建筑。

3 电力供应充足,且电力需求侧管理鼓励用电时。

3.2.5 锅炉的选型,应与当地长期供应的燃料种类相适应。在名义工况和规定条件下,锅炉的设计热效率不应低于表 3.2.5-1~表 3.2.5-3 的数值。

燃液体燃料、天然气锅炉名义工况下的热效率 (%)　　　　表 3.2.5-1

锅炉类型及燃料种类		锅炉热效率(%)
燃油燃气锅炉	重油	90
	轻油	90
	燃气	92

燃生物质锅炉名义工况下的热效率（%）　　　　　表 3.2.5-2

燃料种类	锅炉额定蒸发量 D(t/h)额定热功率 Q(MW)	
	$D{\leqslant}10/Q{\leqslant}7$	$D{>}10/Q{>}7$
	锅炉热效率(%)	
生物质	80	86

燃煤锅炉名义工况下的热效率（%）　　　　　表 3.2.5-3

锅炉类型及燃料种类		锅炉额定蒸发量 D(t/h)/额定热功率 Q(MW)	
		$D{\leqslant}20/Q{\leqslant}14$	$D{>}20/Q{>}14$
		锅炉热效率(%)	
层状燃烧锅炉		82	84
流化床燃烧锅炉	Ⅲ类烟煤	88	88
室燃(煤粉)锅炉产品		88	88

3.2.6　当设计采用户式燃气供暖热水炉作为供暖热源时，其热效率应符合表 3.2.6 的规定。

户式燃气供暖热水炉的热效率（%）　　　　　表 3.2.6

类型		热效率值(%)
户式供暖热水炉	η_1	≥89
	η_2	≥85

注：η_1 为户式燃气供暖热水炉额定热负荷和部分热负荷（供暖状态为 30% 的额定热负荷）下两个热效率值中的较大值，η_2 为较小值。

3.2.7　除下列情况外，民用建筑不应采用蒸汽锅炉作为热源：

1　厨房、洗衣、高温消毒以及工艺性湿度控制等必须采用蒸汽的热负荷。

2　蒸汽热负荷在总热负荷中的比例大于 70% 且总热负荷不大于 1.4MW。

3.2.8　电动压缩式冷水机组的总装机容量，应按本规范第 3.2.1 条的规定计算的空调冷负荷值直接选定，不得另作附加。在设计条件下，当机组的规格不符合计算冷负荷的要求时，所选择机组的总装机容量与计算冷负荷的比值不得大于 1.1。

3.2.9　采用电机驱动的蒸汽压缩循环冷水（热泵）机组时，其在名义制冷工况和规定条件下的性能系数（COP）应符合下列规定：

1　定频水冷机组及风冷或蒸发冷却机组的性能系数（COP）不应低于表 3.2.9-1 的数值；

2　变频水冷机组及风冷或蒸发冷却机组的性能系数（COP）不应低于表 3.2.9-2 中的数值。

名义制冷工况和规定条件下定频冷水（热泵）
机组的制冷性能系数（*COP*） 表 3.2.9-1

类型		名义制冷量 *CC*（kW）	性能系数 COP(W/W)					
			严寒 A、B 区	严寒 C 区	温和地区	寒冷地区	夏热冬冷地区	夏热冬暖地区
水冷	活塞式/涡旋式	*CC*≤528	4.30	4.30	4.30	5.30	5.30	5.30
	螺杆式	*CC*≤528	4.80	4.90	4.90	5.30	5.30	5.30
		528<*CC*≤1163	5.20	5.20	5.20	5.60	5.60	5.60
		CC>1163	5.40	5.50	5.60	5.80	5.80	5.80
	离心式	*CC*≤1163	5.50	5.60	5.60	5.70	5.80	5.80
		1163<*CC*≤2110	5.90	5.90	5.90	6.00	6.10	6.10
		CC>2110	6.00	6.10	6.10	6.20	6.30	6.30
风冷或蒸发冷却	活塞式/涡旋式	*CC*≤50	2.80	2.80	2.80	3.00	3.00	3.00
		CC>50	3.00	3.00	3.00	3.00	3.20	3.20
	螺杆式	*CC*≤50	2.90	2.90	2.90	3.00	3.00	3.00
		CC>50	2.90	2.90	3.00	3.00	3.20	3.20

名义制冷工况和规定条件下变频冷水（热泵） 表 3.2.9-2

类型		名义制冷量 *CC*（kW）	性能系数 COP(W/W)					
			严寒 A、B 区	严寒 C 区	温和地区	寒冷地区	夏热冬冷地区	夏热冬暖地区
水冷	活塞式/涡旋式	*CC*≤528	4.20	4.20	4.20	4.20	4.20	4.20
	螺杆式	*CC*≤528	4.37	4.47	4.47	4.47	4.56	4.66
		528<*CC*≤1163	4.75	4.75	4.75	4.85	4.94	5.04
		CC>1163	5.20	5.20	5.20	5.23	5.32	5.32
	离心式	*CC*≤1163	4.70	4.70	4.74	4.84	4.93	5.02
		1163<*CC*≤2110	5.20	5.20	5.20	5.20	5.21	5.30
		CC>2110	5.30	5.30	5.30	5.39	5.49	5.49
风冷或蒸发冷却	活塞式/涡旋式	*CC*≤50	2.50	2.50	2.50	2.50	2.51	2.60
		CC>50	2.70	2.70	2.70	2.70	2.70	2.70
	螺杆式	*CC*≤50	2.51	2.51	2.51	2.60	2.70	2.70
		CC>50	2.70	2.70	2.70	2.79	2.79	2.79

3.2.10 电机驱动的蒸汽压缩循环冷水（热泵）机组的综合部分负荷性能系数
（*IPLV*）应按下式计算：

$$IPLV = 1.2\% \times A + 32.8\% \times B + 39.7\% \times C + 26.3\% \times D \qquad (3.2.10)$$

式中：*A*——100%负荷时的性能系数（W/W），冷却水进水温度30℃/冷凝器进气干球温度 35℃；

B——75%负荷时的性能系数（W/W），冷却水进水温度 26℃/冷凝器进气干球温度 31.5℃；

C——50%负荷时的性能系数（W/W），冷却水进水温度 23℃/冷凝器进气干球温度 28℃；

D——25%负荷时的性能系数（W/W），冷却水进水温度 19℃/冷凝器进气干球温度 24.5℃。

3.2.11 当采用电机驱动的蒸汽压缩循环冷水（热泵）机组时，综合部分负荷性能系数（IPLV）应符合下列规定：

1 综合部分负荷性能系数（IPLV）计算方法应符合本规范第 3.2.10 条的规定；

2 定频水冷机组及风冷或蒸发冷却机组的综合部分负荷性能系数（IPLV）不应低于表 3.2.11-1 的数值；

3 变频水冷机组及风冷或蒸发冷却机组的综合部分负荷性能系数（IPLV）不应低于表 3.2.11-2 中的数值。

定频冷水（热泵）机组综合部分负荷性能系数（IPLV）　　表 3.2.11-1

类型		名义制冷量 CC（kW）	综合部分负荷性能系数 IPLV					
			严寒 A、B 区	严寒 C 区	温和地区	寒冷地区	夏热冬冷地区	夏热冬暖地区
水冷	活塞式/涡旋式	CC≤528	5.00	5.00	5.00	5.00	5.05	5.25
	螺杆式	CC≤528	5.35	5.45	5.45	5.45	5.55	5.65
		528<CC≤1163	5.75	5.75	5.75	5.85	5.90	6.00
		CC>1163	5.85	5.95	6.10	6.20	6.30	6.30
	离心式	CC≤1163	5.50	5.50	5.55	5.60	5.90	5.90
		1163<CC≤2110	5.50	5.50	5.55	5.60	5.90	5.90
		CC>2110	5.95	5.95	5.95	6.10	6.20	6.20
风冷或蒸发冷却	活塞式/涡旋式	CC≤50	3.10	3.10	3.10	3.20	3.20	3.20
		CC>50	3.35	3.35	3.35	3.40	3.45	3.45
	螺杆式	CC≤50	2.90	2.90	2.90	3.10	3.20	3.20
		CC>50	3.10	3.10	3.10	3.20	3.30	3.30

变频冷水（热泵）机组综合部分负荷性能系数（IPLV）　　表 3.2.11-2

类型		名义制冷量 CC（kW）	综合部分负荷性能系数 IPLV					
			严寒 A、B 区	严寒 C 区	温和地区	寒冷地区	夏热冬冷地区	夏热冬暖地区
水冷	活塞式/涡旋式	CC≤528	5.64	5.64	5.64	6.30	6.30	6.30

续表3.2.11-2

类型		名义制冷量 CC (kW)	综合部分负荷性能系数 IPLV					
			严寒 A、B 区	严寒 C 区	温和地区	寒冷地区	夏热冬冷地区	夏热冬暖地区
水冷	螺杆式	CC≤528	6.15	6.27	6.27	6.30	6.38	6.50
		528<CC≤1163	6.61	6.61	6.61	6.73	7.00	7.00
		CC>1163	6.73	6.84	7.02	7.13	7.60	7.60
	离心式	CC≤1163	6.70	6.70	6.83	6.96	7.09	7.22
		1163<CC≤2110	7.02	7.15	7.22	7.28	7.60	7.61
		CC>2110	7.74	7.74	7.74	7.93	8.06	8.06
风冷或蒸发冷却	活塞式/涡旋式	CC≤50	3.50	3.50	3.50	3.60	3.60	3.60
		CC>50	3.60	3.60	3.60	3.70	3.70	3.70
	螺杆式	CC≤50	3.50	3.50	3.50	3.60	3.60	3.60
		CC>50	3.60	3.60	3.60	3.70	3.70	3.70

3.2.12 采用多联式空调（热泵）机组时，其在名义制冷工况和规定条件下的能效不应低于表 3.2.12-1、表 3.2.12-2 的数值。

水冷多联式空调（热泵）机组制冷综合部分 表 3.2.12-1

名义制冷量 CC (kW)	制冷综合部分负荷性能系数 IPLV					
	严寒 A、B 区	严寒 C 区	温和地区	寒冷地区	夏热冬冷地区	夏热冬暖地区
CC≤28	5.20	5.20	5.50	5.50	5.90	5.90
28<CC≤84	5.10	5.10	5.40	5.40	5.80	5.80
CC>84	5.00	5.00	5.30	5.30	5.70	5.70

风冷多联式空调（热泵）机组全年性能系数（APF） 表 3.2.12-2

名义制冷量 CC (kW)	全年性能系数 APF					
	严寒 A、B 区	严寒 C 区	温和地区	寒冷地区	夏热冬冷地区	夏热冬暖地区
CC≤14	3.60	4.00	4.00	4.20	4.40	4.40
14<CC≤28	3.50	3.90	3.90	4.10	4.30	4.30
28<CC≤50	3.40	3.90	3.90	4.00	4.20	4.20
50<CC≤68	3.30	3.50	3.50	3.80	4.00	4.00
CC>68	3.20	3.50	3.50	3.80	3.80	3.80

3.2.13 采用电机驱动的单元式空气调节机、风管送风式空调（热泵）机组时，其在名义制冷工况和规定条件下的能效应符合下列规定：

1 采用电机驱动压缩机、室内静压为 0Pa（表压力）的单元式空气调节机能效不应低于表 3.2.13-1～表 3.2.13-3 的数值；

2 采用电机驱动压缩机、室内静压大于 0Pa（表压力）的风管送风式空调（热泵）机组能效不应低于表 3.2.13-4～表 3.2.13-6 中的数值。

风冷单冷型单元式空气调节机制冷季节能效比（SEER） 表3.2.13-1

名义制冷量 CC（kW）	制冷季节能效比 SEER（Wh/Wh）					
	严寒A、B区	严寒C区	温和地区	寒冷地区	夏热冬冷地区	夏热冬暖地区
7.0＜CC≤14.0	3.65	3.65	3.70	3.75	3.80	3.80
CC＞14.0	2.85	2.85	2.90	2.95	3.00	3.00

风冷热泵型单元式空气调节机全年性能系数（APF） 表3.2.13-2

名义制冷量 CC（kW）	全年性能系数 APF（Wh/Wh）					
	严寒A、B区	严寒C区	温和地区	寒冷地区	夏热冬冷地区	夏热冬暖地区
7.0＜CC≤14.0	2.95	2.95	3.00	3.05	3.10	3.10
CC＞14.0	2.85	2.85	2.90	2.95	3.00	3.00

水冷单元式空气调节机制冷综合部 表3.2.13-3

名义制冷量 CC（kW）	制冷综合部分负荷性能系数 IPLV（W/W）					
	严寒A、B区	严寒C区	温和地区	寒冷地区	夏热冬冷地区	夏热冬暖地区
7.0＜CC≤14.0	3.55	3.55	3.60	3.65	3.70	3.70
CC＞14.0	4.15	4.15	4.20	4.25	4.30	4.30

风冷单冷型风管送风式空调机组 表3.2.13-4

名义制冷量 CC（kW）	制冷季节能效比 SEER（Wh/Wh）					
	严寒A、B区	严寒C区	温和地区	寒冷地区	夏热冬冷地区	夏热冬暖地区
CC≤7.1	3.20	3.20	3.30	3.30	3.80	3.80
7.1＜CC≤14.0	3.45	3.45	3.50	3.55	3.60	3.60
14.0＜CC≤28.0	3.25	3.25	3.30	3.35	3.40	3.40
CC＞28.0	2.85	2.85	2.90	2.95	3.00	3.00

风冷热泵型风管送风式空调机组全年性能系数（APF） 表3.2.13-5

名义制冷量 CC（kW）	全年性能系数 APF（Wh/Wh）					
	严寒A、B区	严寒C区	温和地区	寒冷地区	夏热冬冷地区	夏热冬暖地区
CC≤7.1	3.00	3.00	3.20	3.30	3.40	3.40
7.1＜CC≤14.0	3.05	3.05	3.10	3.15	3.20	3.20
14.0＜CC≤28.0	2.85	2.85	2.90	2.95	3.00	3.00
CC＞28.0	2.65	2.65	2.70	2.75	2.80	2.80

水冷风管送风式空调机组制冷综合部分 表3.2.13-6

名义制冷量 CC（kW）	制冷综合部分负荷性能系数 IPLV（W/W）					
	严寒A、B区	严寒C区	温和地区	寒冷地区	夏热冬冷地区	夏热冬暖地区
CC≤14.0	3.85	3.85	3.90	3.90	4.00	4.00
CC＞14.0	3.65	3.65	3.70	3.70	3.80	3.80

3.2.14 除严寒地区外，采用房间空气调节器的全年性能系数（APF）和制冷季节能效比（SEER）不应小于表 3.2.14 的规定。

房间空气调节器能效限值　　　　　　　　　　　表 3.2.14

额定制冷量 CC （kW）	热泵型房间空气调节器 全年性能系数（APF）	单冷式房间空气调节器 制冷季节能效比（SEER）
CC≤4.5	4.00	5.00
4.5<CC≤7.1	3.50	4.40
7.1<CC≤14.0	3.30	4.00

3.2.15 采用直燃型溴化锂吸收式冷（温）水机组时，其在名义工况和规定条件下的性能参数应符合表 3.2.15 的规定。

直燃型溴化锂吸收式冷（温 h 水机组的性能参数）　　　　表 3.2.15

工况		性能参数	
冷(温)水进/出口温度 （℃）	冷却水进/出口温度 （℃）	性能系数（W/W）	
		制冷	供热
12/7（供冷）	30/35	≥1.20	—
—/60（供热）	—	—	≥0.90

3.2.16 风机水泵选型时，风机效率不应低于现行国家标准《通风机能效限定值及能效等级》GB 19761 规定的通风机能效等级的 2 级。循环水泵效率不应低于现行国家标准《清水离心泵能效限定值及节能评价值》GB 19762 规定的节能评价值。

3.2.17 除温湿度波动范围要求严格的空调区外，在同一个全空气空调系统中，不应有同时加热和冷却过程。

3.2.18 直接与室外空气接触的楼板或与不供暖供冷房间相邻的地板作为供暖供冷辐射地面时，必须设置绝热层。

3.2.19 严寒和寒冷地区采用集中新风的空调系统时，除排风含有毒有害高污染成分的情况外，当系统设计最小总新风量大于或等于 40000m³/h 时，应设置集中排风能量热回收装置。

3.2.20 集中供热（冷）的室外管网应进行水力平衡计算，且应在热力站和建筑物热力入口处设置水力平衡或流量调节装置。

3.2.21 锅炉房和换热机房应设置供热量自动控制装置。

3.2.22 间接供热系统二次侧循环水泵应采用调速控制方式。

3.2.23 当冷源系统采用多台冷水机组和水泵时，应设置台数控制；对于多级泵系统，负荷侧各级泵应采用变频调速控制；变风量全空气空调系统应采用变频自动调节风机转速的方式。大型公共建筑空调系统应设置新风量按需求调节的措施。

3.2.24 供暖空调系统应设置自动室温调控装置。

3.2.25 集中供暖系统热量计量应符合下列规定：

1 锅炉房和换热机房供暖总管上，应设置计量总供热量的热量计量装置；

2 建筑物热力入口处，必须设置热量表，作为该建筑物供热量结算点；

3 居住建筑室内供暖系统应根据设备形式和使用条件设置热量调控和分配装置；

4 用于热量结算的热量计量必须采用热量表。

3.2.26 锅炉房、换热机房和制冷机房应对下列内容进行计量：

1 燃料的消耗量；

2 供热系统的总供热量；

3 制冷机（热泵）耗电量及制冷（热泵）系统总耗电量；

4 制冷系统的总供冷量；

5 补水量。

3.3 电气

3.3.1 电力变压器、电动机、交流接触器和照明产品的能效水平应高于能效限定值或能效等级 3 级的要求。

3.3.2 建筑供配电系统设计应进行负荷计算。当功率因数未达到供电主管部门要求时，应采取无功补偿措施。

3.3.3 季节性负荷、工艺负荷卸载时，为其单独设置的变压器应具有退出运行的措施。

3.3.4 水泵、风机以及电热设备应采取节能自动控制措施。

3.3.5 甲类公共建筑应按功能区域设置电能计量。

3.3.6 建筑面积不低于 20000m² 且采用集中空调的公共建筑，应设置建筑设备监控系统。

3.3.7 建筑照明功率密度应符合表 3.3.7-1～表 3.3.7-12 的规定；当房间或场所的室形指数值等于或小于 1 时，其照明功率密度限值可增加，但增加值不应超过限值的 20%；当房间或场所的照度标准值提高或降低一级时，其照明功率密度限值应按比例提高或折减。

全装修居住建筑每户照明功率密度限值   表 3.3.7-1

房间或场所	照度标准值(lx)	照明功率密度限值(W/m²)
起居室	100	
卧室	75	
餐厅	150	≤5.0
厨房	100	
卫生间	100	

居住建筑公共机动车库照明功率密度限值   表 3.3.7-2

房间或场所	照度标准值(lx)	照明功率密度限值(W/m²)
车道	50	
车位	30	≤1.9

办公建筑和其他类型建筑中具有办公用途　表 3.3.7-3

房间或场所	照度标准值(lx)	照明功率密度限值(W/m²)
普通办公室、会议室	300	≤8.0
高档办公室、设计室	500	≤13.5
服务大厅	300	≤10.0

商店建筑照明功率密度限值　表 3.3.7-4

房间或场所	照度标准值(lx)	照明功率密度限值(W/m²)
一般商店营业厅	300	≤9.0
高档商店营业厅	500	≤14.5
一般超市营业厅、仓储式超市、专卖店营业厅	300	≤10.0
高档超市营业厅	500	≤15.5

注：当一般商店营业厅、高档商店营业厅、专卖店营业厅需装设重点照明时，该营业厅的照明功率密度限值可增加 5W/m²。

旅馆建筑照明功率密度限值　表 3.3.7-5

房间或场所		照度标准值(lx)	照明功率密度限值(W/m²)
客房	一般活动区	75	≤6.0
	床头	150	
	卫生间	150	
中餐厅		200	≤8.0
西餐厅		150	≤5.5
多功能厅		300	≤12.0
客房层走廊		50	≤3.5
大堂		200	≤8.0
会议室		300	≤8.0

医疗建筑照明功率密度限值　表 3.3.7-6

房间或场所	照度标准值(lx)	照明功率密度限值(W/m²)
治疗室、诊室	300	≤8.0
化验室	500	≤13.5
候诊室、挂号厅	200	≤5.5
病房	200	≤5.5
护士站	300	≤8.0
药房	500	≤13.5
走廊	100	≤4.0

教育建筑照明功率密度限值　　　　表 3.3.7-7

房间或场所	照度标准值(lx)	照明功率密度限值(W/m²)
教室、阅览室、实验室、多媒体教室	300	≤8.0
美术教室、计算机教室、电子阅览室	500	≤13.5
学生宿舍	150	≤4.5

会展建筑照明功率密度限值　　　　表 3.3.7-8

房间或场所	照度标准值(lx)	照明功率密度限值(W/m²)
会议室、洽谈室	300	≤8.0
宴会厅、多功能厅	300	≤12.0
一般展厅	200	≤8.0
高档展厅	300	≤12.0

交通建筑照明功率密度限值　　　　表 3.3.7-9

房间或场所		照度标准值(lx)	照明功率密度限值(W/m²)
候车(机、船)室	普通	150	≤6.0
	高档	200	≤8.0
中央大厅、售票大厅、行李认领、到达大厅、出发大厅		200	≤8.0
地铁站厅	普通	100	≤4.5
	高档	200	≤8.0
地铁进出站门厅	普通	150	≤5.5
	高档	200	≤8.0

金融建筑照明功率密度限值　　　　表 3.3.7-10

房间或场所	照度标准值(lx)	照明功率密度限值(W/m²)
营业大厅	200	≤8.0
交易大厅	300	≤12.0

工业建筑非爆炸危险场所照明功率密度限值　　　　表 3.3.7-11

房间或场所		照度标准值(lx)	照明功率密度限值(W/m²)
1. 机电工业			
机械加工	粗加工	200	≤6.5
	一般加工公差≥0.1mm	300	≤10.0
	精密加工公差<0.1mm	500	≤15.0

续表3.3.7-11

房间或场所		照度标准值 (lx)	照明功率密度限值 (W/m²)
机电仪表装配	大件	200	≤6.5
	一般件	300	≤10.0
	精密	500	≤15.0
	特精密	750	≤22.0
电线、电缆制造		300	≤10.0
线圈绕制	大线圈	300	≤10.0
	中等线圈	500	≤15.0
	精细线圈	750	≤22.0
线圈浇注		300	≤10.0
焊接	一般	200	≤6.5
	精密	300	≤10.0
钣金、冲压、剪切		300	≤10.0
热处理		200	≤6.5
铸造	熔化、浇铸	200	≤8.0
	造型	300	≤12.0
精密铸造的制模、脱壳		500	≤15.0
锻工		200	≤7.0
电镀		300	≤12.0
酸洗、腐蚀、清洗		300	≤14.0
抛光	一般装饰性	300	≤11.0
	精细	500	≤16.0
复合材料加工、铺叠、装饰		500	≤15.0
机电修理	一般	200	≤6.5
	精密	300	≤10.0
2. 电子工业			
整机类	计算机及外围设备	300	≤10.0
	电子测量仪器	200	≤6.5
元器件类	微电子产品及集成电路、显示器件、 印制线路板	500	≤16.0
	电真空器件、新能源	300	≤10.0
	机电组件	200	≤6.5
电子材料类	玻璃、陶瓷	200	≤6.5
	电声、电视、录音、录像	150	≤5.0
	光纤、电线、电缆	200	≤6.5
	其他电子材料	200	≤6.5

续表3.3.7-11

房间或场所		照度标准值 (lx)	照明功率密度限值 (W/m²)
3. 汽车工业			
冲压车间	生产区	300	≤10.0
	物流区	150	≤5.0
焊接车间	生产区	200	≤6.5
	物流区	150	≤5.0
涂装车间	输调漆间	300	≤10.0
	生产区	200	≤7.0
总装车间	装配线区	200	≤7.0
	物流区	150	≤5.0
	质检间	500	≤15.0
发动机工厂	机加工区	200	≤6.5
	装配区	200	≤6.5
铸造车间	熔化工部	200	≤6.5
	清理/造型/制芯工部	300	≤10.0

公共建筑和工业建筑非爆炸危险场所通用房间或场所照明功率密度限值　　表 3.3.7-12

房间或场所		照度标准值 (lx)	照明功率密度限值 (W/m²)
走廊	普通	50	≤2.0
	高档	100	≤3.5
厕所	普通	75	≤3.0
	高档	150	≤5.0
试验室	一般	300	≤8.0
	精细	500	≤13.5
检验	一般	300	≤8.0
	精细,有颜色要求	750	≤21.0
计量室、测量室		500	≤13.5
控制室	一般控制室	300	≤8.0
	主控制室	500	≤13.5
电话站、网络中心、计算机站		500	≤13.5
动力站	风机房、空调机房	100	≤3.5
	泵房	100	≤3.5
	冷冻站	150	≤5.0
	压缩空气站	150	≤5.0
	锅炉房、煤气站的操作层	100	≤4.5

续表3.3.7-12

房间或场所		照度标准值 (lx)	照明功率密度限值 (W/m²)
仓库	大件库	50	≤2.0
	一般件库	100	≤3.5
	半成品库	150	≤5.0
	精细件库	200	≤6.0
公共机动车库	车道	50	≤1.9
	车位	30	
车辆加油站		100	≤4.5

3.3.8 建筑的走廊、楼梯间、门厅、电梯厅及停车库照明应能够根据照明需求进行节能控制;大型公共建筑的公用照明区域应采取分区、分组及调节照度的节能控制措施。

3.3.9 有天然采光的场所,其照明应根据采光状况和建筑使用条件采取分区、分组、按照度或按时段调节的节能控制措施。

3.3.10 旅馆的每间(套)客房应设置总电源节能控制措施。

3.3.11 建筑景观照明应设置平时、一般节日及重大节日多种控制模式。

3.4 给水排水及燃气

3.4.1 集中生活热水供应系统热源应符合下列规定:

1 除有其他用蒸汽要求外,不应采用燃气或燃油锅炉制备蒸汽作为生活热水的热源或辅助热源;

2 除下列条件外,不应采用市政供电直接加热作为生活热水系统的主体热源;

1) 按 60℃计的生活热水最高日总用水量不大于 5m³,或人均最高日用水定额不大于 10L 的公共建筑;

2) 无集中供热热源和燃气源,采用煤、油等燃料受到环保或消防限制,且无条件采用可再生能源的建筑;

3) 利用蓄热式电热设备在夜间低谷电进行加热或蓄热,且不在用电高峰和平段时间启用的建筑;

4) 电力供应充足,且当地电力政策鼓励建筑用电直接加热做生活热水热源时。

3.4.2 以燃气或燃油锅炉作为生活热水热源时,其锅炉额定工况下热效率应符合本规范第 3.2.5 条的规定。当采用户式燃气热水器或供暖炉为生活热水热源时,其设备能效应符合表 3.4.2 的规定。

户式燃气热水器和供暖热水炉(热水)热效率　　　　　　　　　表 3.4.2

类型		热效率值(%)
户式热水器/户式供暖热水炉(热水)	η_1	≥89
	η_2	≥85

注:η_1 为热水器或供暖炉额定热负荷和部分热负荷(热水状态为 50%的额定热负荷)下两个热效率值中的较大值,η_2 为较小值。

3.4.3 当采用空气源热泵热水机组制备生活热水时，热泵热水机在名义制热工况和规定条件下，性能系数（COP）不应低于表3.4.3规定的数值，并应有保证水质的有效措施。

表 3.4.3

热泵热水机性能系数（COP）（W/W）

制热量(kW)	热水机型式		普通型	低温型
H<10	一次加热式、循环加热式		4.40	3.60
	静态加热式		4.40	—
H≥10	一次加热式		4.40	3.70
	循环加热	不提供水泵	4.40	3.70
		提供水泵	4.30	3.60

3.4.4 居住建筑采用户式电热水器作为生活热水热源时，其能效指标应符合表3.4.4的规定。

表 3.4.4

户式电热水器能效指标

24h固有能耗系数	热水输出率
≤0.7	≥60%

3.4.5 给水泵设计选型时其效率不应低于现行国家标准《清水离心泵能效限定值及节能评价值》GB19762规定的节能评价值。

3.4.6 当采用单个燃烧器额定热负荷不大于5.23kW的家用燃气灶具时，其能效限定值应符合表3.4.6的规定。

表 3.4.6

家用燃气灶具的能效限定值

类型		热效率 η(%)
大气式灶	台式	≥62
	嵌入式	≥59
	集成灶	≥56
红外线灶	台式	≥64
	嵌入式	≥61
	集成灶	≥58

4 既有建筑节能改造设计

4.1 一般规定

4.1.1 民用建筑改造涉及节能要求时，应同期进行建筑节能改造。

4.1.2 节能改造涉及抗震、结构、防火等安全时，节能改造前应进行安全性能评估。

4.1.3 既有建筑节能改造应先进行节能诊断，根据节能诊断结果，制定节能改造方案。节能改造方案应明确节能指标及其检测与验收的方法。

4.1.4 既有建筑节能改造设计应设置能量计量装置，并应满足节能验收的要求。

4.2 围护结构

4.2.1 外墙、屋面的节能诊断应包括下列内容：

1 严寒和寒冷地区，外墙、屋面的传热系数、热工缺陷及热桥部位内表面温度；

2 夏热冬冷和夏热冬暖地区，外墙、屋面隔热性能。

4.2.2 建筑外窗、透光幕墙的节能诊断应包括下列内容：

1 严寒和寒冷地区，外窗、透光幕墙的传热系数；

2 外窗、透光幕墙的气密性；

3 除北向外，外窗、透光幕墙的太阳得热系数。

4.2.3 外墙采用可粘结工艺的外保温改造方案时，其基墙墙面的性能应满足保温系统的要求。

4.2.4 加装外遮阳时，应对原结构的安全性进行复核、验算。当结构安全不能满足要求时，应对其进行结构加固或采取其他遮阳措施。

4.2.5 外围护结构进行节能改造时，应配套进行相关的防水、防护设计。

4.3 建筑设备系统

4.3.1 建筑设备系统节能诊断应包括下列内容：

1 测定源消耗基本信息；

2 主要用能系统、设备能效及室内环境参数。

4.3.2 当冷热源系统改造时，应根据系统原有的冷热源运行记录及围护结构改造情况进行系统冷热负荷计算，并应对整个制冷季、供暖季负荷进行分析。

4.3.3 冷热源改造后应能满足原有输配系统和空调末端系统的设计要求。

4.3.4 集中供暖系统热源节能改造设计应设置能根据室外温度变化自动调节供热量的装置。

4.3.5 供暖空调系统末端节能改造设计应设置室温调控装置。

4.3.6 锅炉房、换热机房及制冷机房节能改造设计，应设置能量计量装置，并符合本规范第3.2.26条的规定。

4.3.7 集中供暖系统节能改造设计应设置热计量装置，并符合本规范第3.2.25条的规定。

4.3.8 当供暖空调系统冷源或管网或末端节能改造时，应对原有输配管网水力平衡状况及循环水泵、风机进行校核计算，当不满足本规范的相关规定时，应进行相应改造。变流量系统的水泵、风机应设置变频措施。

4.3.9 当更换生活热水供应系统的锅炉及加热设备时，更换后的设备应能根据设定温度自动调节燃料供给量，且能保证出水温度稳定。

4.3.10 照明系统节能改造设计应在满足用电安全和功能要求的前提下进行；照明系统改造后，走廊、楼梯间、门厅、电梯厅及停车库等场所应能根据照明需求进行节能控制。

4.3.11 建筑设备集中监测与控制系统节能改造设计，应满足设备和系统节能控制要求；对建筑能源消耗状况、室内外环境参数、设备及系统的运行参数进行监测，并应具备显示、查询、报警和记录等功能。其存储介质和数据库应能记录连续一年以上的运行参数。

5 可再生能源建筑应用系统设计

5.1 一般规定

5.1.1 可再生能源建筑应用系统设计时，应根据当地资源与适用条件统筹规划。

5.1.2 采用可再生能源时，应根据适用条件和投资规模确定该类能源可提供的用能比例或保证率，以及系统费效比，并应根据项目负荷特点和当地资源条件进行适宜性分析。

5.2 太阳能系统

5.2.1 新建建筑应安装太阳能系统。

5.2.2 在既有建筑上增设或改造太阳能系统，必须经建筑结构安全复核，满足建筑结构的安全性要求。

5.2.3 太阳能系统应做到全年综合利用，根据使用地的气候特征、实际需求和适用条件，为建筑物供电、供生活热水、供暖或（及）供冷。

5.2.4 太阳能建筑一体化应用系统的设计应与建筑设计同步完成。建筑物上安装太阳能系统不得降低相邻建筑的日照标准。

5.2.5 太阳能系统与构件及其安装安全，应符合下列规定：

1 应满足结构、电气及防火安全的要求；

2 由太阳能集热器或光伏电池板构成的围护结构构件，应满足相应围护结构构件的安全性及功能性要求；

3 安装太阳能系统的建筑，应设置安装和运行维护的安全防护措施，以及防止太阳能集热器或光伏电池板损坏后部件坠落伤人的安全防护设施。

5.2.6 太阳能系统应对下列参数进行监测和计量：

1 太阳能热利用系统的辅助热源供热量、集热系统进出口水温、集热系统循环水流量、太阳总辐照量，以及按使用功能分类的下列参数：

1）太阳能热水系统的供热水温度、供热水量；

2）太阳能供暖空调系统的供热量及供冷量、室外温度、代表性房间室内温度。

2 太阳能光伏发电系统的发电量、光伏组件背板表面温度、室外温度、太阳总辐照量。

5.2.7 太阳能热利用系统应根据不同地区气候条件、使用环境和集热系统类型采取防冻、防结露、防过热、防热水渗漏、防雷、防雹、抗风、抗震和保证电气安全等技术措施。

5.2.8 防止太阳能集热系统过热的安全阀应安装在泄压时排出的高温蒸汽和水不会

危及周围人员的安全的位置上，并应配备相应的设施；其设定的开启压力，应与系统可耐受的最高工作温度对应的饱和蒸汽压力相一致。

5.2.9　太阳能热利用系统中的太阳能集热器设计使用寿命应高于15年。太阳能光伏发电系统中的光伏组件设计使用寿命应高于25年，系统中多晶硅、单晶硅、薄膜电池组件自系统运行之日起，一年内的衰减率应分别低于2.5%、3%、5%，之后每年衰减应低于0.7%。

5.2.10　太阳能热利用系统设计应根据工程所采用的集热器性能参数、气象数据以及设计参数计算太阳能热利用系统的集热效率，且应符合表5.2.10的规定。

太阳能热利用系统的集热效率 η（%）　　　　表 5.2.10

太阳能热水系统	太阳能供暖系统	太阳能空调系统
$\eta \geqslant 42$	$\eta \geqslant 35$	$\eta \geqslant 30$

5.2.11　太阳能光伏发电系统设计时，应给出系统装机容量和年发电总量。

5.2.12　太阳能光伏发电系统设计时，应根据光伏组件在设计安装条件下光伏电池最高工作温度设计其安装方式，保证系统安全稳定运行。

5.3　地源热泵系统

5.3.1　地源热泵系统方案设计前，应进行工程场地状况调查，并应对浅层或中深层地热能资源进行勘察，确定地源热泵系统实施的可行性与经济性。当浅层地埋管地源热泵系统的应用建筑面积大于或等于5000m² 时，应进行现场岩土热响应试验。

5.3.2　浅层地埋管换热系统设计应进行所负担建筑物全年动态负荷及吸、排热量计算，最小计算周期不应小于1年。建筑面积50000m² 以上大规模地埋管地源热泵系统，应进行10年以上地源侧热平衡计算。

5.3.3　地源热泵机组的能效不应低于现行国家标准《水（地）源热泵机组能效限定值及能效等级》GB 30721规定的节能评价值。

5.3.4　地下水换热系统应根据水文地质勘察资料进行设计。必须采取可靠回灌措施，确保置换冷量或热量后的地下水全部回灌到同一含水层，不得对地下水资源造成浪费及污染。

5.3.5　江河湖水源地源热泵系统应对地表水体资源和水体环境进行评价。

5.3.6　海水源地源热泵系统与海水接触的设备及管道，应具有耐海水腐蚀性，应采取防止海洋生物附着的措施。

5.3.7　冬季有冻结可能的地区，地埋管、闭式地表水和海水换热系统应有防冻措施。

5.3.8　地源热泵系统监测与控制工程应对代表性房间室内温度、系统地源侧与用户侧进出水温度和流量、热泵系统耗电量、地下环境参数进行监测。

5.4　空气源热泵系统

5.4.1　空气源热泵机组的有效制热量，应根据室外温、湿度及结、除霜工况对制热性能进行修正。采用空气源多联式热泵机组时，还需根据室内、外机组之间的连接管长和高差修正。

5.4.2 当室外设计温度低于空气源热泵机组平衡点温度时，应设置辅助热源。

5.4.3 采用空气源热泵机组供热时，冬季设计工况状态下热泵机组制热性能系数（COP）不应小于表5.4.3规定的数值。

空气源热泵设计工况制热性能系数（*COP*）　　　　　表5.4.3

机组类型	严寒地区	寒冷地区
冷热风机组	1.8	2.2
冷热水机组	2.0	2.4

5.4.4 空气源热泵机组在连续制热运行中，融霜所需时间总和不应超过一个连续制热周期的20%。

5.4.5 空气源热泵系统用于严寒和寒冷地区时，应采取防冻措施。

5.4.6 空气源热泵室外机组的安装位置，应符合下列规定：

1 应确保进风与排风通畅，且避免短路；

2 应避免受污浊气流对室外机组的影响；

3 噪声和排出热气流应符合周围环境要求；

4 应便于对室外机的换热器进行清扫和维修；

5 室外机组应有防积雪措施；

6 应设置安装、维护及防止坠落伤人的安全防护设施。

6 施工、调试及验收

6.1 一般规定

6.1.1 建筑节能工程采用的材料、构件和设备，应在施工进场进行随机抽样复验，复验应为见证取样检验。当复验结果不合格时，工程施工中不得使用。

6.1.2 建筑设备系统和可再生能源系统工程施工完成后，应进行系统调试；调试完成后，应进行设备系统节能性能检验并出具报告。受季节影响未进行的节能性能检验项目，应在保修期内补做。

6.1.3 建筑节能工程质量验收合格，应符合下列规定：

1 建筑节能各分项工程应全部合格；

2 质量控制资料应完整；

3 外墙节能构造现场实体检验结果应对照图纸进行核查，并符合要求；

4 建筑外窗气密性能现场实体检验结果应对照图纸进行核查，并符合要求；

5 建筑设备系统节能性能检测结果应合格；

6 太阳能系统性能检测结果应合格。

6.1.4 建筑节能验收时应对下列资料进行核查：

1 设计文件、图纸会审记录、设计变更和洽商；

2 主要材料、设备、构件的质量证明文件、进场检验记录、进场复验报告、见证试验报告；

    3 隐蔽工程验收记录和相关图像资料；

    4 分项工程质量验收记录；

    5 建筑外墙节能构造现场实体检验报告或外墙传热系数检验报告；

    6 外窗气密性能现场检验记录；

    7 风管系统严密性检验记录；

    8 设备单机试运转调试记录；

    9 设备系统联合试运转及调试记录；

    10 分部（子分部）工程质量验收记录；

    11 设备系统节能性和太阳能系统性能检测报告。

    6.1.5 既有建筑节能改造工程施工完成后，应进行节能工程质量验收，并应对节能量进行评估。

6.2 围护结构

    6.2.1 墙体、屋面和地面节能工程采用的材料、构件和设备施工进场复验应包括下列内容：

    1 保温隔热材料的导热系数或热阻、密度、压缩强度或抗压强度、吸水率、燃烧性能（不燃材料除外）及垂直于板面方向的抗拉强度（仅限墙体）；

    2 复合保温板等墙体节能定型产品的传热系数或热阻、单位面积质量、拉伸粘结强度及燃烧性能（不燃材料除外）；

    3 保温砌块等墙体节能定型产品的传热系数或热阻、抗压强度及吸水率；

    4 墙体及屋面反射隔热材料的太阳光反射比及半球发射率；

    5 墙体粘结材料的拉伸粘结强度；

    6 墙体抹面材料的拉伸粘结强度及压折比；

    7 墙体增强网的力学性能及抗腐蚀性能。

    6.2.2 建筑幕墙（含采光顶）节能工程采用的材料、构件和设备施工进场复验应包括下列内容：

    1 保温隔热材料的导热系数或热阻、密度、吸水率及燃烧性能（不燃材料除外）；

    2 幕墙玻璃的可见光透射比、传热系数、太阳得热系数及中空玻璃的密封性能；

    3 隔热型材的抗拉强度及抗剪强度；

    4 透光、半透光遮阳材料的太阳光透射比及太阳光反射比。

    6.2.3 门窗（包括天窗）节能工程施工采用的材料、构件和设备进场时，除核查质量证明文件、节能性能标识证书、门窗节能性能计算书及复验报告外，还应对下列内容进行复验：

    1 严寒、寒冷地区门窗的传热系数及气密性能；

    2 夏热冬冷地区门窗的传热系数、气密性能，玻璃的太阳得热系数及可见光透射比；

    3 夏热冬暖地区门窗的气密性能，玻璃的太阳得热系数及可见光透射比；

    4 严寒、寒冷、夏热冬冷和夏热冬暖地区透光、部分透光遮阳材料的太阳光透射比、太阳光反射比及中空玻璃的密封性能。

6.2.4 墙体、屋面和地面节能工程的施工质量，应符合下列规定：

1 保温隔热材料的厚度不得低于设计要求；

2 墙体保温板材与基层之间及各构造层之间的粘结或连接必须牢固；保温板材与基层的连接方式、拉伸粘结强度和粘结面积比应符合设计要求；保温板材与基层之间的拉伸粘结强度应进行现场拉拔试验，且不得在界面破坏；粘结面积比应进行剥离检验；

3 当墙体采用保温浆料做外保温时，厚度大于 20mm 的保温浆料应分层施工；保温浆料与基层之间及各层之间的粘结必须牢固，不应脱层、空鼓和开裂；

4 当保温层采用锚固件固定时，锚固件数量、位置、锚固深度、胶结材料性能和锚固力应符合设计和施工方案的要求；

5 保温装饰板的装饰面板应使用锚固件可靠固定，锚固力应做现场拉拔试验；保温装饰板板缝不得渗漏。

6.2.5 外墙外保温系统经耐候性试验后，不得出现空鼓、剥落或脱落、开裂等破坏，不得产生裂缝出现渗水；外墙外保温系统拉伸粘结强度应符合表 6.2.5 的规定，并且破坏部位应位于保温层内。

外墙外保温系统拉伸粘结强度（MPa）　　　　　　　　　表 6.2.5

检验项目	粘贴保温板薄抹灰外保温系统、EPS 板现浇混凝土外保温系统、胶粉聚苯颗粒浆料贴砌 EPS 板外保温系统、现场喷涂硬泡聚氨酯外保温系统	胶粉聚苯颗粒保温浆料外保温系统
拉伸粘结强度	≥0.10	≥0.06

6.2.6 胶粘剂拉伸粘结强度应符合表 6.2.6 的规定，胶粘剂与保温板的粘结在原强度、浸水 48h 后干燥 7 天的耐水强度条件下发生破坏时，破坏部位应位于保温板内。

胶粘剂拉伸粘结强度（MPa）　　　　　　　　　表 6.2.6

检验项目		与水泥砂浆	与保温板
原强度		≥0.60	≥0.10
耐水强度	浸水 48h,干燥 2h	≥0.30	≥0.06
	浸水 48h,干燥 7 天	≥0.60	≥0.10

6.2.7 抹面胶浆拉伸粘结强度应符合表 6.2.7 的规定，抹面胶浆与保温材料的粘结在原强度、浸水 48h 后干燥 7 天的耐水强度条件下发生破坏时，破坏部位应位于保温材料内。

抹面胶浆拉伸粘结强度（MPa）　　　　　　　　　表 6.2.7

检验项目		与保温板	与保温浆料
原强度		≥0.10	≥0.06
耐水强度	浸水 48h,干燥 2h	≥0.06	≥0.03
	浸水 48h,干燥 7 天	≥0.10	≥0.06
耐冻融强度		≥0.10	≥0.06

6.2.8 玻纤网的主要性能应符合表 6.2.8 的规定。

玻纤网主要性能要求 表 6.2.8

检验项目	性能要求
单位面积质量	$\geqslant160g/m^2$
耐碱断裂强力(经、纬向)	$\geqslant1000N/50mm$
耐碱断裂强力保留率(经、纬向)	$\geqslant50\%$
断裂伸长率(经、纬向)	$\leqslant5.0\%$

6.2.9 外墙采用预置保温板现场浇筑混凝土墙体时，保温板的安装位置应正确、接缝严密；保温板应固定牢固，在浇筑混凝土过程中不应移位、变形；保温板表面应采取界面处理措施，与混凝土粘结应牢固。采用预制保温墙板现场安装的墙体，保温墙板的结构性能、热工性能必须合格，与主体结构连接必须牢固；保温墙板板缝不得渗漏。

6.2.10 外墙外保温采用保温装饰板时，保温装饰板的安装构造、与基层墙体的连接方法应对照图纸进行核查，连接必须牢固；保温装饰板的板缝处理、构造节点不得渗漏；保温装饰板的锚固件应将保温装饰板的装饰面板固定牢固。

6.2.11 外墙外保温工程中防火隔离带，应符合下列规定：

1 防火隔离带保温材料应与外墙外保温组成材料相配套；

2 防火隔离带应采用工厂预制的制品现场安装，并应与基层墙体可靠连接，且应能适应外保温系统的正常变形而不产生渗透、裂缝和空鼓；防火隔离带面层材料应与外墙外保温一致；

3 外墙外保温系统的耐候性能试验应包含防火隔离带。

6.2.12 外墙和毗邻不供暖空间墙体上的门窗洞口四周墙的侧面，以及墙体上凸窗四周的侧面，应按设计要求采取节能保温措施。严寒和寒冷地区外墙热桥部位，应采取隔断热桥措施，并对照图纸核查。

6.2.13 建筑门窗、幕墙节能工程应符合下列规定：

1 外门窗框或附框与洞口之间、窗框与附框之间的缝隙应有效密封；

2 门窗关闭时，密封条应接触严密；

3 建筑幕墙与周边墙体、屋面间的接缝处应采用保温措施，并应采用耐候密封胶等密封。

6.2.14 建筑围护结构节能工程施工完成后，应进行现场实体检验，并符合下列规定：

1 应对建筑外墙节能构造包括墙体保温材料的种类、保温层厚度和保温构造做法进行现场实体检验。

2 下列建筑的外窗应进行气密性能实体检验：

1）严寒、寒冷地区建筑；

2）夏热冬冷地区高度大于或等于 24m 的建筑和有集中供暖或供冷的建筑；

3）其他地区有集中供冷或供暖的建筑。

6.3 建筑设备系统

6.3.1 供暖通风空调系统节能工程采用的材料、构件和设备施工进场复验应包括下列内容：

1 散热器的单位散热量、金属热强度；

2 风机盘管机组的供冷量、供热量、风量、水阻力、功率及噪声；

3 绝热材料的导热系数或热阻、密度、吸水率。

6.3.2 配电与照明节能工程采用的材料、构件和设备施工进场复验应包括下列内容：

1 照明光源初始光效；

2 照明灯具镇流器能效值；

3 照明灯具效率或灯具能效；

4 照明设备功率、功率因数和谐波含量值；

5 电线、电缆导体电阻值。

6.3.3 建筑设备系统安装前，应对照图纸对建筑设备能效指标进行核查。

6.3.4 空调与供暖系统水力平衡装置、热计量装置及温度调控装置的安装位置和方向应符合设计要求，并应便于数据读取、操作、调试和维护。

6.3.5 供暖系统安装的温度调控装置和热计量装置，应满足分室（户或区）温度调控、热计量功能。

6.3.6 低温送风系统风管安装过程中，应进行风管系统的漏风量检测；风管系统漏风量应符合表 6.3.6 的规定。

风管系统允许漏风量　　　　　　　　　表 6.3.6

风管类别	允许漏风量$[m^3/(h \cdot m^2)]$
低压风管	$\leqslant 0.1056P^{0.65}$
中压风管	$\leqslant 0.0352P^{0.65}$

注：P 为系统风管工作压力（Pa）。

6.3.7 变风量末端装置与风管连接前，应做动作试验，确认运行正常后再进行管道连接。变风量空调系统安装完成后，应对变风量末端装置风量准确性、控制功能及控制逻辑进行验证，验证结果应对照设计图纸和资料进行核查。

6.3.8 供暖空调系统绝热工程施工应在系统水压试验和风管系统严密性检验合格后进行，并应符合下列规定：

1 绝热材料性能及厚度应对照图纸进行核查；

2 绝热层与管道、设备应贴合紧密且无缝隙；

3 防潮层应完整，且搭接缝应顺水；

4 管道穿楼板和穿墙处的绝热层应连续不间断；

5 阀门、过滤器、法兰部位的绝热应严密，并能单独拆卸，且不得影响其操作功能；

6 冷热水管道及制冷剂管道与支、吊架之间应设置绝热衬垫，其厚度不应小于绝热层厚度。

6.3.9 空调与供暖系统冷热源和辅助设备及其管道和管网系统安装完毕后，应按下

列规定进行系统的试运转与调试:

 1 冷热源和辅助设备应进行单机试运转与调试;

 2 冷热源和辅助设备应进行控制功能和控制逻辑的验证;

 3 冷热源和辅助设备应同建筑物室内空调系统或供暖系统进行联合试运转与调试。

6.3.10 供暖、通风与空调系统以及照明系统的节能控制措施应对照图纸进行核查。

6.3.11 监测与控制节能工程的传感器和执行机构,其安装位置、方式应对照图纸进行核查;预留的检测孔位置在管道保温时应做明显标识。

6.3.12 当建筑面积大于100000m² 的公共建筑采用集中空调系统时,应对空调系统进行调适。

6.3.13 建筑设备系统节能性能检测应符合下列规定:

 1 冬季室内平均温度不得低于设计温度2℃,且不应高于1℃;夏季室内平均温度不得高于设计温度2℃,且不应低于1℃;

 2 通风、空调(包括新风)系统的总风量与设计风量的允许偏差不应大于10%;

 3 各风口的风量与设计风量的允许偏差不应大于15%;

 4 空调机组的水流量允许偏差,定流量系统不应大于15%,变流量系统不应大于10%;

 5 空调系统冷水、热水、冷却水的循环流量与设计流量的允许偏差不应大于10%;

 6 室外供暖管网水力平衡度为0.9~1.2;

 7 室外供暖管网热损失率不应大于10%;

 8 照度不应低于设计值的90%,照明功率密度不应大于设计值。

6.4 可再生能源应用系统

6.4.1 太阳能系统节能工程采用的材料、构件和设备施工进场复验应包括下列内容:

1 太阳能集热器的安全性能及热性能;

2 太阳能光伏组件的发电功率及发电效率;

3 保温材料的导热系数或热阻、密度、吸水率。

6.4.2 浅层地埋管换热系统的安装应符合下列规定:

1 地埋管与环路集管连接应采用热熔或电熔连接,连接应严密且牢固;

2 竖直地埋管换热器的U形弯管接头应选用定型产品;

3 竖直地埋管换热器U形管的开口端部应密封保护;

4 回填应密实;

5 地埋管换热系统水压试验应合格。

6.4.3 地下水源热泵的热源井应进行抽水试验和回灌试验,并应单独验收,其持续出水量和回灌量应稳定,且应对照图纸核查;抽水试验结束前应在抽水设备的出口处采集水样进行水质和含砂量测定,水质和含砂量应满足系统设备的使用要求。

6.4.4 太阳能系统的施工安装不得破坏建筑物的结构、屋面、地面防水层和附属设施,不得削弱建筑物在寿命期内承受荷载的能力。

6.4.5 太阳能集热器和太阳能光伏电池板的安装方位角和倾角应对照设计要求进行核查,安装误差应在±3°以内。

6.4.6 太阳能系统性能检测应符合下列规定：

1 应对太阳能热利用系统的太阳能集热系统得热量、集热效率、太阳能保证率进行检测，检测结果应对照设计要求进行核查；

2 应对太阳能光伏发电系统年发电量和组件背板最高工作温度进行检测，检测结果应对照设计要求进行核查。

7 运行管理

7.1 运行与维护

7.1.1 建筑的运行与维护应建立节能管理制度及设备系统节能运行操作规程。

7.1.2 公共建筑运行期间室内设定温度，冬季不得高于设计值2℃，夏季不得低于设计值2℃；对作息时间固定的建筑，在非使用时间内应降低空调运行温湿度和新风控制标准或停止运行空调系统。

7.1.3 对供冷供热系统，应根据实际冷热负荷变化制定调节供冷供热量的运行方案及操作规程。对可再生能源与常规能源结合的复合式能源系统，应根据实际运行状况制定实现全年可再生能源优先利用的运行方案及操作规程。

7.1.4 集中空调系统应根据实际运行状况制定过渡季节能运行方案及操作规程；对人员密集的区域，应根据实际需求制定新风量调节方案及操作规程。

7.1.5 对排风能量回收系统，应根据实际室内外空气参数，制定能量回收装置节能运行方案及操作规程。

7.1.6 暖通空调系统运行中，应监测和评估水力平衡和风量平衡状况；当不满足要求时，应进行系统平衡调试。

7.1.7 太阳能集热系统停止运行时，应采取有效措施防止太阳能集热系统过热。

7.1.8 地下水地源热泵系统投入运行后，应对抽水量、回灌量及其水质进行定期监测。

7.1.9 建筑节能及相关设备与系统维护应符合下列规定：

1 应按节能要求对排风能量回收装置、过滤器、换热表面等影响设备及系统能效的设备和部件定期进行检查和清洗；

2 应对设备及管道绝热设施定期进行维护和检查；

3 应对自动控制系统的传感器、变送器、调节器和执行器等基本元件进行日常维护保养，并应按工况变化调整控制模式和设定参数。

7.1.10 太阳能集热系统检查和维护，应符合下列规定：

1 太阳能集热系统冬季运行前，应检查防冻措施；并应在暴雨，台风等灾害性气候到来之前进行防护检查及过后的检查维修；

2 雷雨季节到来之前应对太阳能集热系统防雷设施的安全性进行检查；

3 每年应对集热器检查至少一次，集热器及光伏组件表面应保持清洁。

7.1.11 建筑外围护结构应定期进行检查。当外墙外保温系统出现渗漏、破损、脱落现象时，应进行修复。

7.2 节能管理

7.2.1 建筑能源系统应按分类、分区、分项计量数据进行管理；可再生能源系统应进行单独统计。建筑能耗应以一个完整的日历年统计。能耗数据应纳入能耗监督管理系统平台管理。

7.2.2 建筑能耗统计应包括下列内容：

1 建筑耗电量；

2 耗煤量、耗气量或耗油量；

3 集中供热耗热量；

4 集中供冷耗冷量；

5 可再生能源利用量。

7.2.3 公共建筑运行管理应如实记录能源消费计量原始数据，并建立统计台账。能源计量器具应在校准有效期内，保证统计数据的真实性和准确性。

7.2.4 建筑能效标识，应以单栋建筑为对象。标识应包括下列内容：

1 建筑基本信息；

2 建筑能效标识等级及相对节能率；

3 新技术应用情况；

4 建筑能效实测评估结果。

7.2.5 对于 $20000m^2$ 及以上的大型公共建筑，应建立实际运行能耗比对制度，并依据比对结果采取相应改进措施。

7.2.6 实施合同能源管理的项目，应在合同中明确节能量和室内环境参数的量化目标和验证方法。